Zur Vereinheitlichung von
Installations-Material
für elektrische Anlagen

Erster Teil

Haus- und Wohnungsanschlüsse

von

W. Klement und **C. Paulus**

Mit 450 Textfiguren

Springer-Verlag Berlin Heidelberg GmbH
1919

ISBN 978-3-662-42159-8 ISBN 978-3-662-42428-5 (eBook)

DOI 10.1007/978-3-662-42428-5

Geleitwort.

Der Inhalt dieses Buches wurde mir vor Drucklegung zur Kenntnisnahme vorgelegt. Ich möchte ihm ein Begleitwort auf den Weg geben. Bietet mir dieses doch die Gelegenheit, zu den Fragen der Normung und Vereinheitlichung Stellung zu nehmen, die heute den Wiederaufbau unseres technischen Schaffens begleiten und, wie es den Anschein hat, bestimmend beeinflussen werden.

Von allem, was wir vor wenigen Jahren besessen, ist unserem Volke als einziges Gut seine Arbeitsfähigkeit noch geblieben. Mit diesem Besitze zu wuchern, sind wir gezwungen, wenn wir wirtschaftlich uns wieder aufrichten wollen. Von diesem Gute darf nicht das geringste auch an nebensächlicher Konstruktionsarbeit verschwendet werden, wenn wir die Zeit für die Gesundung unseres Wirtschaftskörpers nach Möglichkeit abzukürzen streben. Jede solche an sich nutzlose Arbeit in Entwurf und Fertigung unserer Erzeugnisse auszuschalten, ist die Aufgabe sachverständiger Normung, die die Arbeitsenergie des Konstrukteurs von unwesentlichen Zielen ablenkt und bedeutsameren und lohnenderen Aufgaben zuweist. Hieraus folgt, daß die Normung überall da einzusetzen hat, wo bei Erzeugnissen für den Massenverbrauch bestimmte Grundsätze für den Bau und das Anwendungsgebiet einzelner Apparate sich aus der Erfahrung soweit herausgebildet haben, daß für eine höhere Vervollkommnung weder hinsichtlich der technischen Bewährung noch des Materialaufwandes eine Notwendigkeit noch vorliegt.

Aus der Normung, die die wesentlichen Abmessungen, die Beanspruchung und die Sicherheitsgrenzen des einzelnen Apparates festlegt, erwachsen sowohl dem Erzeuger wie dem Verbraucher große Vorteile. Für ersteren die Vereinfachung und Verbilligung der Fabrikation und Lagerhaltung, für letzteren außer der Verbilligung die Gleichmäßigkeit des Erzeugnisses, die Erleichterung des Ersatzes und der Reparatur. Alle diese Momente steigern die Verwendungsfähigkeit der Erzeugnisse, sie heben damit deren Absatz und verbessern unsere technische Wirtschaft im Innern wie im Wettbewerb mit dem Auslande.

Die Elektrizitätswerke haben schon seit Jahren diese Bedeutung der Vereinheitlichung erkannt und auf Normung der wichtigsten Apparate gedrängt. Die Erkenntnis, daß die äußere Förderung der Elektrizitätswirtschaft, d. h. der Energieversorgung im weitesten Sinne, geradezu Bedingung für unsere wirtschaftliche Gesundung ist, muß diese Bestrebungen um deswillen noch verstärken und vertiefen, weil ein rationeller Ausbau der Elektrizitätsversorgung ohne bedeutende Erleichterung und Steigerung des Verbrauches gar nicht denkbar ist.

Aus diesen Gründen ist das Erscheinen des vorliegenden Buches, das die grundlegende Vorarbeitung jeder sachgemäßen Normung, die Zusammenstellung aller vorhandenen Konstruktionen zunächst für ein Teilgebiet des Installationswesens umfaßt, dankbar zu begrüßen. Daß diese Zusammenfassung für die Normungsarbeiten, die in nächster Zeit einsetzen müssen, und die dadurch- erstrebte Vereinheitlichung und Vereinfachung des Installationswesens, von großem Nutzen sein werde, ist außer Zweifel.

Passavant.

Vorwort.

Die erfolgreichen Bemühungen der Elektrizitätswerksverwaltungen und anderer elektrotechnischer Körperschaften, die elektrische Arbeit immer mehr einzubürgern und sie allmählich zum Gemeingut aller zu machen, führten vor Kriegsbeginn zu einer überaus großen Mannigfaltigkeit der zu elektrischen Anlagen gehörigen Installationsmaterialien und Apparate.

Die Bedürfnisse der sich in ungeahnter Weise schnell ausdehnenden Überlandzentralennetze, wie überhaupt die wachsende Anschlußbewegung vor dem Kriege stellten an die Konstrukteure ungewöhnlich hohe Aufgaben und forderten deren zweckmäßigste Lösungen in kürzester Zeit. — Die den neuen Konstruktionsarbeiten zu Gebote stehenden Unterlagen waren hierbei recht unzureichend, da sie lediglich den Erfahrungen derjenigen stilleren Zeit entnommen werden konnten, die der Überlandzentralenbewegung vorausging. Ihnen zu Hilfe kamen nur noch die Vorschriften des Verbandes Deutscher Elektrotechniker aus dem Jahre 1907.

Inzwischen haben nun die ersten Betriebsjahre der Überlandzentralen in bezug auf Installationsapparate zu neuen Erkenntnissen geführt, und die V. D. E.-Vorschriften erhielten im Jahre 1914 eine wesentlich neue Fassung und teilweise tiefeinschneidende Änderungen und Ergänzungen. Beide Tatsachen werden sicher die Anzahl der bestehenden Konstruktionen noch vergrößern und somit die Mannigfaltigkeit des Gebietes weiter erhöhen.

Der vorliegenden Arbeit, deren Veröffentlichung von Mitte des Krieges bis zu dessen Ende aufgeschoben werden mußte, liegt nun in erster Linie die Absicht zugrunde, die Fülle des bisher Geschaffenen zu sichten und zu beleuchten. Hierzu war es nötig, das ganze Gebiet in Gruppen aufzuteilen, um so einen Teil nach dem andern bearbeiten und beurteilen zu können. — Um nicht ins Uferlose zu geraten, schien es jedoch geboten, zuerst den wichtigsten Teil des Ganzen zu behandeln, nämlich denjenigen, der noch zu dem unmittelbaren Bereich der Elektrizitätswerksverwaltungen gehört, die Haus- und Wohnungsanschlüsse. Einer späteren Bearbeitung sollten nach diesem Abschnitte alsdann die übrigen Gebiete unterzogen werden, das sind die eigentlichen Zimmerinstallationen, die Installationen von Werkstätten, solche von rauhen Gewerbebetrieben und diejenigen von landwirtschaftlichen Anlagen.

Ein besonderes Ziel soll darin bestehen, das oben umgrenzte Gebiet der Haus- und Wohnungsanschlüsse gewissen Vereinheitlichungen zu unterziehen, die zweifellos schon von vielen anderen Seiten erhofft und erstrebt werden.

Der Weg zu Vereinheitlichungen auf dem Installationsgebiete, der auch bereits im Auslande angebahnt wird, hat bekanntlich durch die jahrelangen Bemühungen der „Vereinigung der Elektrizitätswerke" im Jahre 1909 zu der uns jetzt als selbstverständlich erscheinenden Vereinheitlichung der Sicherungsstöpsel geführt, und zwar interessanterweise bis vor kurzem ganz ohne Zutun des Verbandes deutscher Elektrotechniker, der dieses System in die Sammlung seiner Normalien solange nicht aufnehmen konnte, als hierfür noch gültige Schutzrechte bestanden.

Zweifellos muß diese Vereinheitlichung, nachdem sie Anerkennung und praktische Durchführung weit über die deutschen Grenzen hinaus gefunden hat, sinngemäßen Einfluß auch auf andere Gebiete ausüben. —

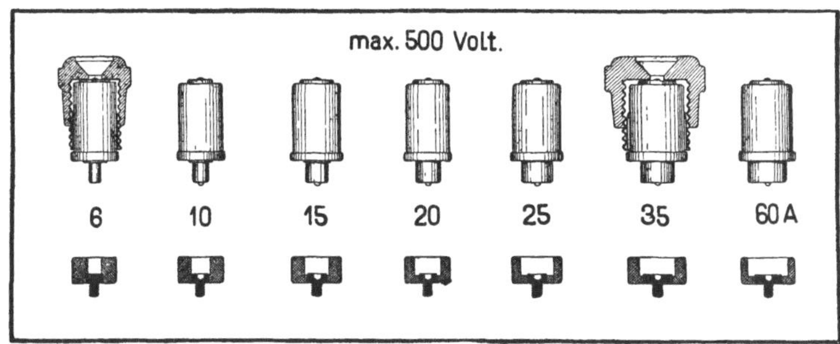

Das System zweiteiliger D.-Schraubstöpsel mit Durchmesserabstufungen der Fußkontaktzapfen und gleichen Patronenlängen entsprechend dem Beschluß der Vereinigung der Elektrizitätswerke vom Jahre 1909.

Die Installationssicherungen gehören in den unmittelbaren Bereich der Elektrizitätswerke, nicht weniger die Haus- und Wohnungsanschlüsse. Die Vereinheitlichung der ersteren war Sache der V. d. E., die Haus- und Wohnungsanschlüsse zu vereinheitlichen, dürfte nicht weniger Angelegenheit dieser Vereinigung sein, wobei normierungsreife Konstruktionen in das Arbeitsgebiet des V. D. E. und das Intressengebiet des Zentralverbandes der deutschen elektrotechnischen Industrie fallen dürften. Insbesondere zu den Anliegen seitens des Installateur-Verbandes werden dagegen diejenigen Arbeiten gehören, die Vereinheitlichungen

schlußsicherungen und Zählertafeln. — Innerhalb dieser Gruppen sind dann Normen möglich für bestimmte Größen, beispielsweise gemäß den Bestimmungen des V. D. E. über normale Nennstromstärken für Apparate.

IV. Normen für bestimmte Konstruktionen. Bisher wurden solche vom V. D. E aufgestellt für Leitungen, Handlampen und Glühlampenfassungen, denkbar wären solche Normen auch für Klemmen, Sicherungselemente, (gekapselte) Steckvorrichtungen, Klemmnippel u. a.

V. Normen für Mindestmaße. Die Verbandsvorschriften enthalten solche in bezug auf Wandstärken für Leitungen, Rohre und Fassungsgehäuse. Es gehören hierzu auch Mindestmaße für Kriechstrecken, beispielsweise bei Isolatoren.

Neben diesen zahlen- und begriffsmäßigen Normierungen könnten auch gewisse Voreinheitlichungen hinsichtlich der Benennungen durchgeführt werden; auch könnten Vereinfachungen geschaffen werden durch Klärung mancherlei strittiger Fragen von berufenster Stelle[1]).

Vereinfachungen, die sofort und ohne nennenswerte Opfer herbeizuführen sind, bestehen darin, alle veralteten und überflüssigen Fabrikate gründlich auszumerzen und hierdurch den Umfang der Preislisten erheblich zu verkleinern.

Die nachfolgenden Erörterungen werden in genanntem Sinne als willkommene Unterlage dienen.

---

[1]) Siehe Zeitschrift „Die Elektrizität" Jahrgang 1919, Heft 7.

Siemensstadt, im September 1919.

Die Verfasser.

Inhaltsverzeichnis.

Seite

schnittenes Gewinde und Paßhülsen auch für ein System max. 60 Amp.
183.

Einleitung.

Das Gebiet der Haus- und Wohnungsanschlüsse.

Dieses umfaßt alle Teile der Anlage von der Abzweigung abseits vom
Hause bis zur Verteilungsstelle in der Wohnung. Dazu gehören also
Materialien und Apparate für Spannungen bis 750 Volt[1]), und
zwar die Kabelabzweigung, die Abspannisolatoren nebst Klemmen, die
Zuleitung zum Hause und die Sicherungen am Mast oder im Kabel-

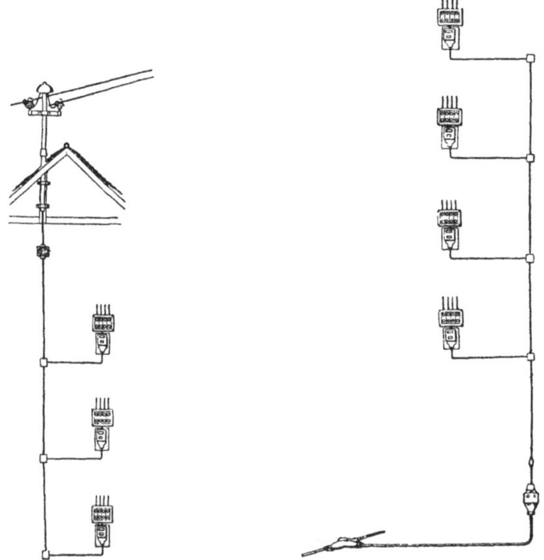

Fig. 1 mit Freileitungsanschluß.   Fig. 2 mit Kabelanschluß.
Umrißdarstellung für das Gebiet der Haus- und Wohnungsanschlüsse.

kasten, desgleichen die Hausanschlußsicherungen an oder im Hause,
die Steigleitungen mit ihren Rohren, die Wohnungsabzweigklemmen
und diejenigen für die Treppenbeleuchtung, ferner die Zähleraufhängevorrichtungen samt Hauptschalter und Hauptsicherungen usw. und
schließlich die Verteilungstafeln. — Alle diese Teile der Anlage haben
Bedeutung für das Elektrizitätswerk und werden häufig von diesem
selbst ganz oder teilweise installiert. Zum mindesten stehen sie unter

---

[1]) Gemäß den Vorschriften für Konstruktion und Prüfung von Installationsmaterial des V. D. E.

besonderer Aufsicht der Elektrizitätswerksverwaltungen und sind nach deren Plänen und Vorschriften einzurichten.

Nicht zu dem Gebiete der Haus- und Wohnungsanschlüsse gehören die Anlage der Wohnung selbst und die elektrischen Verbrauchsapparate in den einzelnen Zimmern. **Eingeschlossen** in obiges Gebiet sind auch Wohnräume im weiteren Sinne, wie **Lehranstalten, Verwaltungs- und öffentliche Gebäude, Wirtschaftsbetriebe, Hotels, Kaufhäuser, Hauswerkstätten** usw.

Eine anschauliche Übersicht über den Umfang des zu behandelnden Gebietes geben die Umrissedarstellungen Fig. 1 und 2.

I. Die Zuleitung zum Hause.

A. Die Zuführung als Freileitung.

Die vom Niederspannungsnetz ausgehende Freileitungszuführung findet bekanntlich in ländlichen Ortschaften und kleinen Städten die weitgehendste Anwendung. Gegenüber den unterirdischen Kabelzuführungen bevorzugt man sie wegen ihrer geringen Kosten und nimmt hierbei die mehr oder weniger unvermeidliche Verunstaltung des Straßenbildes wohl oder übel in Kauf. — Den jeweiligen Erfordernissen entsprechen drei Ausführungsarten: Die Abzweigung vom Straßenmast, vom Dachständer und vom Ausleger an der Hausfront gemäß den

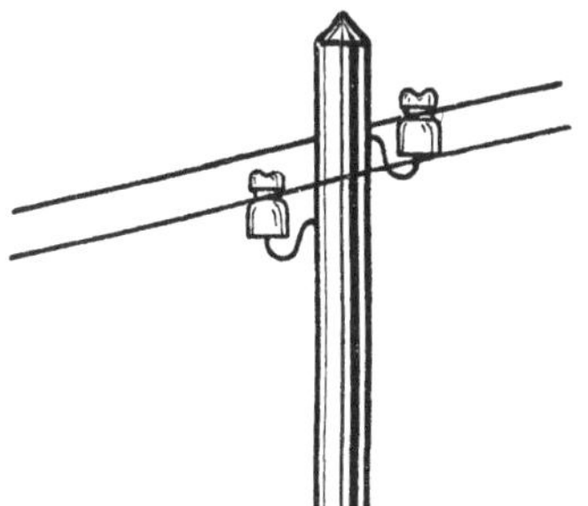

Fig. 3. Straßenmast.

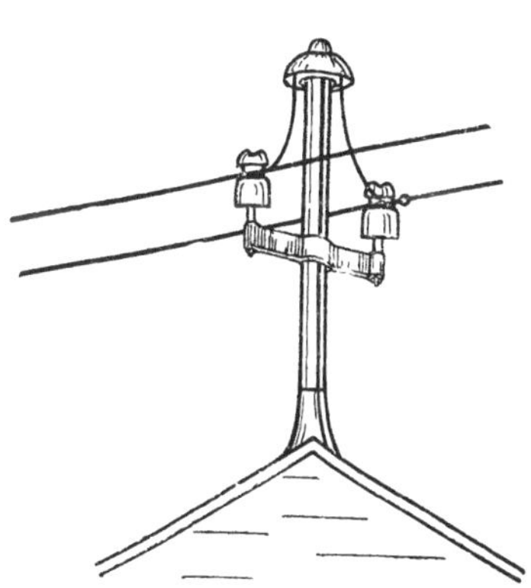

Fig. 4. Dachständer.

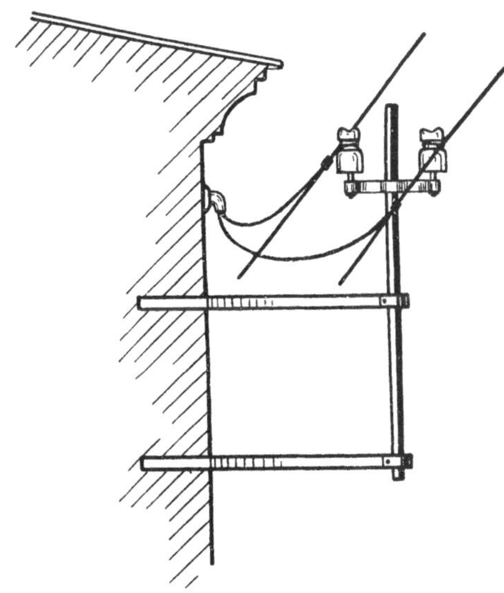

Fig. 5. Ausleger.

Umrißdarstellungen nach Fig. 3—5. Die hierzu erforderlichen Konstruktionen sind zu einem einheitlichen Abschluß noch nicht gekommen und erfahren noch heute mancherlei Verbesserungen. Gemeinsame Arbeiten würden sicher zu recht belangreichen Ergebnissen führen und Bestellung und Verwendung gängigster Bestandteile recht erleichtern.

1. **Die Freileitungsabzweigklemmen.** Zur Abzweigung von der Hauptleitung bedient man sich der Freileitungsklemmen, die in vielerlei Ausführungen Verwendung finden. Man kann unterscheiden:

a) Aus Blech gebogene Bügelklemmen mit Klemmbolzen und Mutter für Kabelschuhabzweigung nach Fig. 6.

b) Krallen und Maulklemmen mit zwei parallelen Leitungsnuten nach Fig. 7 und 8.

c) Schellenklemmen mit kreuzenden Leitungsnuten nach Fig. 9 und 10.

d) Schlitzklemmen nach Fig. 11 und 12.

e) Brückenklemme nach Fig. 13.

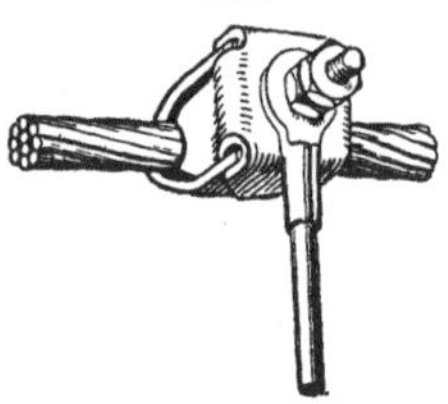

Fig. 6.
Bügelklemme für Kabelschuh-Anschluß.

Fig. 7. Klauenklemme für einen T-Abzweig.

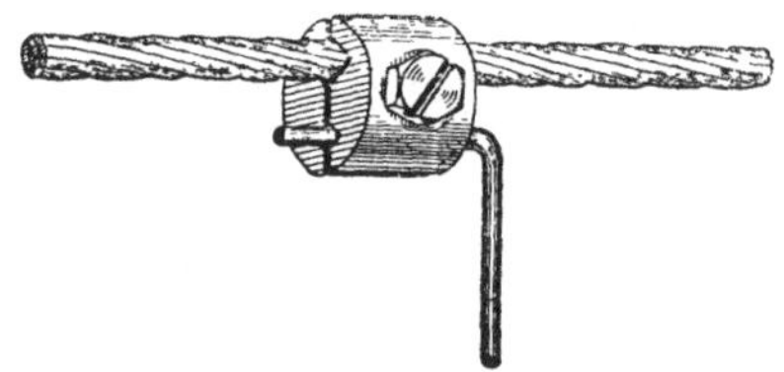

Fig. 8. Maulklemme für einen T-Abzweig.

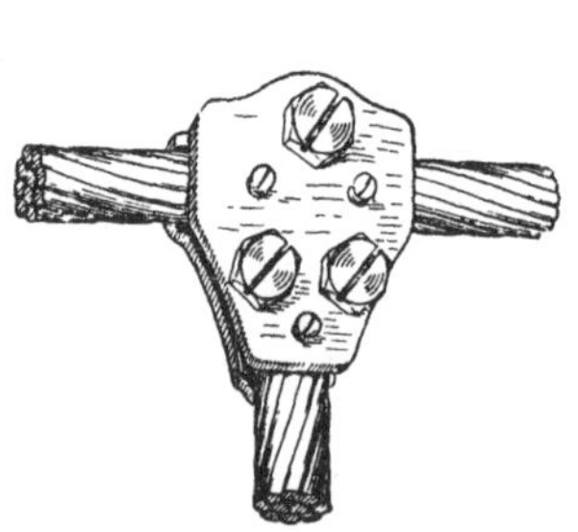

Fig. 9. Schellenklemme für einen T-Abzweig.

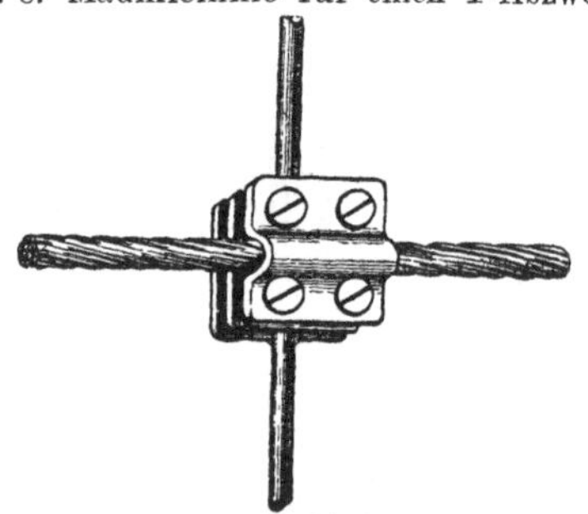

Fig. 10. Schellenklemme für T- und Kreuzabzweige.

Fig. 11. Schlitzklemme für einen T-Abzweig.

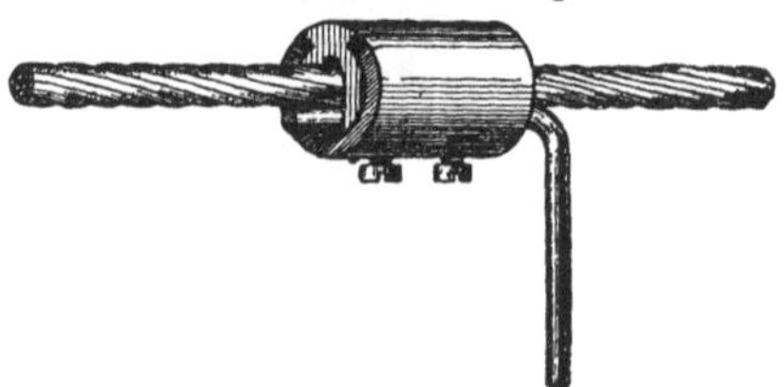

Fig. 12. Bügel-Schlitzklemme für einen T-Abzweig.

1*

Für diese 5 Hauptgruppen liegen mancherlei Erfahrungen vor, die geeignet sein könnten, unnötige oder unzuverlässige Typen zum Vorteil der Vereinfachung und größeren Sicherheit auszuschließen, wenn sie von berufener Seite zwecks Normierung zusammengetragen würden.

Man käme hierdurch vielleicht zu einer Normaltype an Stelle von wenigstens 8 der verschiedensten Ausführungen. — Notwendig wäre jedenfalls die Festlegung von Abmessungen für bestimmte Querschnitte der Haupt- und Abzweigklemmen; beispielsweise nach folgender Tabelle:

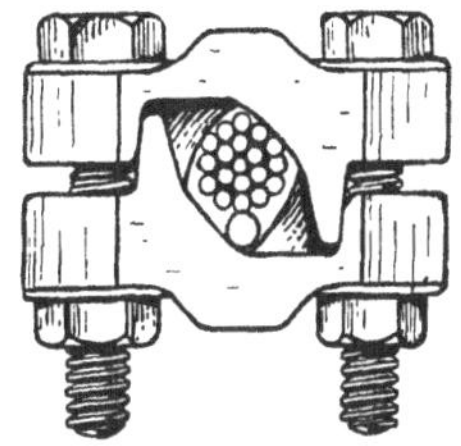

Fig. 13. Brückenklemme.

Größe und Benennung der Klemmen	Zulässige Querschnitte für	
	Hauptleitungen	Abzweigleitungen
max 25 qmm	10	6—10
	16	6—16
	25	10—25
max 35 qmm	16	6—16
	25	10—25
	35	16—35
max 70 qmm	25	16—25
	35	25—35
	50	35—70
	70	50—70
max 95 qmm	35	25—35
	50	25—50
	70	35—70
	95	50—95
max 120 qmm	70	35—70
	95	35—95
	120	50—95

Besonderer Wert ist bekanntlich bei Freileitungsklemmen zu legen auf Dauerhaftigkeit des Metalls in bezug auf mechanische Festigkeit und Widerstand gegen Witterungseinflüsse und chemisch angreifende Bestandteile der Luft. — Zu beachten ist hierbei die Eigenschaft von Metallegierungen, allmählich zu verwittern, ferner die kurze Lebensdauer von gepreßten Schrauben, die Unzuverlässigkeit ungesicherter

Schrauben, die Rostgefahr eiserner Teile und die Möglichkeit zu elektrolytischen Wirkungen bei verschiedenartigen Metallen.

2. Die Freileitungssicherung für die Zuleitung zum Hause (Fig. 14). Diese ist nicht zu verwechseln mit der eigentlichen Hausanschlußsicherung, also der Sicherung für die Leitungen im Hause. Die erstgenannte befindet sich stets abseits vom Hause am Mast oder Dachständer, die letztere unmittelbar an der Hauseinführung. — Die Freileitungssicherung kann unter Umständen, beispielsweise bei gleichen Querschnitten, für Haupt- und Abzweigleitung fehlen, niemals aber die Hausanschlußsicherung. (Siehe Mitteilungen der Vereinigung der Elektrizitätswerke Jahrgang 1914, Seite 87 und 196 und § 14 Regel 9 der Errichtungsvorschriften.) Wenn möglich, vermeidet man die Sicherung für die Zuleitung, da ihre Bedienung recht schwierig und zeitraubend und nicht ungefährlich ist, zumal bei Regen und Frost.

Unterscheiden lassen sich drei Arten von Freileitungssicherungen:

a) Die veralteten Sicherungen mit unmittelbar auf dem Sockel anzuklemmenden nackten Schmelzstreifen oder Drähten (Fig. 15—18).

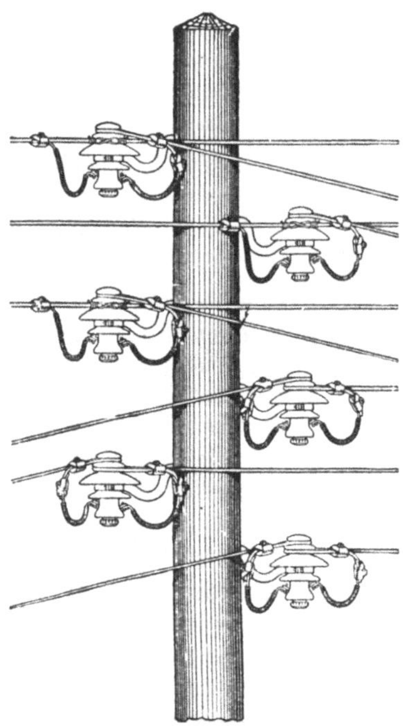

Fig. 14. Mast mit Freileitungs-Schraubstöpselsicherungen für die Zuleitungen zum Hause.

Fig. 15. Freileitungshängesicherung
mit Schmelzdrähten.

Fig. 16. Freileitungshängesicherung
mit Schmelzstreifen.

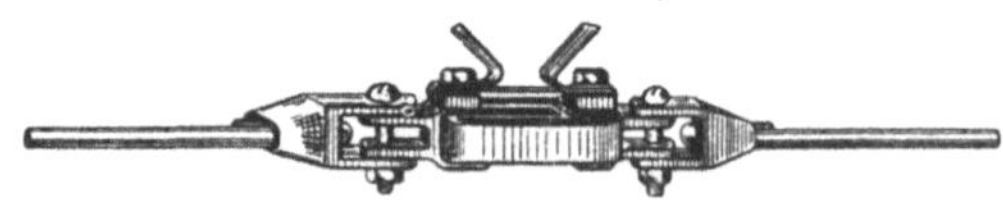

Fig. 17. Freileitungshängesicherung mit Schmelzstreifen und Hörnern für größere
Stromstärken.

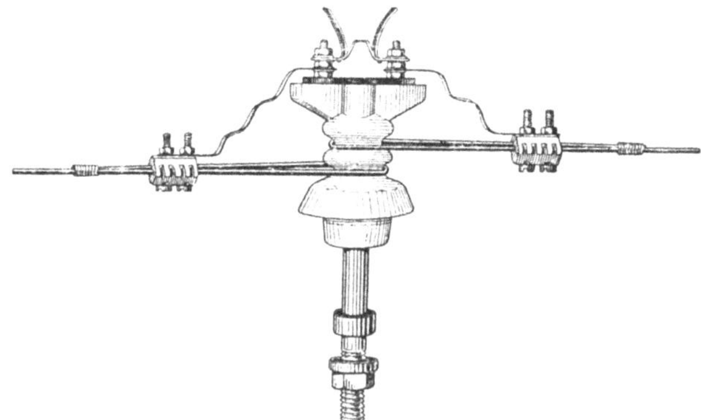

Fig. 18. Freileitungssicherung auf Abspannisolator mit Schmelzstreifen u. Hörnern.

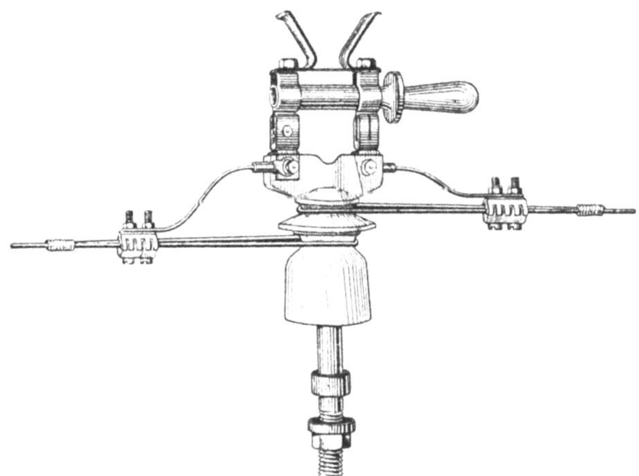

Fig. 19. Freileitungssicherung ähnlich Fig. 18 mit Schmelzstreifen auf besonderer
Handhabe.

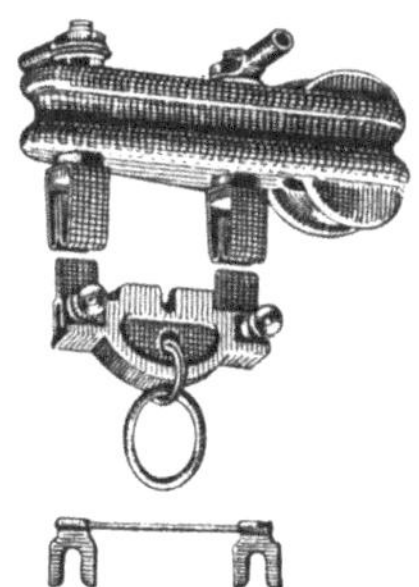

Fig. 20. Freileitungssicherung (zum Einhängen)
mit nacktem Schmelzstreifen auf einer Ein-
steckhandhabe.

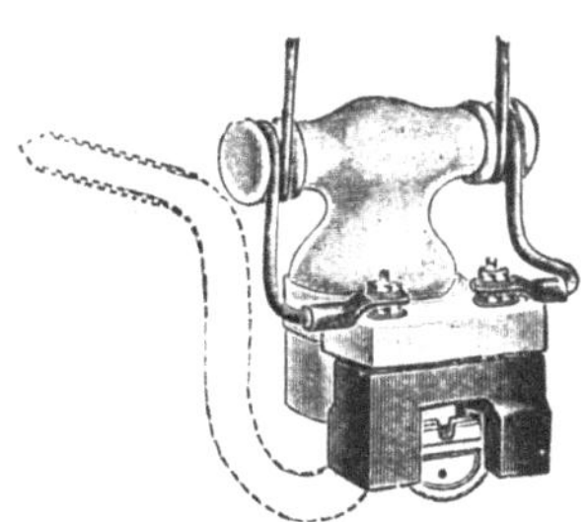

Fig. 21.

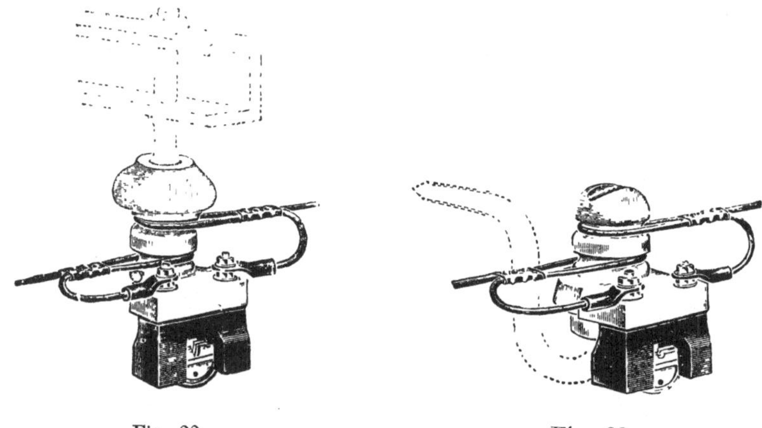

Fig. 22.   Fig. 23.

Fig. 21—23. Mit dem Abspannisolator aus einem Stück bestehende Freileitungssicherungen mit Einsteckhandhaben als Träger von nackten Schmelzdrähten.

b) Die vielfach verwendeten Sicherungen mit ebenfalls nackten Drähten, die jedoch auf besonderen Einsteckhandhaben befestigt sind (Fig. 19—23).

c) Die meist verbreiteten Freileitungssicherungen für Schraub-stöpsel in Form von Isolatoren (Fig. 24—28) oder an solchen befestigte Sicherungen (Fig. 29).

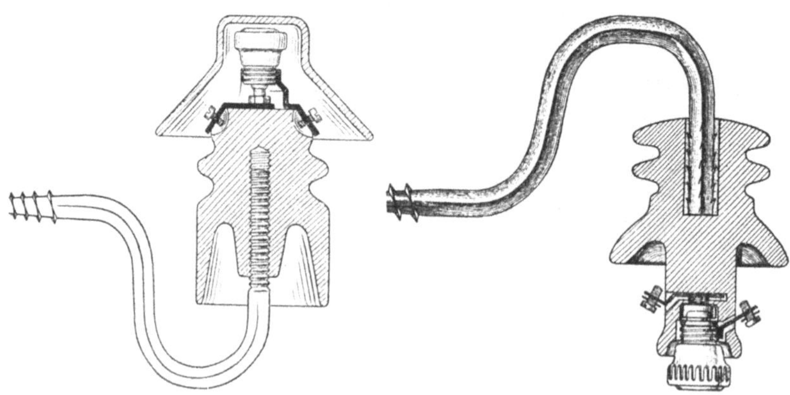

Fig. 24. Auf dem Abspannisolator
sitzende Freileitungs-Schraubstöpsel-
sicherung.

Fig. 25. Unter dem Abspannisolator sitzende Freileitungs-Schraubstöpselsiche-
rung mit von oben eingeführter Stütze.

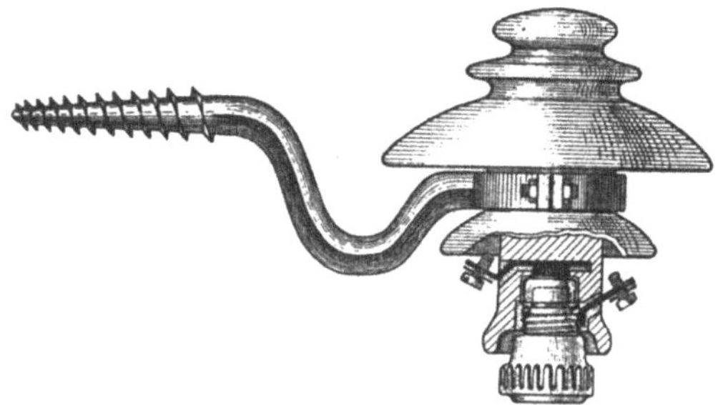

Fig. 26. Freileitungssicherung gemäß Fig. 25,
jedoch mit Befestigungsschelle.

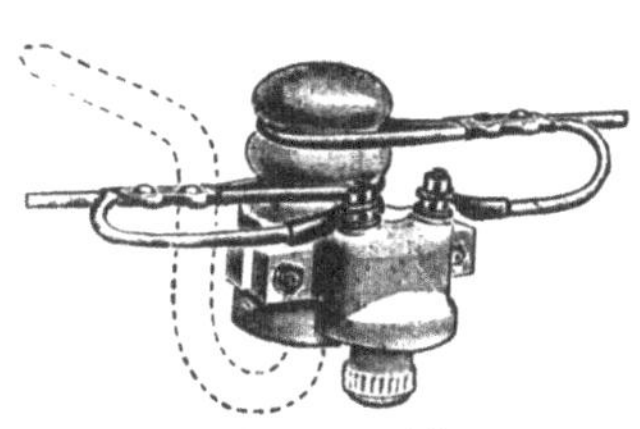

Fig. 27. Freileitungssicherung gemäß Fig. 23, jedoch mit Schraubstöpsel.

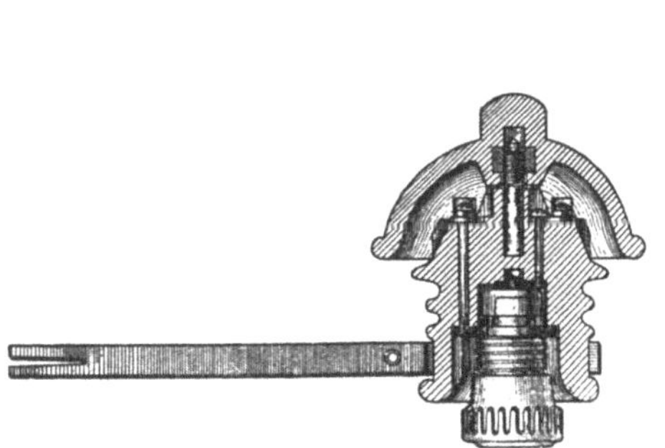

Fig. 28. Freileitungssicherung mit von unten
einsetzbarem Schraubstöpsel und oberhalb des
Isolators verdeckt unter einer Kappe angeordneten Klemmen, getragen von einer Schelle.

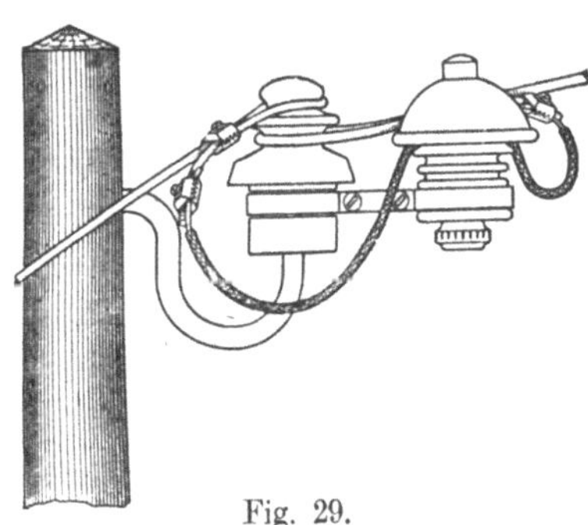

Fig. 29.

Freileitungs - Sicherung, befestigt an
besonderem Abspannisolator. Die Anschlußklemmen werden von einer Kappe
verdeckt. Stöpsel von unten ein-
setzbar.

Alle diese Sicherungen werden einpolig ausgeführt.

Zu beachten ist bei Freileitungssicherungen der § 14b der Errichtungsvorschriften des V. D. E., demgemäß bis zu 60 Ampere nur Sicherungen mit geschlossenen Schmelzeinsätzen zulässig sind.

Von Bedeutung ist für Freileitungssicherungen u. a. neben den
Abstufungen entsprechend der Tabelle der normalen Nennstromstärken
für Apparate auf S. 206 der Normalien der V. D. E. 1914.

 1. Die Montage der Sicherungen.
  a) Das Einhängen der Sicherungen unmittelbar in die Leitung
   (Fig. 15, 16, 17 u. 20).
  b) Die Befestigung an Schellen (Fig. 26, 28 u. 29).
  c) Die Befestigung an Stützen (Fig. 18, 19, 21—25 u. 27).

2. Der Anschluß der Leitungen.

    a) Die Abmessungen der Klemmen für bestimmte Querschnitte.
    b) Die Sicherung gegen Lockerung.
    c) Die Zugentlastung der Klemmstellen.

3. Die Bedienbarkeit der Schmelzeinsätze.

    a) Die Anordnung der Schmelzeinsätze oberhalb nach Fig. 15
    bis 19 und 24 und unterhalb nach Fig. 20—23 und 25—29.
    c) Der Berührungsschutz der Klemmen und der Zuleitungen
    (Fig. 21—24 und 27—29).

Das Einhängen der Freileitungssicherungen in die Leitungen wird durch Verbandsvorschriften nicht verboten. — Für die Befestigung an Schellen und Stützen scheinen Vereinheitlichungen in bezug auf Befestigungsart, jedenfalls aber in bezug auf die Bolzendurchmesser erwünscht und durchführbar, desgleichen für die Stärke der Anschlußklemmen. — Die Zugentlastung der Klemmstellen ergibt sich bei Verwendung von Abspannisolatoren und bei Einhängesicherungen von selbst, recht wenig vorgesehen werden jedoch Vorkehrungen, die das Lockern der Kontakte durch Bewegung der Zuleitungen verhindern.

Die bequeme und gefahrlose Bedienbarkeit der Schmelzeinsätze läßt vielfach sehr zu wünschen übrig. — Zu bevorzugen sind Freileitungssicherungen mit nach unten gerichteten Einsatzkontakten nach Fig. 21 bis 23, 25—28, insbesondere aber Ausführungen, bei denen die Zuleitungen in einiger Entfernung von den Schmelzeinsätzen verlaufen können, noch mehr aber Ausführungen, bei denen auch die Klemmen der zufälligen Berührung entzogen sind (Fig. 28 und 29).

Es ist wohl denkbar, daß neu entstehende Konstruktionen von Freileitungssicherungen den obigen Anforderungen angepaßt und andere Ausführungen allmählich aufgegeben werden.

Aufschlüsse über die verschiedenen Kontaktsysteme von Sicherungen mit geschlossenen Schmelzeinsätzen (Patronen und Stöpseln) siehe S. 155—184.

3. Die Einführung der Freileitung durch die Hauswand. Diese ist erforderlich bei Abzweigung der Leitungen vom Mast oder Ausleger. Hierzu sind Wanddurchführungen mit Einführungspfeifen außerhalb des Hauses und entsprechende Mundstücke innerhalb des Hauses, verbunden durch ein Wanddurchführungsrohr etwa nach Fig. 30 nötig. Da die Zuleitung, zum mindesten aber das Leitungsanschlußstück ab Einführung bis zur nächsten Klemme bzw. bis zur Hausanschlußsicherung im Hause stets in Gummiaderleitung auszuführen ist, sind sowohl Pfeifen und Mundstücke mit je einem Kanal für je eine Leitung (Fig. 30 und 31), als auch solche mit einem Kanal für alle Leitungen zulässig (Fig. 32—34). Es besteht somit die Aufgabe, zum Zwecke der Vereinheitlichung eine von beiden Typen auszu-

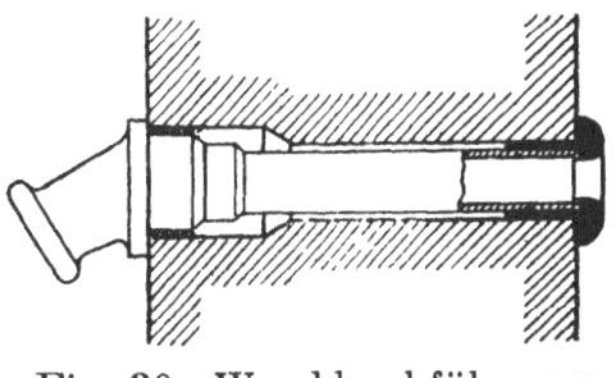

Fig. 30. Wanddurchführung mit Einführungspfeife und Mundstück.

scheiden. (Siehe Entscheidung des Redaktionskomitees des V. D. E.) Die Ausführungspfeifen besitzen Tüllen, die Mundstücke unter Umständen Einführungsöffnungen für ein oder mehrere Rohre oder Manteldrähte. (Siehe Fig. 52 und 53 auf S. 17.) Um Pfeifen und Mundstücke bequem und sauber eingipsen zu können, sind sie vorteilhaft nach Fig. 31 und 32 mit einem Schild oder Flansch zu versehen. Nötig sind auch Pfeifen und Mundstück, deren Flansche Befestigungslöcher für Schrauben besitzen, etwa nach Fig. 36. Erstrebens-

Fig. 31. Einführungspfeife mit zwei Kanälen und Mauerflansch.

Fig. 32. Mundstück zu Fig. 30.

Fig. 33. Wandeinführungspfeife ohne Flansch für eine oder mehrere Leitungen.

Fig. 34 und 35. Wandeinführungspfeifen ohne Flansch mit mehreren Tüllen für je eine Leitung.

wert ist Übereinstimmung der wichtigsten Maße für die Durchführungsrohre. Für sehr starke Leitungen sind Pfeifen mit ansetzbarer Tülle etwa nach Fig. 37 erforderlich. — Werden die blanken Hauptleitungen

Fig. 36. Wandeinführungspfeife mit durchlochtem Flansch zum Anschrauben.

Fig. 37. Einführungspfeife für starke Leitungen mit besonders ansetzbarem Dach.

an der Hauswand entlanggeführt, so müssen sie mit mindestens 5 cm Wandabstand verlegt werden, und zwar bei einem gegenseitigen Abstand von mindestens 10 cm. (§ 21f der Errichtungsvorschriften.)

4. Die Einführung der Freileitung durch das Dach. Hierzu sind für die meisten Fälle Rohrständer mit Einführungspfeifen nach Fig. 38—43 in Verwendung. Solche mit aufsetzbarem Oberteil sind bequemer in der Montage und durchaus nötig für Querschnitte über 4 qmm.

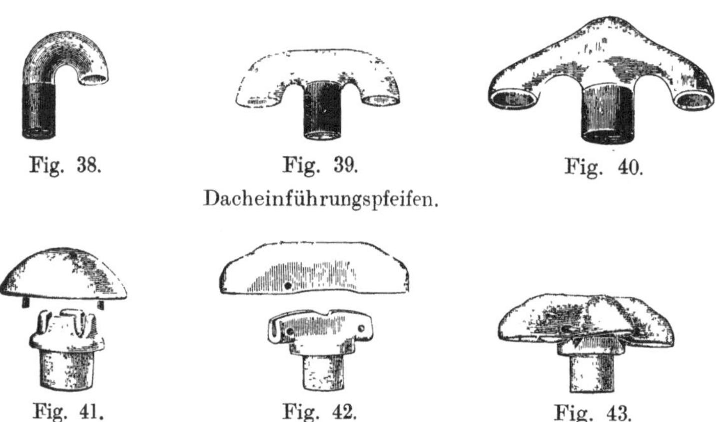

Fig. 38.   Fig. 39.   Fig. 40.

Dacheinführungspfeifen.

Fig. 41.   Fig. 42.   Fig. 43.

Dacheinführungspfeifen bezw. Köpfe mit aufsetzbarem Dach.

Beachtenswert und gut erprobt sind für starke Leitungen die kräftigeren Einführungsköpfe für Dachständer nach Fig. 44—46, die Abdeckhaube wird bei diesen sowohl in Porzellan oder Isolierstoff ausgeführt, als auch mit Rücksicht auf Widerstand gegen Steinwürfe in Gußeisen

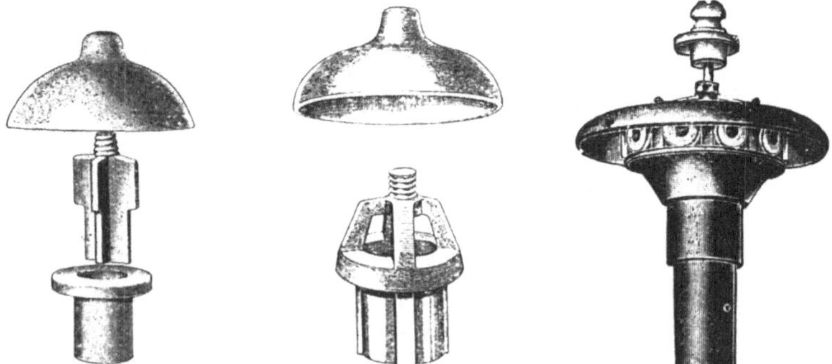

Fig. 44. Dreiteiliger Ein- Fig. 45. Zweiteiliger Ein- Fig. 46. Großer Einfüh-
führungskopf für Dachstän- führungskopf für Dach- rungskopf für Dachständer
der. ständer. mit Einführungen für viele
Leitungen.

mit eingesetzten Isolierstücken, in letzterem Falle insbesondere für viele Leitungen. Recht notwendig sind u. a. Festlegungen über die Halsdurchmesser. Zur Zeit bestehen hierüber so wenig Übereinstimmungen der verschiedenen Fabrikate, daß eine tabellarische Einteilung unter Angabe der Verwendungsbereiche und passender Rohre leider unmöglich ist.

Das hier gestreifte Gebiet ist von nicht geringer Bedeutung und einer eingehenderen Behandlung wert. — Erfahrungen hierüber wurden bisher nur ganz vereinzelt mitgeteilt. Sie zusammenzutragen, wäre zur Schaffung von Normaltypen recht verdienstvoll und von allgemeinem Wert.

B. Die Zuführung als Erdkabel.

1. Die Abzweigung vom Hauptkabel. Zur Abzweigung des Erdkabels zum Hause dienen selten Kabelkästen mit vergießbaren Kabelstutzen, beispielsweise nach Fig. 47, in der Regel Kabelmuffen etwa nach Fig. 48 und 49. In der Absicht, diese möglichst zu verbilligen,

Fig. 47. Kabelabzweigkasten mit Sicherungen

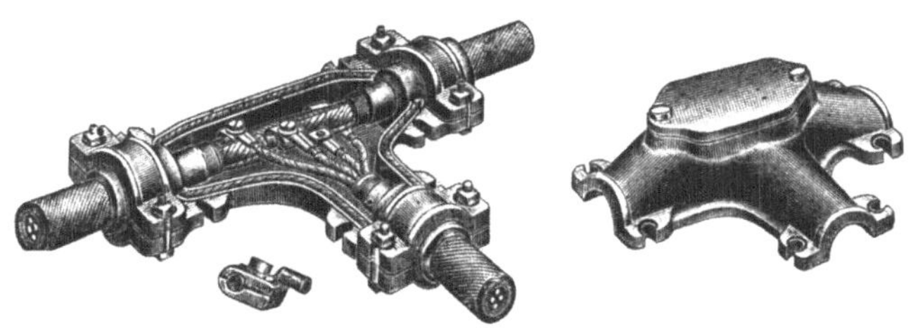

Fig. 48.

wurde die Bauart der Kabelmuffen in letzter Zeit vielfachen Wandlungen unterworfen. Besonderer Wert wurde hierbei gelegt auf Klemmen, die das Zerschneiden der Hauptkabel erübrigen und den Anschluß der Zuleitungen zum Hause gefahrlos unter Spannung vorzunehmen gestatten. — Zu beurteilen ist die Bauart von Kabelkasten und Kabelmuffen u. a. in bezug auf die Zweckmäßigkeit ihrer Klemmen, deren Abstand gegeneinander und gegen Gehäusewandung; ferner in bezug auf genügend großen Raum in den Muffen zum Abstufen der Armierung,

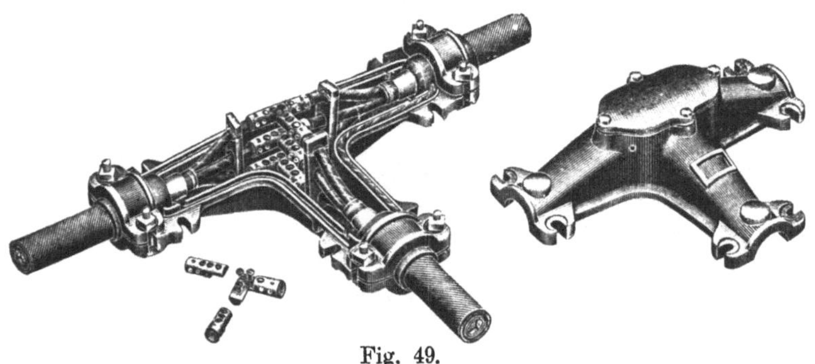

Fig. 49.

Fig. 48 und 49.   Kabelabzweigmuffen.

des Bleimantels und der Isolierhülle des Kabels, schließlich aber auch hinsichtlich der Zweckmäßigkeit der Einrichtungen zur Erdung des Bleimantels und derjenigen zum Vergießen des Kabels.

Vereinheitlichungen der Kabel kästen für Hausanschlüsse durchzuführen, dürfte auf Schwierigkeiten stoßen, möglich erscheint es dagegen für die gängigsten Kabelabzweig m uffen wichtigste Abstufungen und Grundtypen zu schaffen und hierfür die notwendigsten Maße festzulegen; zum mindesten für die Haupt- und Abzweigklemmen.

2. Die Kabelsicherung. Die Verbandvorschriften fordern Sicherungen für Erdkabel in keinem Falle, auch nicht für abfallenden Querschnitt. Man geht hier offenbar von der Tatsache aus, daß die bis dahin zur Verfügung stehenden Schmelzsicherungen keine genügende Gewähr für Kurzschluß- und Abschmelzsicherheit bieten, da hierfür bis jetzt fast ausnahmslos nackte oder umhüllte Schmelzstreifen in Frage kommen, während für geschlossene Sicherungspatronen, insbesondere solche für große Stromstärken bei Verwendung für im Erdboden verlegte Kabel noch keine Erfahrungen vorliegen. Allgemein hält man das Fortlassen der Kabelsicherung für ungefährlich. Die für Hausanschlüsse, wie gesagt, zumeist in Verwendung befindlichen Kabelmuffen werden deswegen auch in der Regel ohne Sicherung gebaut. Dagegen sieht man solche in Verteilungskästen vor, und zwar auch hier zur Zeit nur für nackte oder umhüllte Schmelzstreifen, nicht aber geschlossene Sicherungspatronen. Wie bei Freileitungszuleitungen ist auch bei Kabelzuleitungen die Unbequemlichkeit und Gefährlichkeit der Sicherungsbedienung ein weiterer Grund, besser Kabelabzweige ohne Sicherungen zu verlegen.

Sowohl bei gesicherten als nichtgesicherten Abzweigkabeln ist Wert zu legen auf die Sicherungseinsätze der Hausanschlußsicherung. Obwohl diese eigentlich nur zum Schutze der Steigeleitung dient, kann sie dem Kabel sowohl, als auch der Kabelsicherung unter Umständen recht gefährlich werden. Und zwar in bezug auf die Kabelsicherung erstens, wenn die Einsätze der Hausanschlußsicherung nicht abschaltsicher sind, und zweitens, wenn sie gegen Kurzschluß und Überlastung unempfindlicher sind, als die vorgeschaltete Kabelsicherung. Wie aus Fig. 82 der S. 31 ersichtlich, sind die Abschmelzwerte von Patronen und Streifen recht verschieden. Werden Streifen und Patronen gleicher Nennstromstärken hintereinandergeschaltet, so kann tatsächlich der Fall eintreten, daß der Streifen früher abschaltet als die Patrone. Man vermeidet deswegen für beide Fälle Einsätze gleicher Nennstromstärken. In bezug auf das Kabel kann die Hausanschlußsicherung gefährlich werden, wenn die Patronen der Hausanschlußsicherung einen entstandenen Kurzschluß nicht abschalten, eine Kabelsicherung aber fehlt oder wenn diese ebenfalls nicht kurzschlußsicher ist. — In Rücksicht auf die Unsicherheit der Kabelsicherung bzw. in Anbetracht der möglichen Gefährdung des Kabels sollte man deswegen alles vermeiden, was zu Kurzschlüssen an den Einführungsstellen und den Klemmen vor der Hausanschlußsicherung führen könnte, und für genügend sichere Schmelzeinsätze im Hausanschlußkasten sorgen. Da Kurzschlüsse innerhalb des Abzweigkabels sehr viel seltener sind, besteht bei zweckmäßiger Ausführung der Hausanschlußsicherung für das Kabelnetz kaum eine Befürchtung, auch wenn das zum Hause führende Abzweigkabel ungesichert ist.

II. Die Hausanschluß Sicherungen.

A. Hausanschlußsicherungen für Anschluß an Freileitungen.

Die Hausanschlußsicherung wird sowohl an der Außenseite des Hauses in Form von einpoligen Freileitungssicherungen, als auch innerhalb des Hauses, zumeist auf dem Dachboden angebracht, zuweilen auch unmitelbar an oder in dem Dachständer des Hauses. Im allgemeinen vorzuziehen ist es, die Hausanschlußsicherung im Innern des Hauses zu montieren; nur wenn sich hier kein geeigneter Platz vorfindet, scheint die Sicherung außerhalb des Hauses berechtigt (Fig. 50). Zu bedenken ist besonders in letzterem Falle wieder die Schwierigkeit der Bedienung. Es wird deswegen in den Mitteilungen der V. d. E. von der Verwendung der Hausanschlußsicherung an der Außenseite des Hauses in schwer zugänglicher Höhe ebenso abgeraten, wie von der Freileitungssicherung für die Zuführung zum Hause. (Vgl. hierzu § 14,

Regel 9 der Errichtungsvorschriften des V. D. E. und Mitteilungen der Vereinigung der El. W., Jahrgang 1914, Heft 149.)

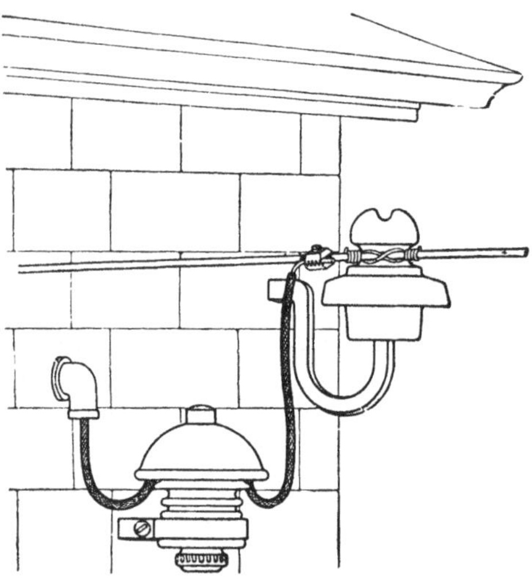

Fig. 50. Freileitungshausanschlußsicherung an der Hausfront.

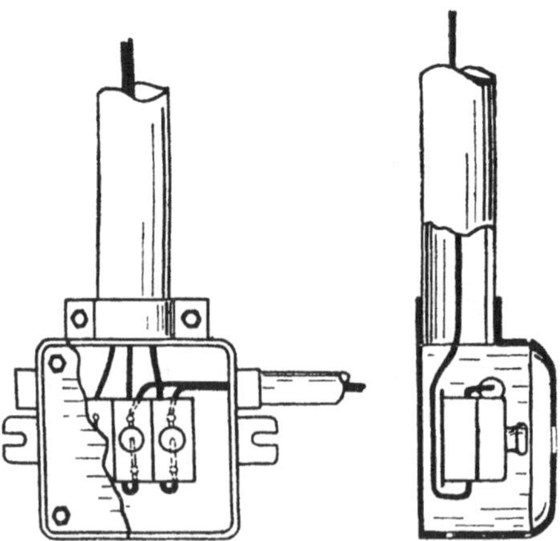

Fig. 51. Hausanschlußsicherung am Fuße des Dachständers.

1. Hausanschlußsicherungen für Freileitungsanschluß außerhalb des Hauses. Derartige Hausanschlußsicherungen, die also unmittelbar vor der Einführung in das Haus angebracht werden, findet man trotz ihrer ausgesprochenen Mängel noch in vielen Anlagen, und zwar werden hierfür die auf S. 6—9 behandelten einpoligen Freileitungssicherungen verwendet.

Zuweilen werden die Hausanschlußsicherungen für Freileitungsanschluß nicht als offene Freileitungssicherungen installiert, sondern in Form von gewöhnlichen Sicherungselementen, für die ein besonderer Kasten an der Außenseite des Hauses vorgesehen ist. Solche Kästen verwenden beispielsweise die Amperwerke für landwirtschaftliche Gebäude und bringen diese auf einer dem Wirtschaftshofe zugekehrten Mauerseite in Handreichhöhe an, damit die Sicherung jederzeit auf das bequemste zugänglich ist. Der Sicherungsschutzkasten enthält alsdann zugleich auch den Zähler (muß demzuliebe besonders solide und wetterfest gebaut sein) und ferner Ausschalter und Steckdose. Wohl mit Recht befürchtet man, daß die Hausanschlußsicherungen, wenn sie an versteckten Stellen untergebracht sind, unbedachterweise durch Hausgeräte, Heu, Stroh oder Korn vollständig verdeckt werden können. Um dies zu vermeiden, bevorzugen manche Werke die Hausanschlußsicherung auf dem Dach, beispielsweise innerhalb des Dachständers nach Fig. 51. Hierbei muß natürlich erst recht dafür gesorgt werden, daß die Sicherung vom Dache oder dem Dachfenster aus bequem erreichbar ist.

2. Hausanschlußsicherungen für Freileitungsanschluß innerhalb des Hauses. Bei der Aufstellung dieser Hausanschlußsicherungen ist natürlich nicht weniger auf jederzeitige Zugänglichkeit zu achten, und zweckmäßig durch Merkschild hierfür besonders Sorge zu tragen. Eine unzugänglich gewordene Hausanschlußsicherung kann unter Umständen zu peinlich langen Betriebsunterbrechungen führen. Wird die Hausanschlußsicherung unmittelbar an der Innenseite der Hauswand angebracht, so hat man hierbei zu unterscheiden zwischen einer Konstruktion, die es gestattet, den Hausanschlußkasten unmittelbar über die Mündung der Wanddurchführung zu setzen (Fig. 52) und eine Ausführung, die nur geeignet ist, unterhalb oder in einiger Entfernung von dieser gesetzt zu werden (Fig. 53). Für den letztgenannten Fall muß das Mundstück der Wanddurchführung mit Rohreinführungsöffnungen versehen und plombierbar sein. Bei Verwendung von Manteldraht ist in diesem Falle ein besonderes Gehäuse erforderlich, das mit Klemmen zum Übergang von Gummiaderleitung auf Rohrdraht versehen ist.

Für Hausanschlußsicherungen im Innern des Hauses werden Streifensicherungen nur noch selten verwendet (obwohl man sich zuweilen mit diesen entgegen den Verbandsvorschriften bei Hausanschlußsicherungen außerhalb des Hauses noch begnügt, siehe Fig. 15—23). In neuen Anlagen verwendet man für Hausanschlußsicherungen im Innern des Hauses bis zu 60 Ampere ausschließlich Schraubstöpselsicherungen, und zwar schon jetzt fast allgemein das eingangs erwähnte Normalschraubstöpsel-System der V. d. E., vornehmlich die sogenannten D.-Stöpselsicherungen (S. IV). Näheres über Sicherungssysteme siehe S. 155—184. Schmelzstreifen sind für Hausanschlußsicherungen gemäß

§ 14b der Errichtungsvorschriften des V. D. E. bis zu 60 Ampere unzulässig. Bei Sicherungen, die im Hausboden angebracht sind, ist natürlich erst recht auf größtmögliche Feuersicherheit Wert zu legen.
(Siehe Vorschriften der Feuerversicherungs-Gesellschaften und landwirt-
schaftlicher Genossenschaften.)

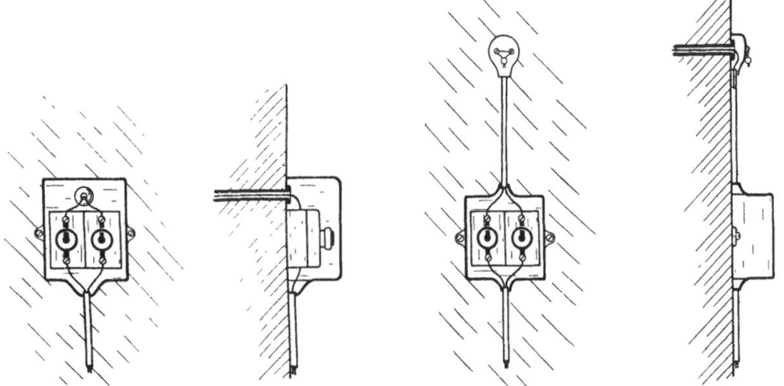

Fig. 52. Hausanschlußsicherung für Freileitungseinführung unmittelbar über
dem Mundstück.

Fig. 53. Hausanschlußsicherung für
Freileitungseinführung unterhalb des
mit Manteldrahteinführung versehenen
Mundstückes.

Die Hausanschlußsicherung im Innern des Hauses für Anschluß
an Freileitungen kommt je nachdem in mehr oder weniger kräftiger
Bauart zur Verwendung. Die verschiedenen Ausführungen entsprechen
sowohl den jeweilig möglichen Preisaufwendungen, als auch den zu
erwartenden mechanischen Beanspruchungen (durch Stöße etc.), und
schließlich den in Betracht kommenden Einflüssen von Staub und
Feuchtigkeit, wennschon im allgemeinen für die Hausanschlußsicherung
zum mindesten ein besonders geeigneter trockener Raum vorgeschrieben
wird. Unterscheiden lassen sich hiernach folgende Arten:
  a) Die nackte Sicherung für plombierbare Stöpsel (Fig. 54a),
  b) die nackte Sicherung mit plombierbarer Stöpselschutzhaube
     (Fig. 54b),
  c) die Sicherung mit im ganzen übergestülpter Schutzhaube (Fig. 54c),
  d) die Sicherung mit Haube für die Sicherungselemente und beson-
     derer Stöpselschutzkappe (Fig. 54d),
  e) die kastenförmige Sicherung mit wasserdicht abschließendem
     Deckel (Fig. 54e).
Letztgenannte Art gestattet die wasserdichte Einführung von Stahl-
panzerrohren und gilt auch mit dicht eingeführten Papier- oder über-
lappten Peschelrohren bzw. Manteldrähten als ausreichend abgedichtete
Hausanschlußsicherung für staubige Räume.

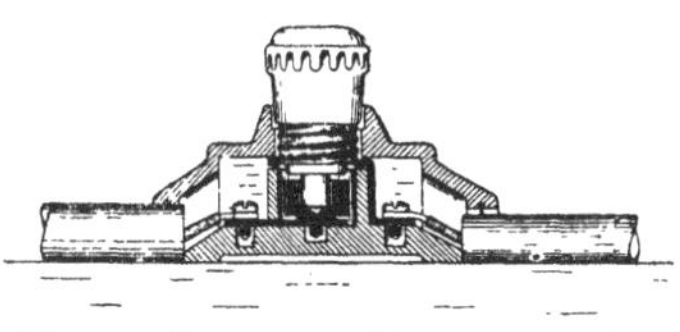

Fig. 54 a.
Ohne Gehäuse für plombierbare
Stöpsel.

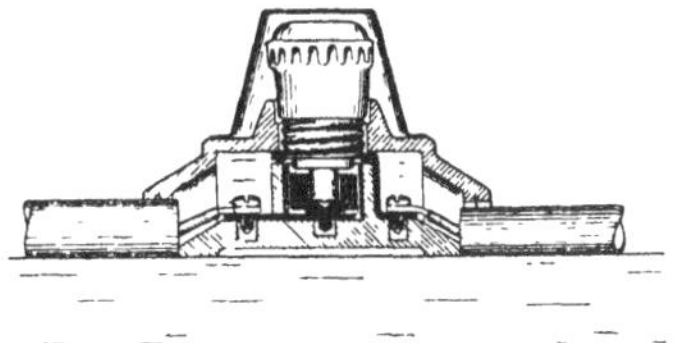

Fig. 54 b.
Ohne Gehäuse mit Stöpselschutzkappe.

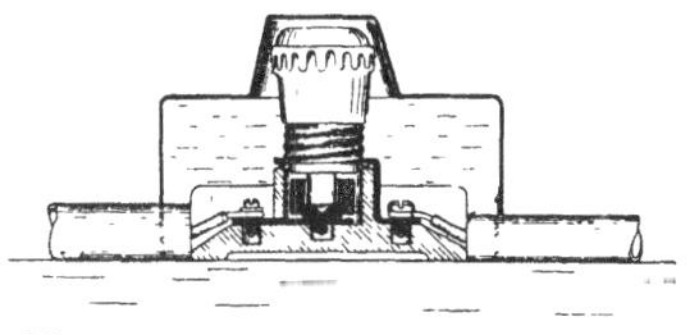

Fig. 54 c.
Mit über Sicherungselement und
-Stöpsel gestülpter Haube.

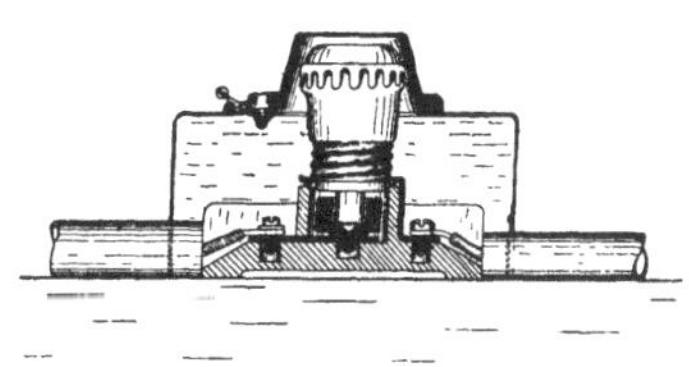

Fig. 54 d.
Mit über das Sicherungselement gestülpter Haube und besonderer Stöpselschutzkappe.

Nicht wasserdicht gekapselt.

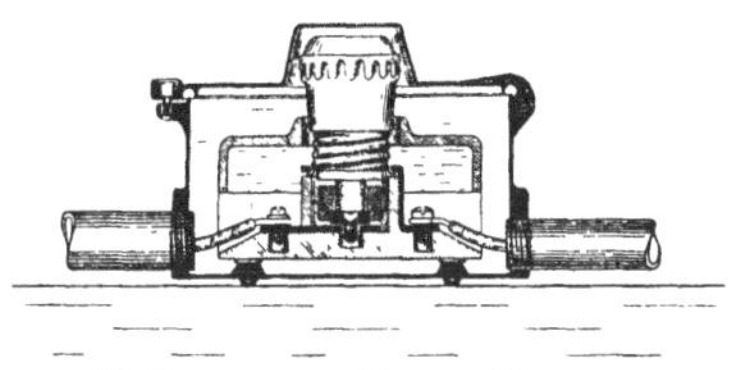

Fig. 54 e.
Mit kastenförmigem Gehäuse und Klappdeckel.   (Wasserdicht eisengekapselt).

Fig. 54 a—e. Die verschiedenen Arten von Hausanschlußsicherungen im Hause
für Freileitungseinführung mit und ohne Gehäuse.

B. Hausanschlußsicherungen für Anschluß an Erdkabel.

1. Für Gummibleikabel. Hierfür ist die soeben unter Fig. 54 e
aufgeführte kastenförmige Sicherung zweckmäßig, falls sie mit einer
entsprechenden Gummikabeleinführung versehen wird (Fig. 55). Diese
kann nach den Fig. 56 und 57 als Stopfbüchse oder nach Fig. 58
als Stutzen mit Kabelschelle ausgeführt werden. Als unzureichend gilt
es, das Gummikabel ohne Dichtungseinrichtungen einfach durch eine
Bohrung der Wandung zu führen und den Raum zwischen Bohrung und
Kabel nur mit Isolierband oder dergleichen auszufüllen. Es werden
übrigens Gummibleikabel nur selten für Hausanschlüsse verwendet.

2. Hausanschlußsicherungen für Papier- oder Faserstoffbleikabel.

Solche Sicherungen werden zumeist mit kräftigem Gußeisengehäuse ver-

Fig. 55. Kastenförmige Hausanschlußsicherung für Gummibleikabel.

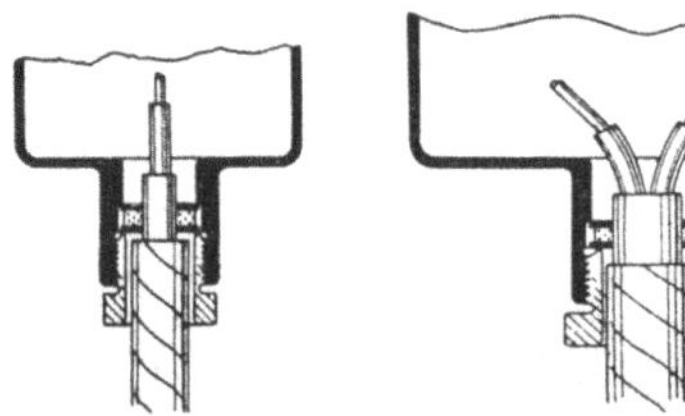

Fig. 56 und 57.   Stopfbüchseneinführung für
Gummibleikabel.

sehen, da sie fast ausnahmslos im Keller, Hausflur oder Hausfront
angebracht werden. Zumeist wird wasserdichte Ausführung verwendet,
und zwar trotz der Vorschrift, sie nur in
trockenen Räumen unterzubringen. Gemäß § 27 der Errichtungsvorschriften
des V. D. E. sind die Enden der Papier-
und Faserstoffkabel gegen Eindringen
von Feuchtigkeit zu schützen. Um dieser
Forderung gerecht zu werden, verwendet
man vereinzelt, insbesondere für nicht-
wasserdichte Kästen, sogenannte Gummi-
strümpfe nach Fig. 59. Diese machen
jedoch einen Kabelstutzen nicht entbehr-

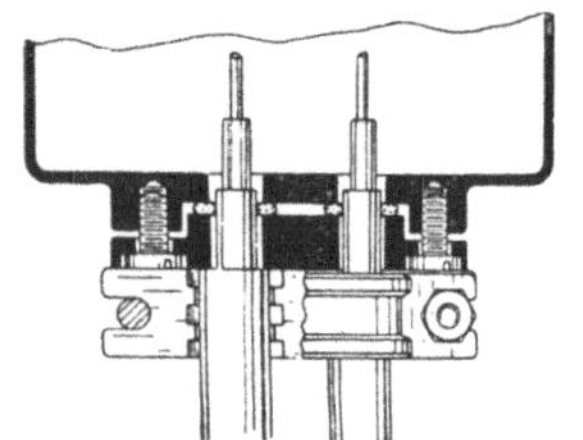

Fig. 58.   Schelleneinführung für
Gummibleikabel.

lich, wennschon dieser für vorliegenden Fall wesentlich einfacher gehalten werden kann beispielsweise nach (Fig. 60).   Die hier darge-

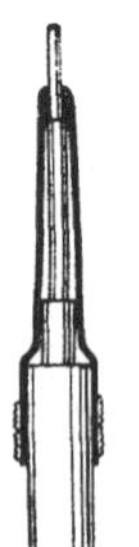 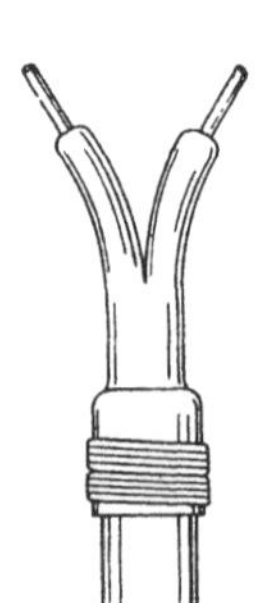 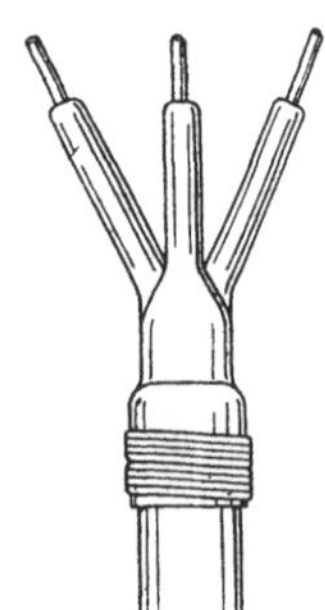

Fig. 59.   Gummibleikabel mit Gummistrümpfen.

stellte Hausanschlußsicherung verdient .besondere Beachtung. Sie ist
wie gesagt auch für Papierkabel vorgesehen, aber nicht wasserdicht.

Sie ähnelt der Haubensicherung nach Fig. 54 d insofern, als auch bei dieser über den nackten auf flacher Grundplatte befestigten Elementen eine gußeiserne, mit besonderer Stöpselkopfkappe versehene Haube gestülpt ist. Diese ist unmittelbar mit einem ebenfalls haubenförmigen Kabelstutzen versehen, der nicht vergießbar ist, da er nur zur Abdeckung der mit Gummistrümpfen versehenen Kabelenden dient. Vgl. hierzu die Fig. 117—120.

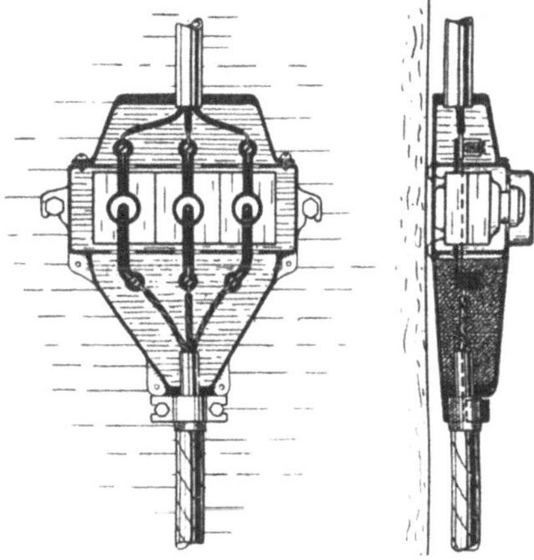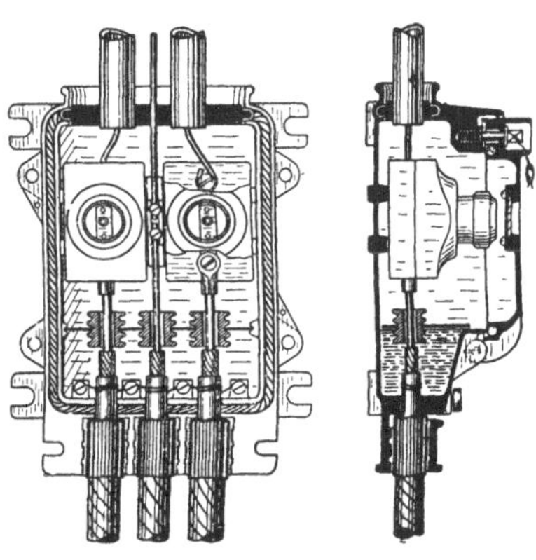

Fig. 60. Nicht wasserdichte Hausanschlußsicherung für Papier- oder Gummibleikabel mit haubenförmiger, über die Sicherungen gestülpter Kappe mit nicht vergießbarem Kabelstutzen.

Fig. 61. Hausanschlußsicherung mit gußeisernem, längsgeteiltem Gehäuse für drei einzelne eisenbandarmierte Papierbleikabel mit angegossenem, ebenfalls längsgeteiltem, vergießbarem Kabelstutzen und einsetzbarer Wand für die Rohreinführungen.

Häufiger werden die Kabelenden nach Art der Kabelmuffen mit Isoliermasse vergossen und erfordern dann Hausanschlußkästen mit vergießbarem Kabelstutzen (auch Endverschlüsse genannt [Fig. 61]). Das Freilegen und das Umwickeln der Kabelenden erfordert viel Sorg-

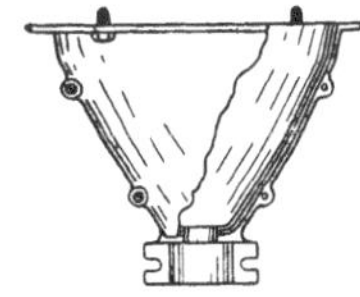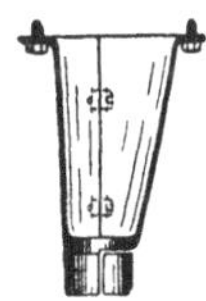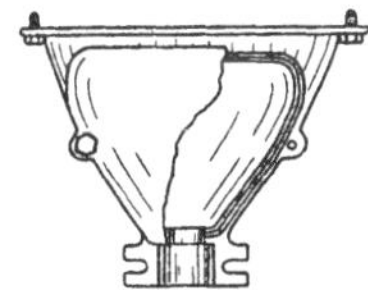

Fig. 62. Vergießbarer, längsgeteilter, ansetzbarer Kabelstutzen.

Fig. 63. Vergießbarer Kabelstutzen mit abnehmbarer Vorderwand.

falt und aufmerksame Überwachung vor dem Vergießen. Aus diesem Grunde sind zweiteilige Kabelstutzen nach Fig. 62 und 63 zweckmäßiger als einteilige nach Fig. 64. Die ersteren erleichtern das Anschließen des Kabels außerordentlich und gestatten es, die Kabelenden vor dem Vergießen durch Augenschein nachprüfen zu können. Um Kabel und Leitungen zugleich recht bequem anschließen und vor dem Vergießen

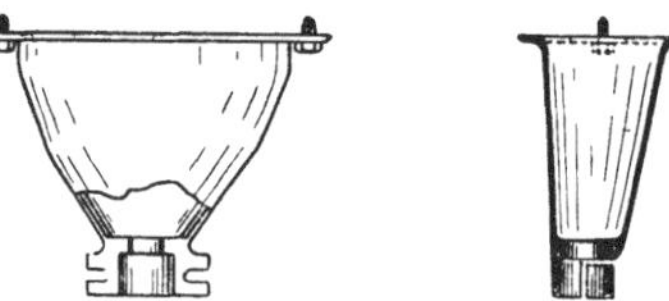

Fig. 64. Einteiliger Kabelstutzen, der die Kontrolle der Kabelenden nicht ermöglicht.

nachsehen zu können, sind Hausanschlußsicherungen besonders geeignet, bei denen das gesamte Gehäuse einschließlich Kabelstutzen längsgeteilt ist (Fig. 61 und 65). Sie besitzen zum Schutz der Stöpsel-

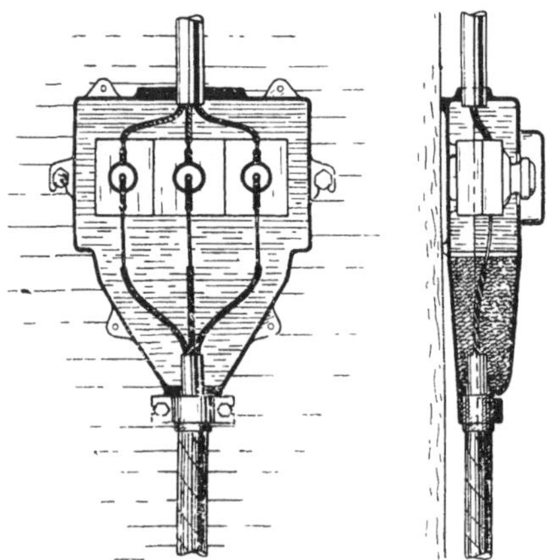

Fig. 65. Hausanschlußsicherung mit längsgeteiltem Hausanschlußkasten mit angegossenem, ebenfalls längsgeteiltem, vergießbarem Kabelstutzen für ein eisenbandarmiertes Mehrfachpapierkabel.

köpfe einen aufklappbaren Deckel (vgl. auch S. 23). — Nicht zu vernachlässigen ist bei Hausanschlußsicherungen die Kabelschelle, die am vorteilhaftesten unmittelbar an dem Gehäuse der Sicherung vorgesehen wird (Fig. 62—72).

Unter Umständen erscheinen Ausführungen nötig, bei denen auch die Anschlußklemmen für die Kabel vergossen werden können, wovon ein Beispiel Fig. 66 zeigt. Der Kabelanschluß ist bei dieser Bauart insofern besonders leicht ausführbar, als Zurückziehen und wieder Vorschieben der Kabelenden hierbei nicht erforderlich ist. Hausanschlußkästen für zu- und abgehende Kabel erfordern zwei Kabelstutzen, von

denen der obere mit einer besonderen Eingußöffnung versehen sein
muß (Fig. 102), während der untere Stutzen wie bei den vorgenannten
Sicherungen bequem von der Innenseite des Gehäuses her vergossen

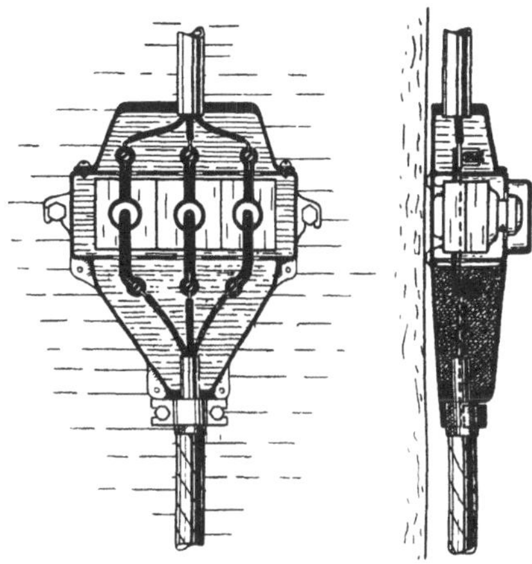

Fig. 66. Hausanschlußsicherung mit längsgeteiltem Gehäuse für Mehrfachkabel
mit angegossenem, ebenfalls längsgeteiltem Kabelstutzen und angesetztem Vorbau
für die Abzweigklemmen und Rohre. Die Anschlußleitungen für die Kabel ragen
in den Kabelstutzen hinein und können mitsamt den Kabelenden vergossen werden.

werden kann, vorausgesetzt, daß der Kasten hierbei an der Wand auf-
rechtstehend befestigt ist, was bei allen vergießbaren Hausanschlußsicherungen verlangt werden muß.

3. Anschluß des Kabels und Anschluß der Steigleitung. Es sind
hier zwei Fälle zu unterscheiden. In dem einen Falle schließt eine
Geschäftsstelle, beispielsweise das E. W., sowohl das Kabel als auch
die Steigleitung an. In dem anderen Falle besorgt das E. W. nur den
Anschluß des Kabels und überläßt den Anschluß der Steigleitung dem
Installateur. — Diesen beiden Vorgängen entsprechend sind auch zwei
verschieden ausgeführte Hausanschlußsicherungen erforderlich.

Für den erstgenannten Fall sind die erwähnten Hausanschlußsicherungen sehr zweckmäßig, die der ganzen Länge nach geteilt sind,
so daß auf der schmalen, freiliegenden Grundplatte vor Aufsetzen des
Oberteils beide Anschlüsse sehr bequem bewerkstelligt werden können
(Fig. 67—69). Nach Aufsetzen des Oberteils wird das Kabel von innen
her bei geöffnetem Kasten vergossen. Auch hierbei ist aufrechte Stellung des Kastens und nach unten gerichtetes Kabel Voraussetzung.

Für den zweitgenannten Fall eignen sich Hausanschlußsicherungen
mit besonders für sich abgedeckten Klemmen für die Steigleitung etwa
nach Fig. 70 und 73. Hierfür ist die Längsteilung des Kastens n i c h t
erforderlich, aber immerhin doch recht bequem. A u f j e d e n F a l l sollte

man doch auch hier den **Kabelstutzen** längsgeteilt machen. — Die Ausführung ermöglicht übrigens, den Kasten so zu plombieren, daß dem Installateur nur die Steigleitungsklemmen zugänglich sind (vgl. Fig. 112 bis 114 auf S. 42).

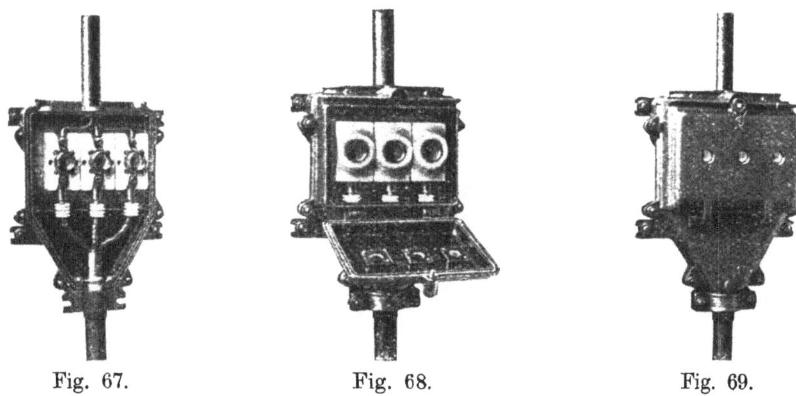

Fig. 67.   Fig. 68.   Fig. 69.

Fig. 67—69. Wasserdichte gußeiserne Hausanschlußsicherung mit längsgeteiltem Gehäuse nebst angegossenem Kabelstutzen und Vorbau für die Klemmen der Steigleitungen. Diese können nach dem Vergießen der Kabel, und zwar bei geschlossenem Sicherungskasten angeschlossen werden.

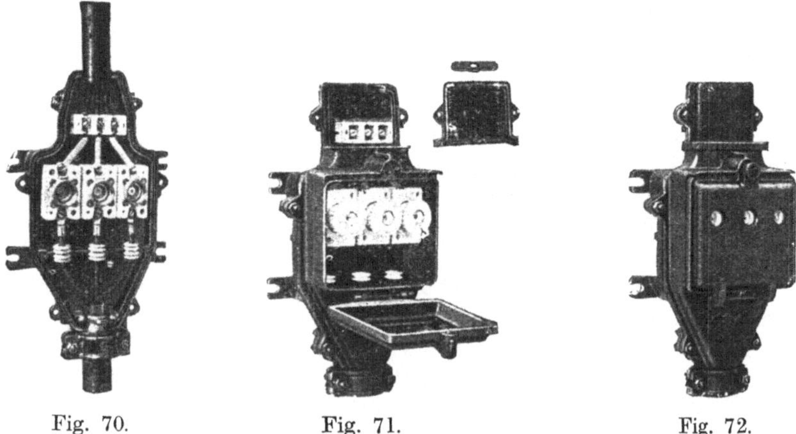

Fig. 70.   Fig. 71.   Fig. 72.

Fig. 70—72. Wasserdichte Hausanschlußsicherung mit längsgeteiltem Gehäuse nebst angegossenem Kabelstutzen. Die Leitungen müssen vor dem Vergießen der Kabel angeschlossen werden.

4. Hausanschlußsicherungen mit ansetzbaren Kabelstutzen. Wie die Fig. 74 erkennen läßt, werden die Kabelstutzen zuweilen auch besonders an dem Kasten befestigt. Dieses Mittel ermöglicht ein System, bei dem sich ein Kastenmodell durch Ansetzen verschiedenartiger Stutzen

zu vielen mannigfaltigen Typen verwenden läßt. Hierdurch wird die
Lagerhaltung in gewissem Sinne und ebenso die Fabrikation vereinfacht,
nicht aber auch die Anschlußarbeiten, besonders dann nicht, wenn die

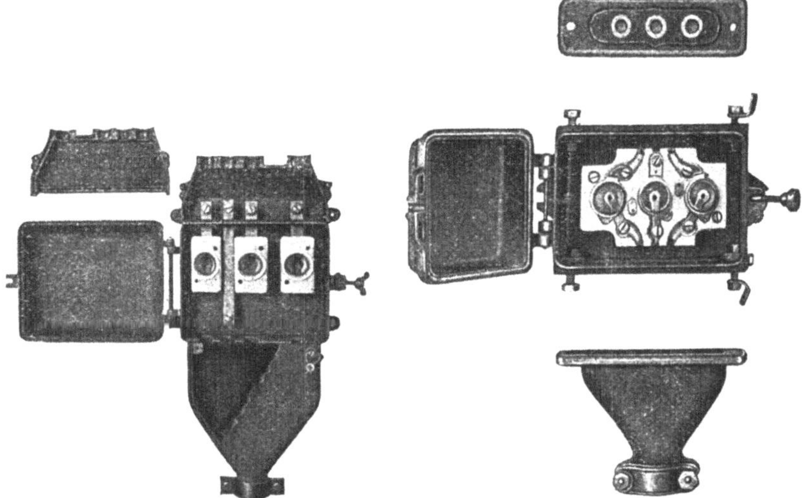

Fig. 73. Hausanschlußsicherung des
E. W. München nach Art derjenigen der
Fig. 70—72.

Fig. 74. Universal-Hausanschlußsicherung
mit ungeteiltem Gehäuse, ansetzbarem,
ungeteiltem Kabelstutzen und ansetzbarer Wand für die Leitungseinführung.

ansetzbaren Kabelstutzen des billigeren Preises wegen nicht zweiteilig
sind. Für ansetzbare zweiteilige Kabelstutzen ist die Ausführung 63
auf S. 20 besonders vorteilhaft, weniger diejenige nach Fig. 62.

C. Anforderungen an Hausanschlußsicherungen im allgemeinen.

1. Bemessung der Sicherungsstärken. Die Normalien des V. D. E.
für Sicherungen mit geschlossenem Schmelzeinsatz schreiben gemäß § 25
als Normal-Nennstromstärken 25, 60, 100 und 200 Ampere vor, passend
zu den Schmelzeinsätzen 6, 10, 15, 20, 25—35, 60—80, 100—125, 160,
200 Ampere für max. 500 Volt. Diese der auf S. 27 aufgeführten Tabelle
für normale Nennstromstärken von Apparaten entsprechenden Größen
einzuhalten, ist in bezug auf die zu erstrebende Einheitlichkeit unbedingt
erforderlich; andere Abstufungen entsprechen den Verbandsvorschriften
nicht, wie beispielsweise jene noch viel verwendete Stromstufe von
40 Ampere für max. 250 Volt bei Edisonsicherungen mit sogenanntem
Normalgewinde (Größe II), die bekanntlich nur für max. 25 Ampere verbandsmäßig und praktisch zulässig sind. — In den weitaus meisten Fällen

genügt die Kastengröße max. 25 Ampere. Es erscheint zweckmäßig, sie mit Zuleitungsklemmen für max. 25 qmm und mit Ableitungsklemmen für max. 10 qmm zu versehen. — Im Sinne der Vereinheitlichung scheint es erwünscht, für alle Hausanschlußsicherungen im Verfolg der Festlegungen von normalen Nennstromstärken auch normale Klemmenabmessungen für normale Leitungsquerschnitte festzulegen. — Recht unvorteilhaft ist es, eine verhältnismäßig große Type für alle Fälle vorzusehen, obwohl mit geringsten Ausnahmen die kleinste vollständig ausreicht. Die Kosten werden hierdurch für die meisten Fälle unnötig hoch; aber abgesehen hiervon, führt diese Maßnahme zu großen Unzuträglichkeiten in bezug auf die Kabel- und Rohreinführungen und deren Abdichtungen, desgleichen hinsichtlich der Kabelschellen und die hierzu besonders erforderlichen Paßstücke.

2. Unterscheidung von Kästen für Zwei-, Drei- und Vierleiter. Es bestehen wenig Bestimmungen, welche entscheiden, wann Hausanschlüsse mit Zwei-, Drei- oder Vierleitern auszuführen sind. Im allgemeinen verfährt man hier je nach Anschlußwert. Viele Werke führen womöglich alle Leiter stets bis zum Hausanschluß, insbesondere im Anschluß an größere Häuser, lassen aber die Steigleitungen je nach Bedarf nur als Zwei- oder Dreileiter ausführen. Der Nulleiter wird sowohl als Einfachkabel verwendet, als auch mit den übrigen Leitern verseilt. Zuweilen wird die Nulleitung außerhalb der Hausanschlußsicherung verlegt und auch bei verseilten Kabeln getrennt von diesen geführt. Um den meist gebräuchlichen Fällen gerecht zu werden, sind für Hausanschlußsicherungen alle Ausführungen nach Fig. 75 erforderlich.

3. Hausanschlußsicherungen für alle und solche für bestimmte Fälle. Wie bei den meisten Systemen von Installationsapparaten zeigt sich auch bei Hausanschlußsicherungen das Verlangen nach sogenannten „Universal-Ausführungen", das in Anbetracht der erforderlichen, in Fig. 75 dargestellten Mannigfaltigkeiten wohl verständlich ist. Als solche Universalsicherungen gelten beispielsweise die in Fig. 74 dargestellten. Wie ersichtlich, besteht bei diesen das ganze System für Stromstärken bis zu 25 Ampere aus einem einzigen Kastenmodell und vielen einzelnen Rohrstutzen bzw. Leitungseinführungswänden. Es lassen sich mit Hilfe dieser Teile außerordentlich viele, voneinander verschiedene Ausführungen zusammenstellen. Zweifellos erleichtert eine solche Zusammensetzbarkeit die Lagerhaltung insofern, als an Stelle von fertigen Kästen der verschiedenen Arten nur Einzelteile auf Lager zu halten sind. Der Anschluß der Leitungen wird hierbei freilich weniger bequem, desgleichen das Vergießen des Kabels, zumal, wenn weder das Gehäuse noch der Kabelstutzen die praktische Längsteilung besitzt. Es fehlt diesen Ausführungen außerdem die Möglichkeit, die Steigleitungen anzuschließen, nachdem das Kabel vergossen und der Kasten plombiert ist (vgl. S. 23, Fig. 70—72). Viele Werke halten es aus diesen und anderen Gründen für

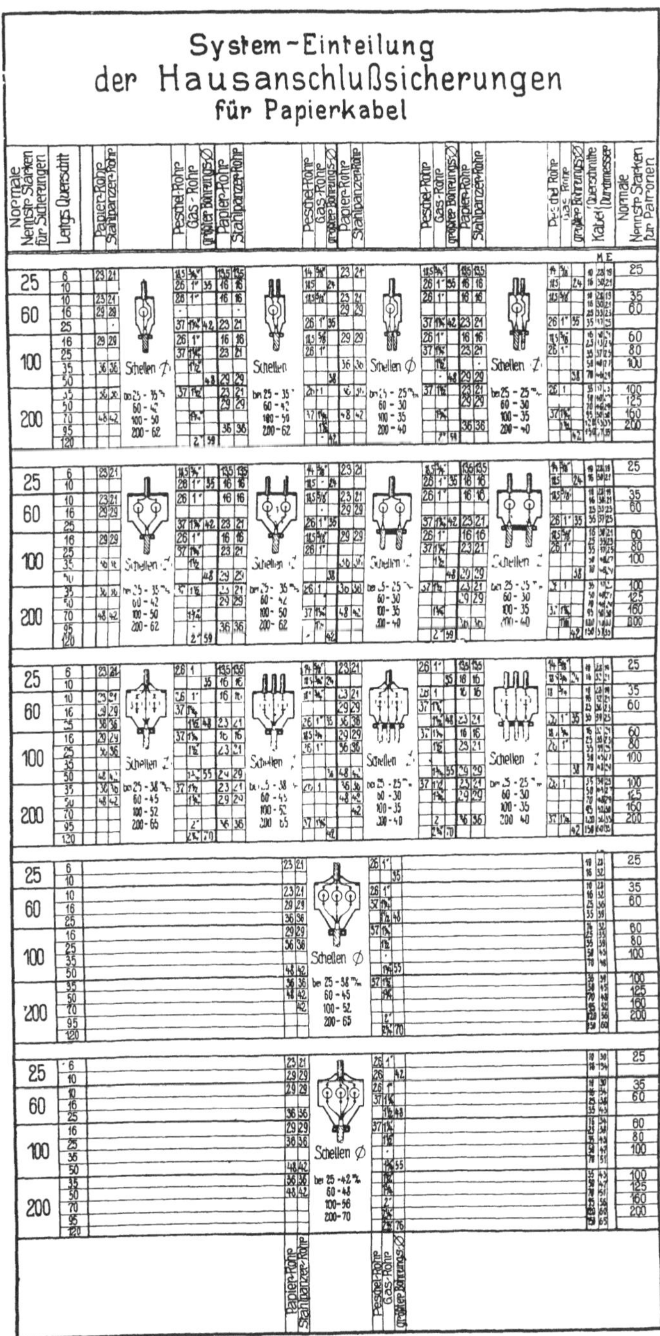

Fig. 75. Diese Darstellung enthält neben den notwendigsten Grundtypen der Hausanschlußsicherungen für Papier- und Faserstoffkabel auch wertvolle Angaben über die zur Verwendung kommenden Kabelleitungen und Rohre. Siehe auch Fig. 130 auf S. 49.

Tabelle der normalen Nennstromstärken für Apparate bis 750 V in Amp.

	1	2	4	6	10	15	20	25	35	60	80	100	125	160	200	225	260	300	350	400	500	600	700	850	1000	1500	2000	3000	4000	6000
1. Normale Nennstromstärken im allgemeinen	—	2	4	6	10	—	—	25	—	60	—	100	—	—	200	—	—	—	350	—	—	600	—	—	1000	1500	2000	3000	4000	6000
2. Für Anschlußbolzen und ebene Schraubkontakte	—	—	—	—	10	—	—	25	—	60	—	100	—	—	200	—	—	—	350	—	—	600	—	—	1000	1500	—	—	—	—
3. Für Dosenschalter	1[1]	2[2]	4[3]	6	10	—	—	25	—	60	—	—	—	—	—	—	—	—	—	—	—	—	—	—	—	—	—	—	—	—
4. Für Hebelschalter u. Ölschalter	—	—	—	—	—	—	—	25[4]	—	60	—	100	—	—	200	—	—	—	350	—	—	600	—	—	1000	1500	2000	3000	4000	6000
5. Für Steckvorrichtungen	—	—	—	6	—	—	—	25	—	60	—	—	—	—	—	—	—	—	—	—	—	—	—	—	—	—	—	—	—	—
6. Für Elemente für geschlossene Schmelzsicherungen	—	—	—	—	—	—	—	25	—	60	—	100	—	—	200	—	—	—	—	—	—	—	—	—	—	—	—	—	—	—
7. Für geschlossene Schmelzeinsätze	—	—	—	6	10	15	20	25	35	60	80	100	125	160	200	—	—	—	—	—	—	—	—	—	—	—	—	—	—	—
8. Für Elemente für offene Schmelzsicherungen	—	—	—	—	—	—	—	25	—	60	—	100	—	—	200	—	—	—	350	—	—	600	—	—	1000	1500	2000	3000	4000	6000
9. Für offene Schmelzeinsätze	—	—	—	6	10	15	20	25	35	60	80	100	125	160	200	225	260	300	350	400	500	600	700	850	1000	1500	2000	3000	4000	6000

[1] Nur für Umschalter bei 500 und 750 V zulässig. [2] Für Umschalter bei 250 bis 750 V und für Ausschalter bei 500 und 750 V zulässig. [3] Kleinste Stromstärke für Ausschalter bei 250 V. [4] Für Ölschalter nicht zulässig.

zweckmäßiger, für die wenigen bestimmten Fälle ihrer Anlagen nicht Hausanschlußsicherungen für alle Fälle zu verwenden, sondern eben diejenigen Ausführungen, die gerade für ihre Zwecke am geeignetsten sind und in fertiger Ausführung geliefert werden. Man hat bei den Hausanschlußsicherungen für bestimmte Fälle nur nötig, für Rohreinführungen Sorge zu tragen, die den jeweiligen Erfordernissen angepaßt werden können. Die in Fig. 75 dargestellte Systemeinteilung dürfte bei Auswahl der jeweils nötigen Ausführung gern herangezogen werden.

4. Die Verwendung von Streifen- und Patronensicherungen. Wie vielfach erwähnt, gibt man für Hausanlagen immer mehr den Patronensicherungen gegenüber den Streifensicherungen den Vorzug und ist hierzu bis zu 60 Ampere neuerdings verbandsmäßig gezwungen.

Man unterscheidet unter den Schmelzeinsätzen: nackte Sicherungsstreifen nach Fig. 76, umhüllte Sicherungsstreifen nach Fig. 77 und geschlossene Sicherungspatronen nach Fig. 78. Die nackten und um-

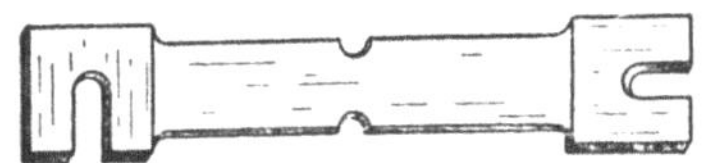

Fig. 76.   Nackter Sicherungsstreifen.

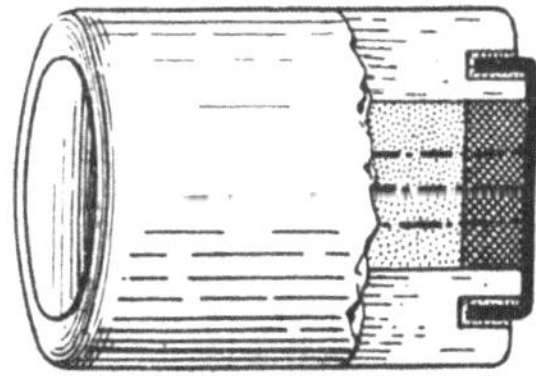

Fig. 77.   Umhüllter Sicherungsstreifen.   Fig. 78. Geschlossene Sicherungspatrone.

hüllten Streifen brauchen (und können) nur mäßigen Prüfvorschriften genügen, die geschlossenen Patronen müssen dagegen sehr harten Vorschriften entsprechen und sind demzufolge erheblich sicherer.

Daß die Bevorzugung der Patronensicherungen gegenüber den Streifensicherungen berechtigt ist, ergibt sich außer diesen Tatsachen noch aus folgenden Feststellungen: Die Sicherungspatrone ist verläßlicher in bezug auf richtiges und feuerloses Abschalten als der Schmelzstreifen und gefahrloser in bezug auf Handhabung unter Spannung. Es läßt sich die Patrone nach dem heutigen Stand der Technik auch für hohe Stromstärken so zuverlässig herstellen, daß sowohl langsam ansteigende Überlastungen und unmittelbare Kurzschlüsse mit einem Vielfachen des Nennstromes ebenso ohne Feuererscheinung unterbrochen werden, als auch Stromstöße von zwei-, drei- und vierfacher Stärke des Nennstromes. Vielfache Versuche im Laboratorium der Städtischen Elektrizitäts-Werke München und in den Prüffeldern der Siemens-Schuckert-Werke erbrachten hierfür den zwingenden Beweis, zugleich führten diese Versuche zu dem Ergebnis, daß Streifensicherungen über 60 Ampere in geschlossenen Kästen für Spannungen ab 220 Volt weder

kurzschluß- noch überlastungssicher sind, eine Erkenntnis, die behördlicherseits zu dem Entschlusse führte, Streifensicherungen für 220 Volt
und darüber allgemein auch für sehr große Stromstärken durch Patronensicherungen zu ersetzen. — Nicht bei Streifensicherungen, wohl aber
bei Patronensicherungen lassen sich die Anschlußklemmen und Kontakte ohne Umstände so einkleiden, daß sie der zufälligen Berührung
entzogen sind. Bei Streifensicherungen ist es deswegen bekanntlich
viel leichter möglich, innerhalb des Kastens vor den Streifen, also unmittelbar an den Enden des Kabels Kurzschluß zu verursachen, als
bei Patronensicherungen. — Ein Kurzschluß zwischen den Anschlußklemmen der Kabel ist aber bei Hausanschlußsicherungen insofern
besonders unangenehm, als dieser Kurzschluß, wie auf S. 14 gesagt,
das Abschmelzen der nächsten Kabelsicherung zur Folge haben muß
und die übrigen Netzsicherungen in Mitleidenschaft ziehen muß, wenn
in den Kabelabzweigmuffen keine Sicherungen enthalten sind, oder
diese selber nicht vermögen, heftigen Kurzschlüssen standzuhalten. Es
können in diesem Falle dann leicht viele hintereinandergeschaltete
Kabelsicherungen zugleich abschmelzen, womöglich hierbei die Sicherungsklemmen verschmoren und so die unangenehmsten Betriebsstörungen und Kosten verursachen. — Einen Kurzschluß zwischen den
Anschlußklemmen der Hausanschlußsicherung zu verursachen, ist insofern leicht möglich, als das Auswechseln der Schmelzeinsätze, wie überhaupt das Arbeiten an dem Hausanschlußkasten schon während der
Montage unter Spannung vorgenommen werden muß. Zu bevorzugen sind Patronen, die bei Nennstrombelastung nicht so heiß werden,
daß sie die Kabelausgußmasse erweichen. Sie sollten nicht mehr als
handwarm werden.

5. Sicherungsstreifen am Kastendeckel. Um die Gefahren beim
Einsetzen von Sicherungsstreifen, wenn man diese nicht durch Patronen ersetzen will oder kann, zu beseitigen, greift man wohl zu
zweierlei Mitteln. Das eine besteht darin, den Streifen mit einer
Hülle zu umgeben, um ihn für den Monteur gefahrloser zu machen,
etwa nach Fig. 77, das andere, die Streifen nicht unmittelbar von Hand,
sondern mit Hilfe des Deckels bedienbar einzurichten. Nach Fig. 79
und 80 wird zu dem Zweck an dem Deckel ein besonderer Isoliersockel
mit Kontakten für die Schmelzeinsätze vorgesehen. In dem Kastenboden befinden sich demgegenüber Sockel mit Anschlußklemmen für
die Zu- und Ableitungen und Kontaktgabeln, die mit gegenüberstehenden
Kontaktmessern auf dem Sicherungssockel des Deckels in Eingriff
kommen, sobald der Kasten geschlossen wird. — Bevorzugt werden
zuweilen Ausführungen solcher Abschaltsicherungen, bei denen Einrichtungen vorgesehen sind, die es ermöglichen, mit Hilfe des Deckels
die Streifen einzeln abzuschalten, beispielsweise nur die abgeschmolzenen. In diesem Falle muß der Zustand der Schmelzstreifen von

außen erkennbar sein. — Abgesehen von einer Verteuerung der Hausanschlußsicherungen durch derartige Abschaltvorrichtungen ist aber bei
diesen Ausführungen die Vermehrung der Kontaktstellen zu bedenken.
Die Messer- und Gabelkontakte müssen sehr sorgfältig ausgeführt sein,

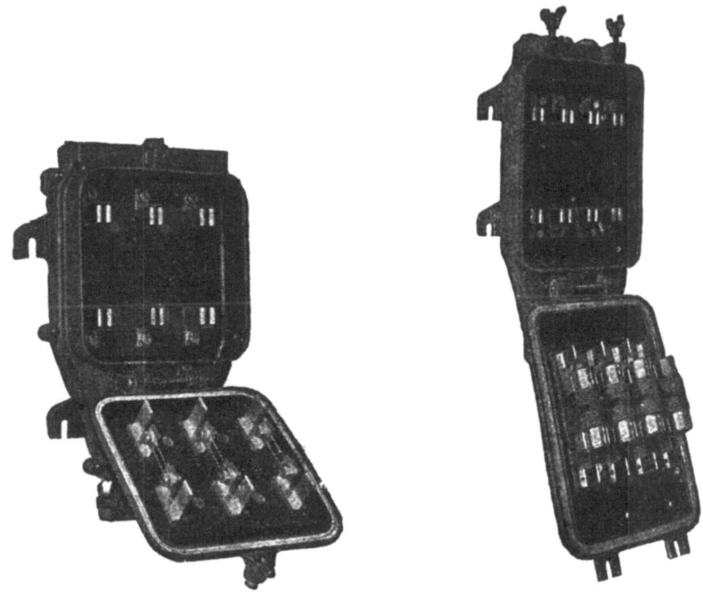

Fig. 79.　　　　　　　　　　Fig. 80.
Kasten mit Sicherungsstreifen am Kastendeckel.

da sie leicht zu hohen Übergangswiderständen führen können und häufig
gänzlich ausglühen, wobei die Eigenwärme des Schmelzstreifens sich
mit der Kontaktwärme addiert. Jedenfalls hängt die Sicherheit der
Messer- und Gabelkontakte von deren Bauart ab. Einige Beispiele
hiervon gibt die Fig. 81, deren Beurteilung im Einzelnen‧ hier zu

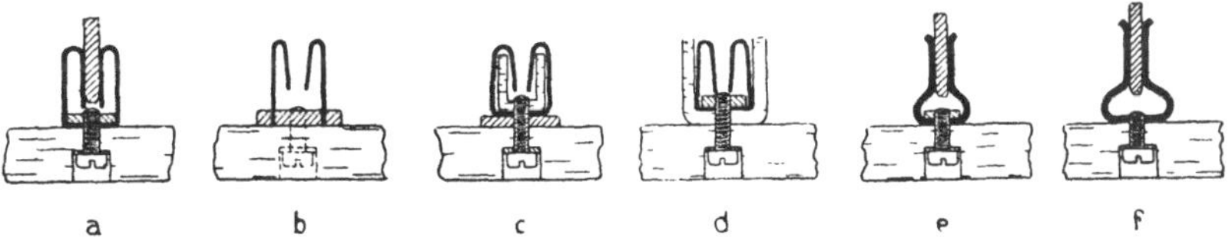

Fig. 81. Verschiedene Ausführungen von Messer- und Kabelkontakten.

weit führen würde. Die Schmelzstreifen mit einer Hülle zu umgeben,
ermöglicht zwar ein gefahrloseres Einsetzen, verbessert aber keineswegs die Abschmelzsicherheit.

Gemäß § 14, a) 3 der Errichtungsvorschriften müssen Sicherungen von unterwiesenem Personal gefahrlos zu bedienen sein. Die Sicherungspatrone erfüllt diese Forderung insbesondere in Schraubstöpselform wegen ihrer einfachen Handhabung zweifellos besser als der Sicherungsstreifen.

6. Vergleiche der Schmelzkurven für Patronen und Streifen. Wichtig für die Wahl der Entscheidung zwischen Streifen- und Patronensicherungen ist auch ein Vergleich ihrer Abschmelzwerte nach nebenstehender Fig. 82. Für Sicherungspatronen (geschlossene Schmelzeinsätze) be-

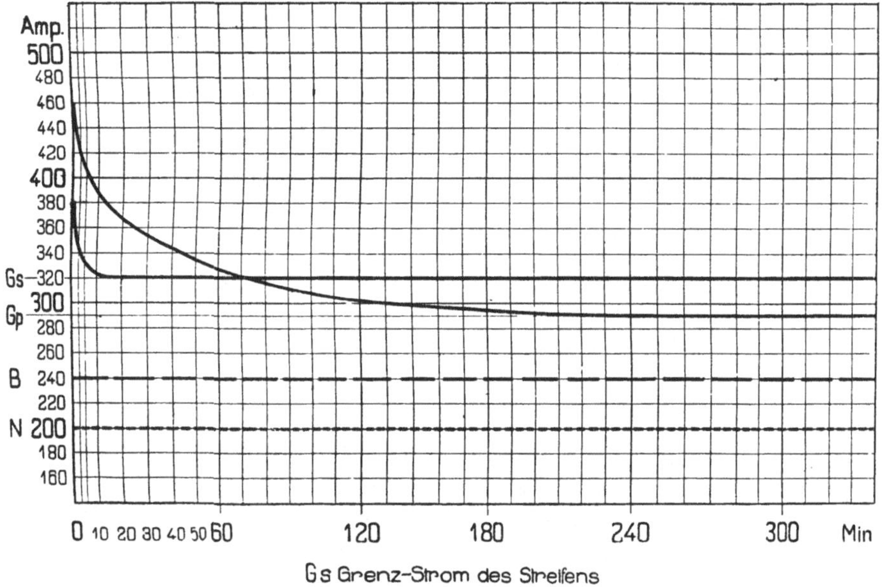

Fig. 82. Die Sicherungspatrone sichert die Leitung gegen Überlastung empfindlicher als der Sicherungsstreifen, und ist unempfindlicher gegen kurzzeitige starke Stromstöße.

stehen verbandsmäßige Festsetzungen der Abschmelzwerte schon seit langer Zeit, für Schmelzstreifen dagegen erst seit 1914. Unterscheidungen zwischen beiden finden sich hierbei hinsichtlich ihrer unteren Abschmelzgrenzen, dem sogenannten Grenzstrom. Dieser wird bestimmt durch einen Minimalprüfstrom, den die Schmelzeinsätze dauernd

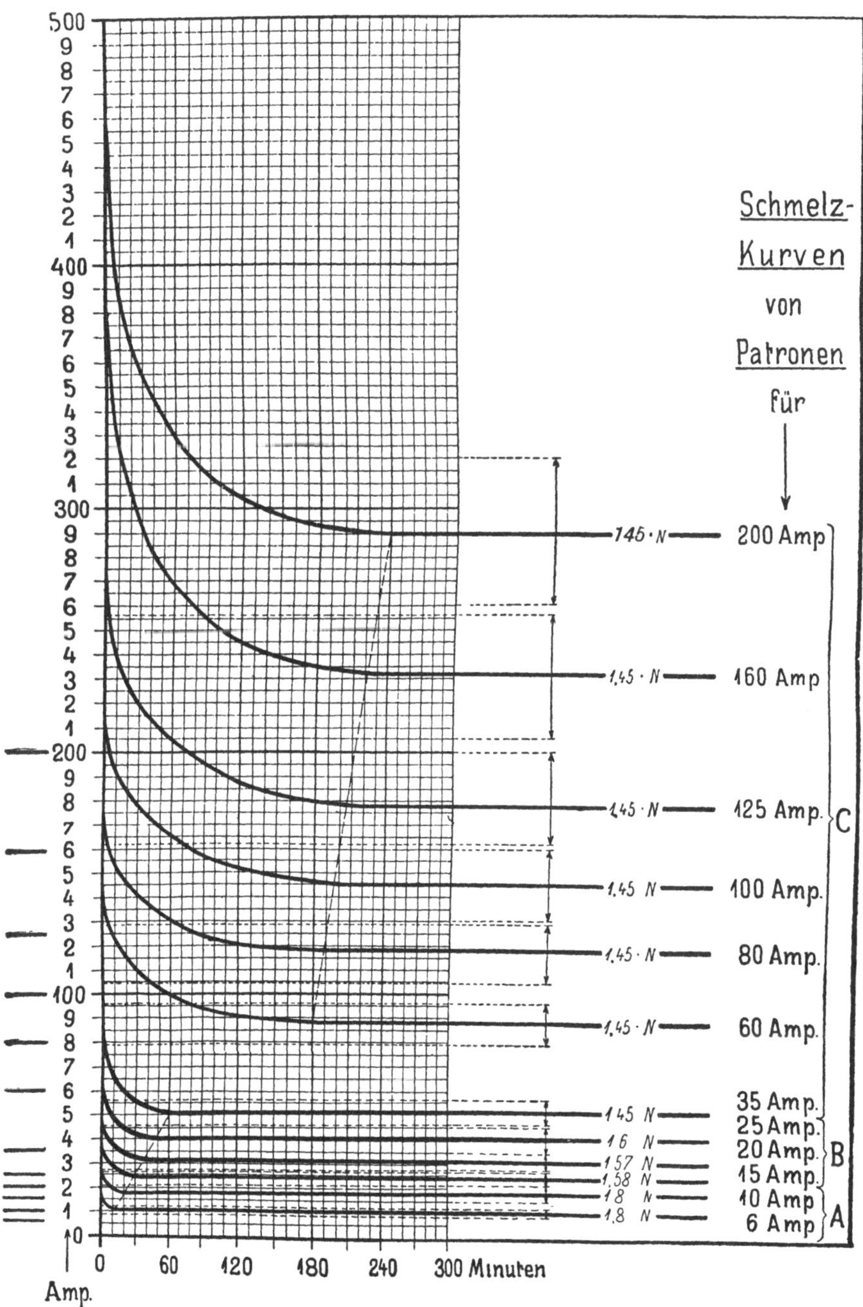

Fig. 83. Schmelzkurven von geschlossenen Sicherungspatronen für 6—200 Amp.

aushalten müssen und durch einen Maximalprüfstrom, bei dem sie innerhalb einer bestimmten Zeit durchschmelzen müssen. (Vgl. Vorschriften für die Konstruktion und Prüfung von Installationsapparaten § 31 und diejenigen für Schaltapparate § 25.) Der Grenzstrom der Patrone liegt hiernach näher an der höchstzulässigen Leitungsbelastung, als derjenige des Schmelzstreifens. Der Streifen sichert also gegen Leitungsüberlastung schlechter als die Patrone. Wie die Schmelzkurven der Fig. 82 weiter zeigen, sind Sicherungsstreifen auch gegen kurzzeitige starke Stromstöße, die der Leitung ungefährlich sind, empfindlicher als Schmelzpatronen. — Moderne Patronen für große Stromstärken haben übrigens in dieser Hinsicht seit kurzem noch weitere Verbesserungen erfahren.

Für die richtige Auswahl der Sicherungseinsätze und deren zulässige Belastung ist die Kenntnis der Abschmelzkurven von Bedeutung. In Fig. 83 werden deswegen diejenigen für Sicherungspatronen von 6 bis 200 Amp. dargestellt. Der asymptotisch verlaufende Teil jeder Kurve ist hierbei praktisch als Grenzstromwert anzusehen. Es ist der Grenzstrom bekanntlich derjenige Strom, den die Patrone soeben noch dauernd aushält. — Er ergibt sich aus der Bemessung der Schmelzleiter die verbandsmäßig so getroffen sein müssen, daß sie bei Belastung mit einem bestimmten Minimalprüfstrom dauernd unversehrt bleiben, bei Belastung mit einem bestimmten Maximalprüfstrom aber innerhalb bestimmter Zeit abschmelzen. Die Eigenart der verbandsmäßigen Festsetzung dieser Prüfströme ergeben größere Verhältnis-Werte für die Grenzströme der schwächeren Patronen gegenüber denjenigen für die größeren Patronen. Die eingetragenen Kurven stellen Mittelwerte dar, die bei besseren Fabrikaten ungefähr eingehalten werden[1]).

Sehr zu beachten ist die Veränderung des Grenzstromes in geschlossenen Kästen. Patronen und Streifen werden hierbei empfindlicher gegen Überlastungen, da der Kasten die Erwärmung der Schmelzeinsätze begünstigt. In engen Kästen erwärmen sich Schmelzeinsätze stärker als in weiten Kästen. Drei Schmelzeinsätze in einem Kasten werden wärmer als zwei solche. Man braucht diesem Umstand nur wenig Rechnung zu tragen, wenn die Sicherung den Querschnitt schützen soll (vgl. S. 35), anders, wenn sie nach Betriebsstromstärke bemessen ist. In diesem Falle geht man sicherer, wenn möglich den nächststärkeren Schmelzeinsatz zu verwenden, der dann nur um weniges stärker sichert, als der sonst bei nackten Sicherungen verwendete Einsatz.

7. Unverwechselbarkeit der Schmelzeinsätze. Die Verbandsvorschriften fordern nach § 14 b der Errichtungsvorschriften Unverwechsel-

---

[1]) Siehe Abhandlung Streifen- und Patronensicherungen Elektrotechnischer Anzeiger, Jahrgang 1918, Nr. 24.

barkeit der Schmelzeinsätze in bezug auf Stromstärke nur bis zu 60 Ampere, aber auch darüber hinaus möchten viele diese Unverwechselbarkeit nicht entbehren. Von den Schraubstöpselsicherungen erfüllen einige auch diese Forderung. Unter Umständen wirkt genannte Unverwechselbarkeit bekanntlich aber störend, weswegen nach § 28 h der Errichtungsvorschriften auch verwechselbare Schmelzeinsätze unter Umständen zulässig sind. Das auf Seite IV gezeigte D-System läßt sich auch in diesem Sinne verwenden.

Ebenso notwendig wie die Unverwechselbarkeit in bezug auf Stromstärke ist auch diejenige in bezug auf Spannung, da eine Patrone für zu niedrige Spannung in einem Stromkreis mit höherer Spannung weder kurzschluß- noch überlastungssicher ist und daher feuergefährlich werden kann. Beispiele von Sicherungen mit Spannungs-Unverwechselbarkeit geben die Fig. 84 a, b und c.

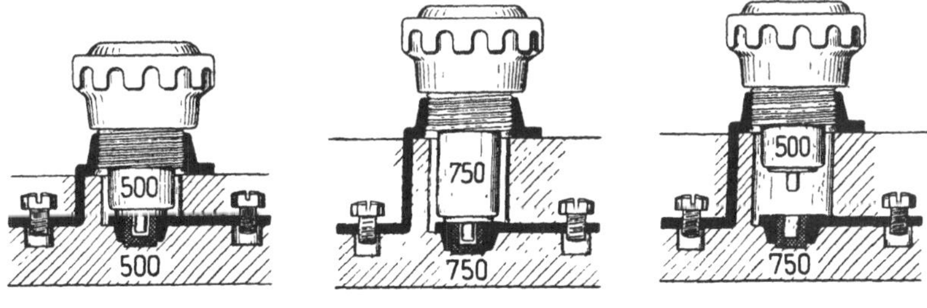

Fig. 84 a, b, c. Gegen Einsetzen von Patronen für zu niedrige Spannung unverwechselbare Sicherungen.

Ausführliche Darstellungen der wichtigsten Sicherungssysteme finden sich auf S. 155—184.

8. Die verbandsnormale Mindestspannung für Schmelzsicherungen. Bei der Wahl der Sicherungsart ist schließlich zu beachten, daß als niedrigste verbandsmäßige Nennspannung für Sicherungen mit geschlossenen Schmelzeinsätzen 500 Volt festgelegt wurde. Diese Maßnahme wurde nach reiflichsten Überlegungen getroffen und findet ihre Begründung nicht allein in der Absicht, im Sinne der Vereinheitlichung an Ausführungsarten zu sparen, sondern auch, um der Gefahr vorzubeugen, die durch Schmelzeinsätze niedriger Spannung entstehen kann, wenn sie bei höherer Spannung verwendet werden. (Siehe hierzu Erläuterungen zu den Konstruktionsvorschriften des V. D. E. von Dettmar.) Die bisher noch vielfach gebräuchlichen Patronen für max. 250 Volt (siehe S. 161, 162, 163 und 166) müßten nach dieser neueren Vorschrift, die insbesondere von der Vereinigung der Elektrizitätswerke schon seit Jahren befürwortet wurde, allmählich durch 500 Volt-Patronen ersetzt werden.

9. Unerwünschtes Abschalten der Hausanschlußsicherung. Wie bereits erörtert, verursacht das Abschmelzen der Hausanschlußsicherung recht mißliche und kostspielige Folgen, insbesondere, falls durch Versagen der Hausanschlußstöpsel etwa das Abschmelzen einer oder mehrerer Netzsicherungen eintritt. Betriebsunterbrechungen ganzer Stadtteile hatten bekanntlich häufig das Versagen einer einzelnen Hausanschlußsicherung zur Ursache. — Man wird das Abschmelzen der Hausanschlußstöpsel ruhig in Kauf nehmen, wenn es durch natürliche Vorkommnisse bewirkt wurde, nicht aber, wenn Ursachen vorliegen, die sich vermeiden ließen. Zu solchen Ursachen gehören: Falsche Bemessung oder zu starke Belastung der Hausanschlußstöpsel, zu große Empfindlichkeit dieser gegen kurzzeitige Stromstöße und schließlich schlechte, nicht genügend kurzschlußsichere Schmelzstöpsel in den Stromkreissicherungen.

Notwendig ist deswegen in erster Linie die Verwendung bester Sicherungsfabrikate, und zwar nicht nur für die Hausanschlußsicherung, sondern auch für die gesamte Anlage. Auch muß beachtet werden, daß hinter der Hausanschlußsicherung weder stärkere Stöpsel, noch laienhaft reparierte, oder zu Dauerstöpseln umgewandelte Einsätze verwendet werden. Ferner sollten nur solche Schmelzstöpsel für die Hausanschlußsicherung zugelassen werden, die nicht in Mitleidenschaft gezogen werden, wenn in irgend einem Teil der Anlage ein Kurzschluß auftritt. Hierzu neigen Stöpsel, die gegen Stromstöße allzu empfindlich sind.

Schließlich sollte dafür gesorgt werden, daß die Hausanschlußsicherung vor zu großen Belastungen sicher ist. Um das zu verhindern, verfährt man besser, die Steigleitung nicht nach Betriebsstromstärke, sondern nach Querschnitt zu sichern. — Die in den Weberschen Erläuterungen zu § 14 der Errichtungsvorschriften unter 4 ausgesprochene Befürchtung in bezug auf zu großes Anwachsen von etwa auftretenden Erdschlußströmen beim Sichern nach Querschnitt scheint bei Steigleitungen wohl kaum berechtigt. Erdschlußströme hat man für Steigleitungen sicher weniger zu befürchten, wie die Folgen der Überlastung von Hausanschlußsicherungen, die beim Sichern nach Stromstärke natürlich wesentlich leichter eintreten kann, als wenn die Sicherung dem Querschnitt der Steigleitung angepaßt ist.

Zu beachten ist, daß dauernde Überlastungen der Sicherungseinsätze über Nennstrom zur Verhinderung frühzeitigen Abschmelzens zu vermeiden sind.

Unerwünschtes Abschmelzen der Hausanschlußsicherungen tritt häufiger auch ein durch Lockern der Kontakte und allmählicher Verschlechterung der Übergangswiderstände. Bei Messer- und Gabelkontakten (Fig. 81 der S. 30) treten solche Verschlechterungen ein durch allmähliches Nachlassen der Federung in den Gabeln, infolge andauernder Erwärmung. Ebenso leicht verschlechtern sich hierbei auch die Übergangswiderstände zwischen Kontaktgabel und Anschlußschiene. — Die hierdurch auftretenden Erwärmungen begünstigen das Nachlassen der Federung, was zu weiteren Erhitzungen und schließlichem Ausglühen der Federn führt. Die Erhitzung überträgt sich natürlich alsbald auf den Schmelzeinsatz und bringt diesen schließlich zu frühzeitigem Abschmelzen, da sich dessen Eigenwärme mit der-

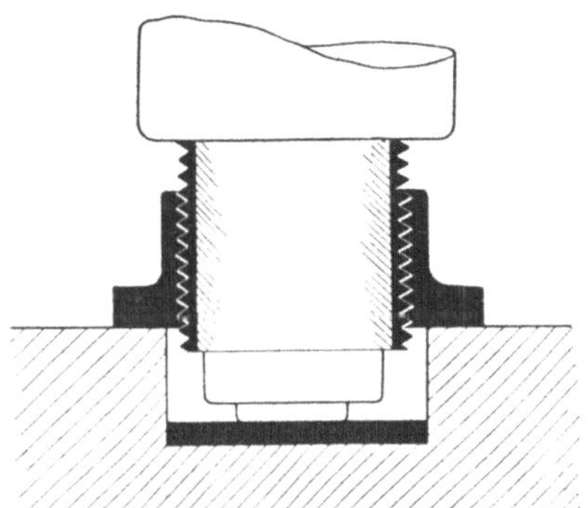

Fig. 85. Schraubstöpselfuß mit geschnittenem feingängigem Gewinde in geschnittenem Muttergewinde. Große Anlageflächen.

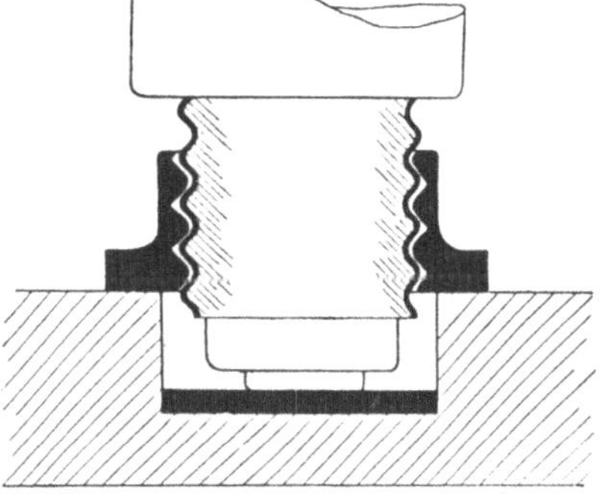

Fig. 86. Schraubstöpselfuß mit gedrücktem grobgängigem Gewinde in geschnittenem Muttergewinde. Geringe Anlageflächen.

jenigen der Übergangswiderstände addiert. So kommt es, daß Schmelzeinsätze schon bei $^2/_3$ ihrer normalen Belastung abschmelzen, obwohl sie richtig bemessen sind.

Auch bei Schraubstöpselsicherungen treten ähnliche Erscheinungen auf und zwar weniger bei denen für max. 25 Amp., wohl aber schon bei denen für max. 60 Amp. und darüber. — Hier trägt sehr stark zu übermäßigen Erwärmungen das grobe Blechgewinde der Stöpselkontakte bei. Nach einiger Belastungsdauer lassen sich die Stöpsel nachziehen, sind also locker geworden. Geschnittenes feingängiges Rohrgewinde erweist sich in

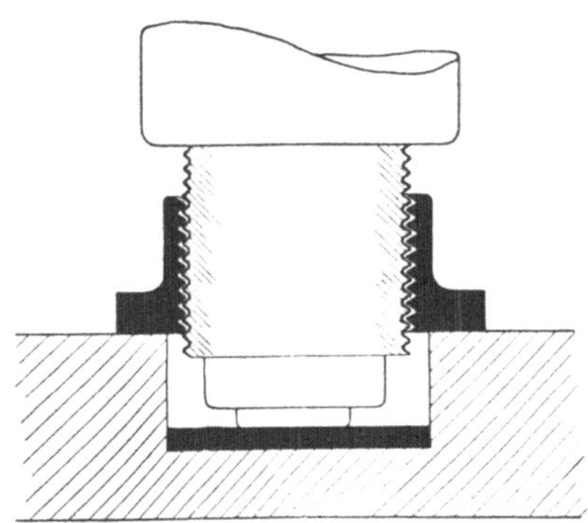

Fig. 87. Schraubstöpselfuß mit gedrücktem feingängigem Gewinde in geschnittenem Muttergewinde. Sehr geringe Anlageflächen.

dieser Hinsicht an Stelle von Edisongewinde als ganz erheblich sicherer. Dagegen empfiehlt es sich nicht, feingängiges gedrücktes Gewinde zu verwenden. Siehe hierzu Fig. 85—87 und die Abhandlung über Sicherungspatronen auf S. 175.

10. Mehrere Hausanschlußsicherungen für eine Anlage. Ein weiteres Mittel, die Störungen durch Abschmelzen der Hausanschlußsicherung einzuschränken, besteht darin, mehrere Hausanschlußsicherungen für eine Anlage zu verwenden, was sich insbesondere bei größeren Anschlußwerten empfiehlt, insbesondere unter Anwendungen von Ringleitungen. Es werden aber auch zu einer Gruppe vereinigte Hausanschlußsicherungen, die an ein gemeinsames Kabel angeschlossen

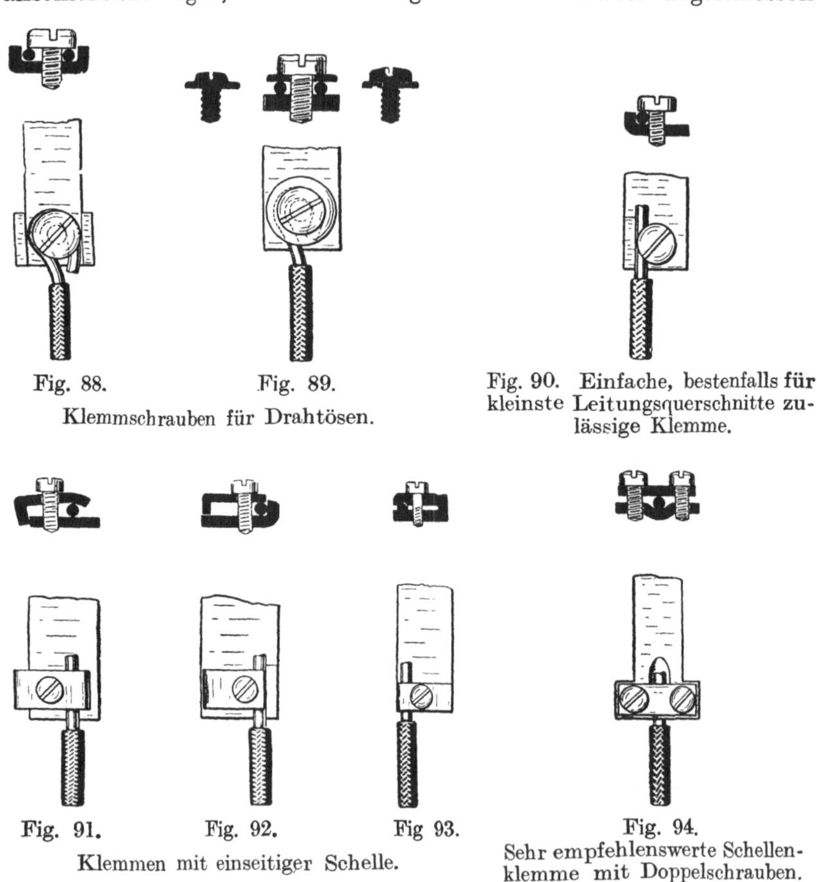

Fig. 88.　　　　　Fig. 89.

Klemmschrauben für Drahtösen.

Fig. 90. Einfache, bestenfalls **für** kleinste Leitungsquerschnitte zulässige Klemme.

Fig. 91.　　　Fig. 92.　　　Fig 93.

Klemmen mit einseitiger Schelle.

Fig. 94.
Sehr empfehlenswerte Schellenklemme mit Doppelschrauben.

werden, verwendet. Sicherungen über 200 Ampere sollte man vermeiden. (Siehe hierzu Leitsätze des V. D. E. zu den Vorschriften für Herstellung elektrischer Anlagen, Absatz II.)

11. Die Klemmen der Hausanschlußsicherungen. Der zweckmäßige Bau von Anschlußklemmen beschäftigt die Konstrukteure seit Beginn der Installationstechnik. Man hatte schon vor Jahren vorgeschlagen, einige vorteilhafte Klemmenkonstruktionen verbandsmäßig zu normalisieren, eine

Forderung, die bisher unerfüllbar schien. Bei den Klemmen für Hausanschlußsicherungen mögen die gleichen Wünsche bestehen. Um deren

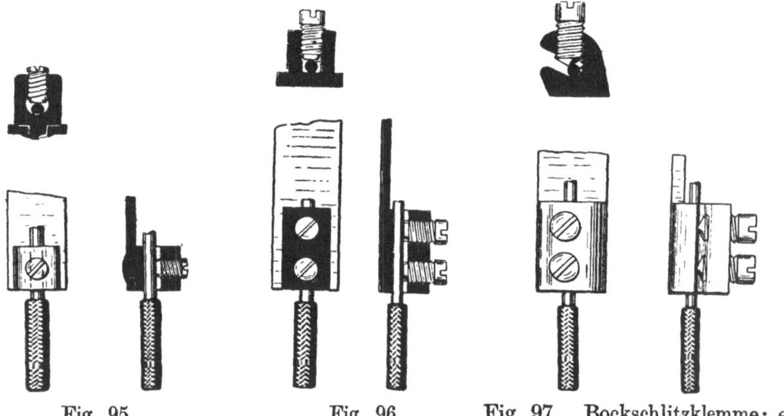

Fig. 95.   Fig. 96.   Fig. 97.   Bockschlitzklemme; er-
                                                       übrigt   die Herausnahme   der
Büchsenklemmen; nicht verwendbar für Kasten   Klemmschrauben.
mit hochstehenden Wänden, die das Zurück-
ziehen der Leitungsenden beim Einführen erschweren oder unmöglich machen.

Erfüllung näherzukommen, sollte man auch in diesem Falle zum mindesten durch absprechendes Urteil von maßgebender Stelle diejenige
Klemmenkonstruktionen all-
mählich ausscheiden, die man
als überflüssig bzw. unsicher
erkannt hat. Die Fig. 88—99
zeigen   eine   Anzahl   zur
Zeit üblicher Klemmenausfüh-
rungen, von denen sicher viele
als durchaus unzweckmäßig
gelten   müssen.   Unzweck-
mäßige Klemmen können aber
nicht nur erhebliche Betriebsstörungen   zur   Folge haben,
sondern erschweren auch die
Montage viel mehr, als allgemein bekannt. (Siehe El. Anzeiger Jahrg. 1917, S. 466
und 638.) Wie man normale
Nennstromstärken für Appa-

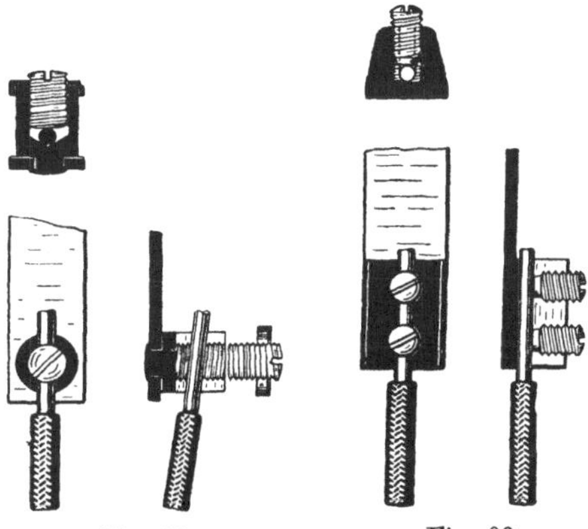

Fig. 98.   Fig. 99.
Schlitzklemmen   mit Schrauben innerhalb des
Schlitzes; gestatten sehr bequemes Einlegen der
Leitungen, auch in engen Kasten mit hohen
Wandungen (vgl. dagegen Fig. 95 und 96).

rate festgelegt hat, die auch auf Hausanschlußsicherungen Anwendung
finden, sollte man auch Anweisungen geben für die zu jenen Nennstromstärken passenden Klemmengrößen, je nach Querschnitt der je-

weils in Frage kommenden Leitungsquerschnitte für die Zu- und Ableitungen. Zur Zeit bestehen hierüber keinerlei Richtlinien, deswegen
wünschen einige Werke Klemmen der verschiedensten Art, während
andere Kopfschrauben für Kabelschuhe bevorzugen. Leider bestehen
auch für letztere keinerlei Vorschriften, weswegen auch hier Fehler
mancherlei Art nicht ausgeschlossen sind (Fig. 100 a, b, c).

12. Die Sicherungskontakte. Wie
auf S. 36 erwähnt hat sich bei Schraubstöpselsicherungen als notwendig er-
wiesen, einem allmählichen Lockern des
Kontaktgewindes vorzubeugen, für
größere Stromstärken ist geschnittenes,
feingängiges Gewinde betriebssicherer,
als das grobgängige Edisongewinde, dagegen ist feingängiges, gedrücktes Gewinde nicht zu empfehlen. Besondere
Sperrvorrichtungen bei Sicherungsstöp-
seln vorzusehen, ist mehrfach versucht
worden, eine praktische, allgemein an-
wendbare Schraubsicherung hat sich
jedoch leider bisher nicht finden lassen.
Siehe hierzu Seite 36, betreffend Schraubstöpsel mit geschnittenem Rohrgewinde.

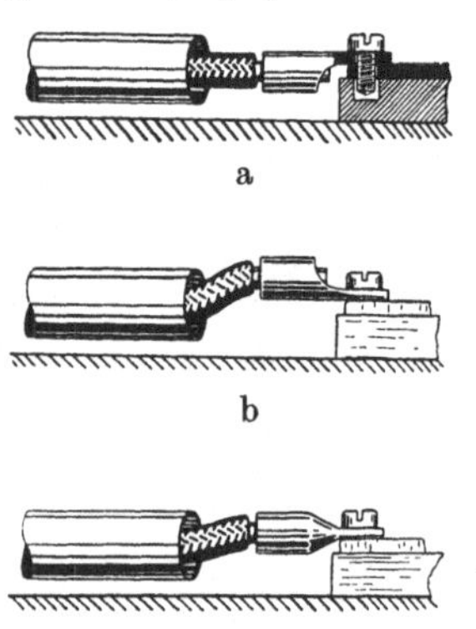

Fig. 100 a, b, c. Geschlossene und
offene Kabelschuhe in verschiedenen günstigen und ungünstigen
Lagen.

Federnde Kontaktstücke dürfen bei Sicherungen nur verwendet werden,
wenn ein Nachlassen der Federung durch Erwärmung nicht zu befürchten
ist. Die üblichen Messer und Gabelkontakte sind mit Vorsicht zu verwenden (vgl. S. 30 und Fig. 81).

13. Die Anordnung der Nulleiterklemmen. Allgemeine Bestimmungen für die Anordnung von Nulleiterklemmen bestehen nicht, wohl

     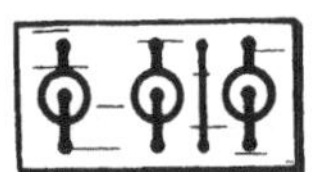

Fig. 101. Anordnung der Sicherungskontakte und der Nulleiterklemme bei
Hausanschlußsicherungen.

aber verschiedenartige Wünsche. Einerseits verlangt man Anordnung
seitlich zu den Sicherungen, andererseits zwischen diesen usf.
Das gleiche gilt für die Nulleiterklemme selbst. Diese wird sowohl
abschaltbar, wie nichtabschaltbar verlangt und ebenso vom Gehäuse
isoliert, als auch nichtisoliert. Die in Fig. 101 dargestellten Aufzeich-
nungen geben vielleicht die Anregung, auch hierin eine Einigung zu
erzielen.

14. Abschaltbarkeit der Steigleitung. In welchen Fällen es erforderlich ist, eine Abschaltung zu ermöglichen, wird nirgends ausdrücklich erwähnt, immerhin scheint eine solche zuweilen erwünscht, weil sie bei Reparaturen der Anlage zweckmäßig ist und bei Ausbruch eines Brandes von Nutzen sein kann (Fig. 102). Einige Sondervorschriften machen die erwähnte Abschaltbarkeit zur Bedingung. Nicht festgelegt ist, ob stets alle Pole abzuschalten sind. Einige Werke, die eine Abschaltbarkeit nicht missen wollen, verwenden lediglich aus diesem Grunde die auf S. 30 erwähnten Sicherungen mit Einsätzen am Deckel. Bei Anlagen über 250 Volt gegen Erde scheint es notwendig, den Schalter vor die Sicherungen zu setzen. Im übrigen ist es bei Stöpselsicherungen vorteilhafter den Schalter hinter die Sicherung zu setzen, da im Schalter leicht Kurzschluß auftreten kann.

Fig. 102. Hausanschlußsicherung mit vergießbarem Kabelstutzen für wasserdichte Zu- und Ableitung und einem Drehschalter hinter der Sicherung.

15. Die Erdung des Hausanschlußkastens. Nach § 3c 2 der Errichtungsvorschriften müssen die gußeisernen Gehäuse aller Apparate, falls es die örtlichen Verhältnisse erfordern, geerdet und demzufolge mit entsprechenden Erdungseinrichtungen versehen werden, die nach § 3f der Vorschriften für Konstruktion und Prüfung von Installationsmaterial durch ein Erdungszeichen kenntlich sein müssen. Diese Vorschrift trifft auch für Hausanschlußsicherungen zu. Solche Erdungseinrichtungen sind zur Zeit noch in den verschiedensten Ausführungen zu finden, die mehr oder minder praktisch sind. Die Fig. 103—107 zeigen solche Ausführungen. Leicht durchführbar ist die Erdung, wenn sie mit Hilfe des Nulleiters erfolgen kann. Ist die Nulleiterklemme mit dem Gehäuse leitend verbunden, so ergibt sich hierdurch die Erdung unmittelbar. Anders, wenn sie vom Gehäuse isoliert ist, was u. a. für Meßzwecke erwünscht ist. Für diesen Fall ist ein besonderes abschaltbares Erdungsstück zwischen Nullklemme und Gehäuse erforderlich. — Ungeklärt ist die Frage, ob die Erdungsleitung besser innerhalb oder außerhalb des Gehäuses angeschlossen wird. Bei Peschelrohren kann die Erdung zwischen Mantel und Gehäusebohrung erfolgen, bei Rohrdraht am besten mit Hilfe von Schellen, bei Kabeln mit Hilfe des Bleimantels (siehe Fig. 61 auf S. 20).

16. Umschaltbare Hausanschlußsicherungen. Derartige Sicherungen werden von einigen Werken bei Gleichstrom-Dreileiter- und Drehstromanlagen verwendet. Es ergeben sich hierbei mancherlei Konstruktionsschwierigkeiten insofern, als die Umschaltorgane leicht und gefahrlos bedienbar sein müssen. Man benutzt hierzu sowohl Blindstöpsel, als auch metallene Laschen, die man zweckmäßig hinter den Sicherungen anordnet, damit man die Umschaltungen nach Herausnahme der Patronen gefahrlos vornehmen kann. Bei Gleichstrom ist zu bedenken, daß durch Umschaltung die Stromrichtung geändert werden kann. Bei Anlagen mit Nulleiterrohr oder Rohrdrahtmantel muß bedacht werden, daß versehentlich nicht etwa ein Außenleiter auf den Nulleitermantel ge-

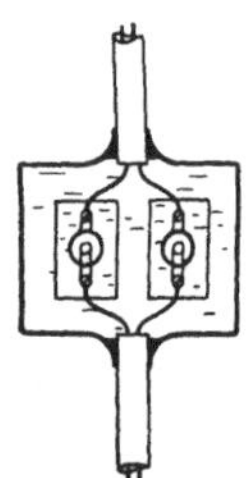 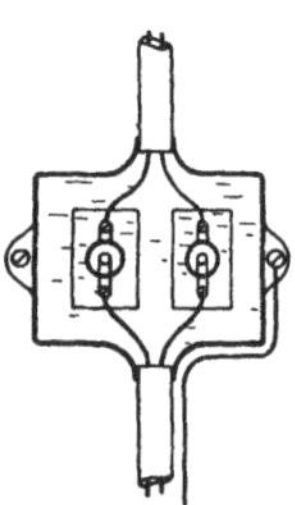 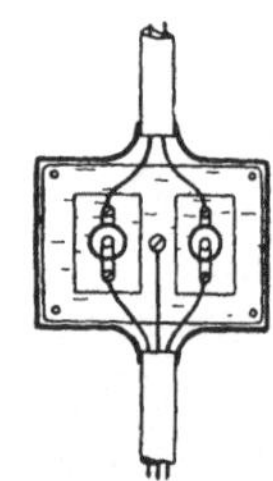

Fig. 103. Erdung durch den Mantel des Rohres oder Manteldrahtes.

Fig. 104. Erdung außen an der Befestigungsschraube.

Fig. 105. Erdung innen am Gehäuseboden.

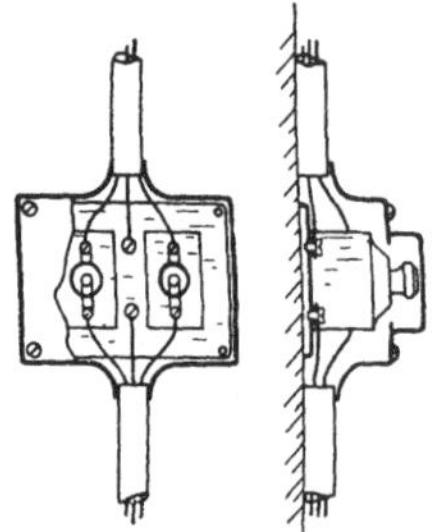 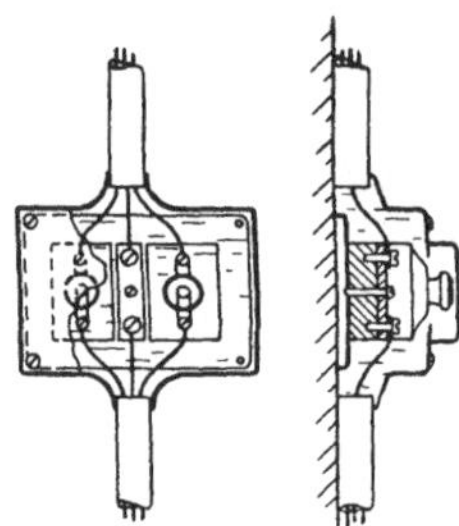

Fig. 106. Erdung durch die nicht isolierte Nulleiterklemme.

Fig. 107. Erdung durch die isolierte Nulleiterklemme.

Fig. 103—107. Verschiedene Erdungsarten der metallenen Gehäuse von Hausanschlußsicherungen.

schaltet werden kann. Im allgemeinen können Hausanschlußsicherungen mit Umschaltung auf verschiedene Phasen oder Netzhälften wohl als überholt bezeichnet werden; sie werden auch nur noch von einigen Werken verwendet.

17. Hausanschlußsicherungen mit besonders verdeckten Steigleitungsanschlußklemmen. In letzter Zeit macht sich das Bedürfnis geltend, allgemein bei Apparaten, die von seiten des E. W. angeschlossen werden, während andererseits der Installateur die Abzweigung besorgt, Anschluß- und Abzweigklemmen nicht nur voneinander getrennt zu halten, sondern auch getrennt für sich abzudecken. Hierdurch wird erreicht, daß die Arbeiten des Werkes unabhängig von den Arbeiten des Installateurs vorgenommen werden können. Bei Hausanschlußsicherungen ist diese Trennung von besonderem Wert. Sie ermöglicht

Fig. 108.   Fig. 109.   Fig. 110.   Fig. 111.

Hausanschlußsicherungen für Freileitung mit besonderem Klemmvorraum.
Zuleitung von oben.

Fig. 112.   Fig. 113.   Fig. 114.

Hausanschlußsicherungen für Kabel mit besonderem Klemmvorraum.

Fig. 108—113. Hausanschlußsicherungen, die es gestatten, den Anschluß der Steigleitungen unabhängig von den Zuführungsleitungen und der Sicherung anzuschließen.

es dem Werk, die Hausanschlußsicherungen selber fertig anzuschließen und zu plombieren. Der Installateur kann alsdann unabhängig von den Arbeiten des Werkes die Steigleitung anschließen. Nützlich ist

hierbei, die Sicherungen im plombierten Zustande ohne Schmelzeinsätze zu belassen und diese erst bei der Abnahme der Anlage einzusetzen. Stromentnahme wird hiermit vor Betriebsetzung der Anlage
dem Installateur unmöglich gemacht. Einige Ausführungen von Haus-

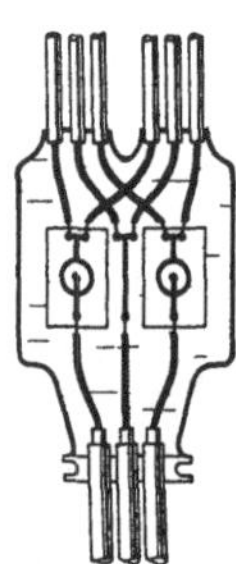

Fig. 115. Hausanschlußsicherung für zwei Steigleitungen mit einer gemeinsamen Sicherung.

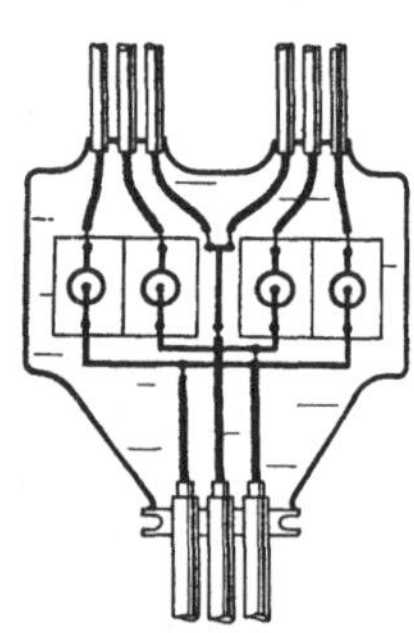

Fig. 116. Hausanschlußsicherung für zwei Steigleitungen mit je einer Sicherung für jede Steigleitung.

anschlußsicherungen mit besonders abgedecktem Raum für die Abzweigklemmen der Steigleitungen zeigen die Fig. 108—114 (siehe auch
S. 23 und 151—152).

18. Hausanschlußsicherungen für mehrere Steigleitungen. Um
Kabel zu ersparen, wird von solchen Hausanschlußsicherungen
häufiger Gebrauch gemacht.
Sie werden sowohl mit einer
gemeinsamen Sicherung für zwei
Steigleitungen nach Fig. 115, als
auch. mit mehreren getrennten
Sicherungen nach Fig. 116 verwendet. Die letztgenannte Ausführung dürfte dem § 14e 7 der
Errichtungsvorschriften besser
entsprechen als die erstere, da
mehrere Abzweige bzw. Stromkreise von einer Sicherung nur
unter Umständen zulässig sind.

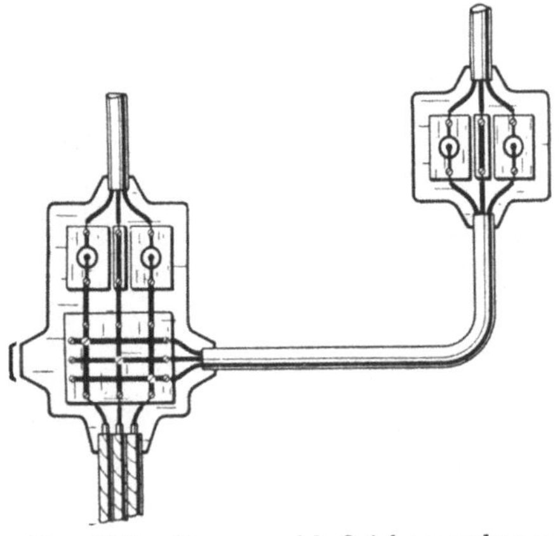

Fig. 117. Hausanschlußsicherungskasten
mit vor der Sicherung abgezweigtem
zweitem Sicherungskasten.

Beachtenswert erscheint die letztgenannte Konstruktion insofern, als sie
es ermöglicht, die Hausanschlußsicherung an der Hausfront anzubringen
und nur einen Kasten und ein Kabel für mehrere Häuser zu verwenden.
— Ein berechtigtes Verlangen scheint vorzuliegen in der Forderung
nach Hausanschlußsicherungen, die es möglich machen, von einem
Kabel nachträglich zwei weitere Stromkreise abzuzweigen (Fig. 117),

ohne dazu die Hauptsicherung in Anspruch zu nehmen und ohne die
vorhandenen Kabelanschlüsse lösen zu brauchen. Zum etwaigen nachträglichen Anschließen von Motoren, Treppenhausbeleuchtungen etc.
mag eine derartige Hausanschlußsicherung, die zweckmäßig zwischen
Sicherung und Kabel noch Abzweigklemmen besitzt, recht wertvoll

Fig. 118.   Fig. 119.   Fig. 120.

Hausanschlußkasten nach Umrißdarstellung gemäß Fig. 120.

sein (Fig. 118—120) Der Wunsch nach Sicherungen dieser Art geht
von dem E. W. Breslau aus. Auch im E. W. Rotterdam werden ähnliche
Sicherungen verwendet (siehe Mitteilungen der Vereinigung Jahrg. 1915,
Nr. 164, S. 168).

19. Verschluß und Plombierung der Hausanschlußsicherungen. Die
vielfachen Wünsche nach Einrichtungen, die widerrechtliche Stromentnahme an der Hausanschlußsicherung verhindern, erfordern recht verschiedenartige Ausführungen, die insbesondere deswegen mannigfaltig
werden, weil sowohl von Hand bedienbare Verschlüsse, als auch
solche für Schlüsselbedienung verlangt werden. Beide sollen gewöhn-

lich plombierbar sein. Könnte man eine von beiden Arten als ausreichend hinstellen, würde hiermit viel erspart werden. Einige Beispiele zeigen die Fig. 121 a, b.

Es mögen so weitgehende Vorschläge zur Vereinheitlichung der Hausanschlußsicherungen von vielen als übertrieben hingestellt werden, da indessen alle Entschließungen zu Vereinheitlichungen natürlich niemanden zu deren Einhaltung zwingen, dürfte auch in solchen Festlegungen keine Gefahr bestehen, die anderen als nebensächlich erscheinen. — Erfahrungsgemäß werden aber gerade derartige Nebensächlichkeiten von den Konstrukteuren gern nach gegebenen Richtlinien ausgeführt und von den Bestellern ohne weiteres gutgeheißen, wenn man sich an maßgebenden Stellen hierfür ausgesprochen hat.

Schließlich geht man in der Annahme nicht fehl, daß Richtlinien und Festlegungen, auch für nebensächliche Teile das ganze Gebiet der Hausanschlußsicherungen hätten vereinfachen können, wenn es möglich gewesen wäre, sie schon früher in Vorschlag zu bringen. Es dürfte sicher keine triftigen Gründe geben, die es rechtfertigen, gerade in Nebensächlichem von dem abzuweichen, was von maßgebenden Stellen als für alle Fälle praktisch und ausreichend gewünscht wird.

20. Vereinheitlichung der Hauptsicherungselemente. Am naheliegendsten scheint von dem gesamten Gebiet der Hausanschlußsicherungen die Vereinheitlichung der hierfür erforderlichen Sicherungselemente, die gern als Durchgangs- oder Hauptsicherungselemente bezeichnet werden. (Im Gegensatz zu den Verteilungs- und Schalttafelelementen.) Man könnte hierbei unterscheiden zwischen einpoligen Hauptelementen bis zu 200 Amp. für den Einbau in Kästen neben ein-und mehrpoligen Hauptelementen für 25—60 Amp. mit Rohr- und Manteldrahtanschlüssen zur Verwendung auf der Wand. Zu normieren wären hierbei Abmessungen der Grundrisse und Befestigungslöcher, vor allem aber Maße für

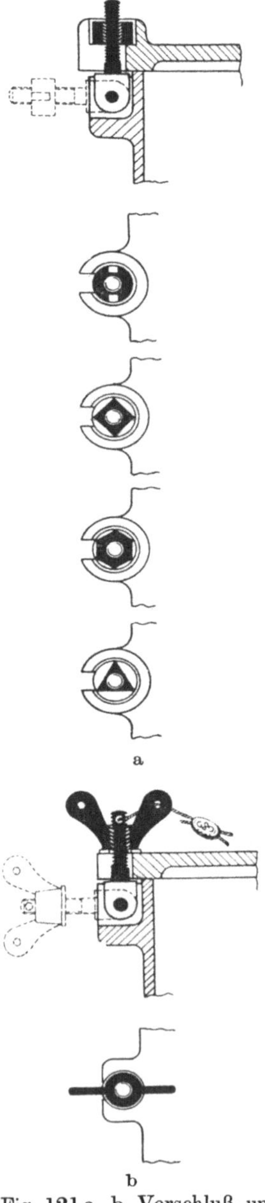

Fig. 121 a, b. Verschluß- und Plombier-Einrichtungen bei Hausanschlußsicherungen.

die Klemmen und die Rohr bzw. Manteldrahteinführungen, sowie die Anordnung der O-Leiterklemmen gemäß den Erörterungen auf Seite 39.

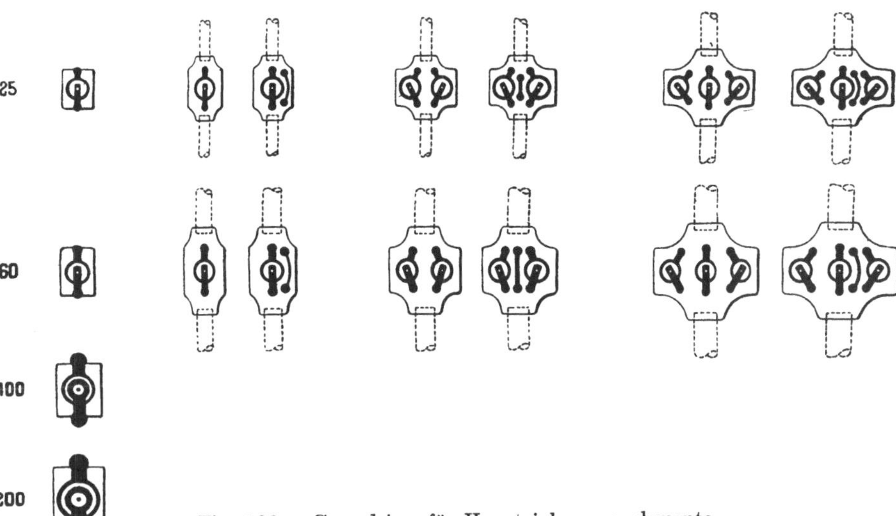

Fig. 122. Grundrisse für Hauptsicherungselemente.

Daß auch diese scheinbar einfache Aufgabe ganz beträchtliche Schwierigkeiten bietet, darf nicht unerwähnt bleiben.

III. Die Steigleitungen.

Bei der Steigleitung ist in der Regel zu unterscheiden zwischen der Strecke von der Hausanschlußsicherung bis zum Treppenhaus und der Leitung im Treppenhaus selbst. Diese Unterscheidung trifft sicher zu bei Erdkabelanschluß bzw. bei allen Steigleitungen, die durch den Keller führen. — Beide Strecken der Steigleitung werden gewöhnlich verschiedenartig ausgeführt, und zwar wird die Strecke vor dem Treppenhaus in Stahlpanzerrohr oder Kabel verlegt, die Treppenhausleitung dagegen zumeist in Papier- oder Peschelrohr. Zum Übergang von einer Strecke zur andern ist eine Verbindungsdose erforderlich, etwa nach Fig. 123 und 124. Einige Werke verwenden für die Treppenhausleitung auch Manteldraht, und zwar ohne Gefahr, aber mit großer Ersparnis auch unter Benutzung seines Mantels als Nulleiter. Da man auch Manteldraht nicht gern unmittelbar bis zum Keller zur Hausanschlußsicherung führt, ist auch hierfür ein Übergang von Stahlpanzerrohr auf Manteldraht erforderlich, etwa nach Fig. 125.

1. **Mindestquerschnitte für die Steigleitung.** Bestimmte Vorschriften hierfür wurden weder vom V. D. E., noch von der Vereinigung der

Elektrizitätswerke erlassen, wohl aber bestehen hierfür mancherlei Sondervorschriften. — Bei Steigleitungen, von denen sich sämtliche Stockwerke abzweigen, gilt als Mindestquerschnitt 6 qmm Kupferleitung. Bei Steigleitungen, die nur zu einem Stockwerk führen, erscheinen

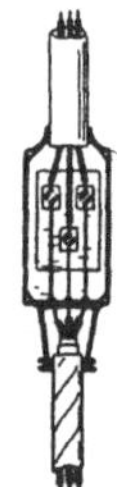

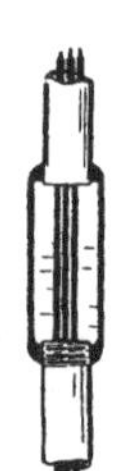

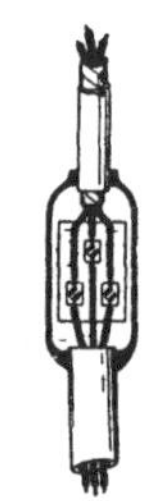

Fig. 123. Zur Verbindung von Kabel und Rohr.

Fig. 124. Zur Verbindung von Stahlpanzerrohr und Schutzrohr.

Fig. 125. Zur Verbindung von Rohr und Rohrdraht.

Fig. 123—125. Verbindungsdose für die Steigleitung.

auch Leitungen von 4 qmm Kupfer ausreichend, und zwar selbst bei Anschluß einiger Heiz- und Kochapparate, zumal der Gesamtanschlußwert selten ganz erreicht wird. Auch die Vorsorge für nachträgliche Vergrößerung der Anlage oder des Anschlußwertes wird obige Mindestquerschnitte zumeist als ausreichend erscheinen lassen. Für die Nulleitung wird gewöhnlich geringerer Querschnitt zugelassen. Vgl. hierzu die Systemeinteilung der Hausanschlußsicherungen Fig. 75 auf S. 26.

2. Art und Schutz der Steigleitungen und Verlegung des Nulleiters. In Neubauten und besonders in Geschäftsgebäuden empfiehlt es sich, die Steigleitung in einem Mauerschacht zu verlegen, wobei sich Schutzrohre erübrigen, sobald der Schacht durch Blechplatten oder eine Tür abgeschlossen ist. Es genügt dann Verlegung auf Rollen nach § 21 g und 25 d der Errichtungsvorschriften (Fig. 126). Wegen Brandgefahr sollte man derartige Schächte zwischen den einzelnen Stockwerken mit Zwischenwänden versehen. Diese sind jeden

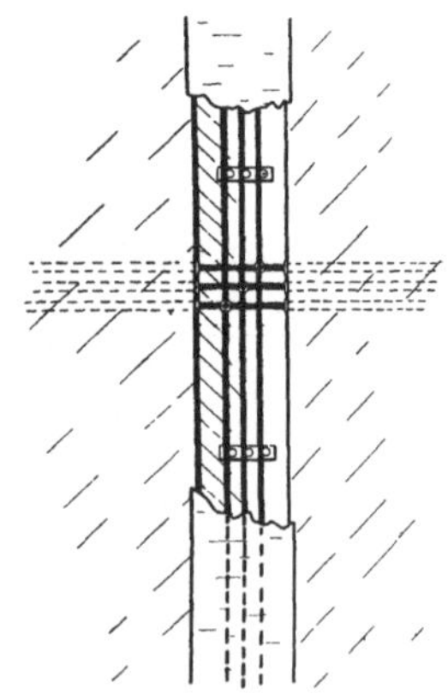

Fig. 126. Steigleitungen im Mauerschacht.

falls bei sehr geräumigen Schächten, die zur Aufnahme vieler Steigleitungen und Sicherungen sehr weit gehalten werden müssen, wohl erforderlich. Im übrigen kommt für die Steigleitung im Treppenhaus, wie erwähnt, nur Rohr oder Manteldraht in Frage, und zwar einerseits, um widerrechtliche Stromentnahme zu verhindern, andererseits, um nach § 21 a der Errichtungsvorschriften die Leitungen gegen mechanische Verletzung zu schützen. — Da die Steigleitung bei offener Verlegung, zumal bei Verwendung von Schutzrohr, recht auffällig und störend wirkt, sollte man jedenfalls in Neubauten Verlegung der Leitungen in Schutzrohr auf der Wand vermeiden und besser ausreichend weite Rohre einputzen. Bei Verlegung auf Putz wirken Rohre oder Manteldrähte weniger auffällig, wenn sie nicht in der Nähe der Mauerecke, sondern unmittelbar in dieser installiert werden (Fig. 135—136 der S. 51). Auch in bezug auf Unauffälligkeit ist der erwähnte Manteldraht beachtenswert. Wie wenig Manteldraht, insbesondere solcher mit Nulleitermantel, aufträgt, ist aus Fig. 127—129 ersichtlich.

Fig. 127. Manteldraht mit Nulleitermantel.   Fig. 128. Doppelmanteldraht.   Fig. 129. Gummiaderleitung in 11er Papierrohr.

Es steht an sich nichts im Wege; bei Steigleitungen für die Nulleitung blanken Draht, oder auch den Mantel des Leitungsrohres oder des Manteldrahtes zu verwenden, zumal man bei der Hausanschluß-sicherung den Nulleiter ungesichert läßt. — Sicher bedeutet es eine große Leitungsersparnis, wenn man in obigem Sinne verfährt. Für Stromstärken bis zu 25 Ampere besteht wohl über die Zulässigkeit des Mantels als Stromrückleitung keinerlei Zweifel. Zweckmäßig ist es jedoch, auch die blanke Leitung in Rohr zu verlegen.

3. **Verwendung eines oder mehrerer Rohre.** Hierüber bestehen untereinander abweichende Sonderbestimmungen, die nicht zur Vereinfachung der Aufgaben derjenigen dienen, die den verschiedenen Wünschen entsprechende Zubehörteile zu liefern haben. Es lassen einige Werke selbst bei Dreileiter 2×220 Volt alle drei Leitungen in einem Rohre zu, während andere Werke schon bei 2×110 Volt verlangen, jeden Außenleiter in ein Rohr für sich zu verlegen. Vgl. hierzu § 26 c der Errichtungsvorschriften. Auch § 21 h. Aus derselben Vorsicht gestatten manche Werke nicht die Verwendung von Dreileitermanteldraht für Gleichstrom-Dreileiter und verbieten womöglich auch für den gleichen Fall Zweileitermanteldraht mit Nulleitermantel. Auch hierüber Klarheit zu schaffen, würde der Vereinheitlichung dienlich sein. Eine Aufstellung über die räumliche Zulässigkeit von ein bis vier Gummiaderleitungen in einem Rohre gibt Fig. 130.

4. **Verlegung im Treppenhaus oder Wohnungsflur.** Beide Arten haben vieles für und gegen sich. Einer von beiden für alle Fälle den Vorzug zu geben, erscheint zur Zeit nicht möglich. Ein eingehender

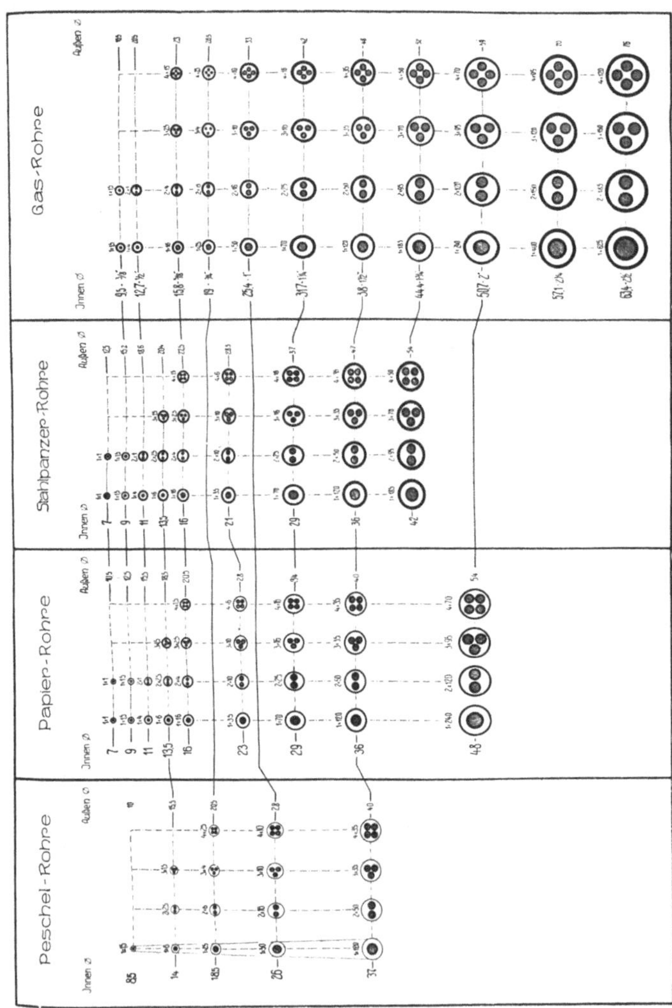

Gas-Rohre
Stahlpanzer-Rohre
Papier-Rohre
Peschel-Rohre
Außen ⌀
Innen ⌀

Vergleich und engeres Studium der Frage könnte indessen doch zu einer Erkenntnis führen, die in Zukunft als Richtschnur denkbar wäre. In Häusern mit Wohnungen rechts und links vom Treppenhaus scheint die Verlegung im Treppenhaus selbst wohl billiger zu sein, als diejenige

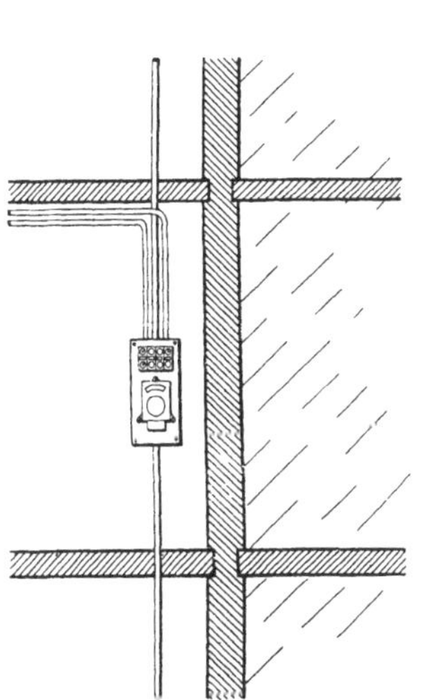

Fig. 131. Im Wohnungsflur. Steigleitung verläuft hinter der Verteilungstafel.

Fig. 132. Im Treppenhaus. Abzweigung an der Decke.

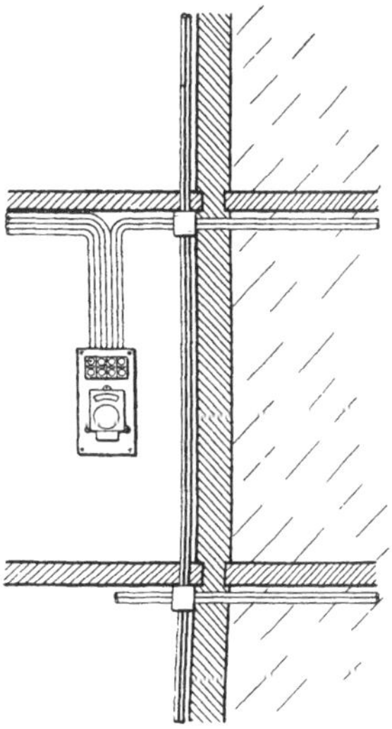

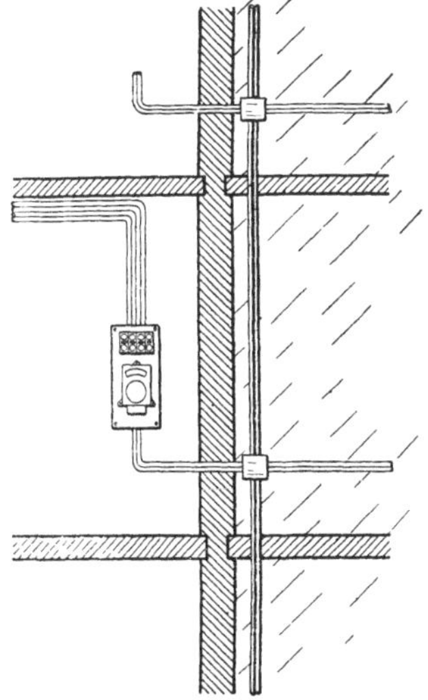

Fig. 133. Im Treppenhaus. Abzweigung in Reichhöhe.

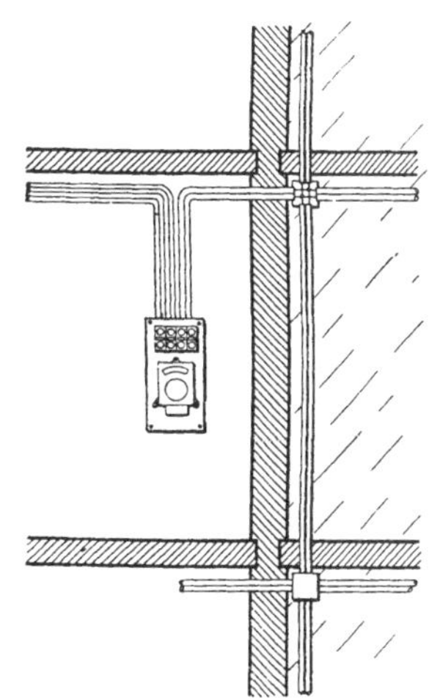

Fig. 134. Im Wohnungsflur. Abzweigung an der Decke.

Fig. 131—134. Verlegung der Steigleitung im Treppenhaus oder Wohnungsflur.

in den Wohnungsfluren. Aus den Darstellungen der Fig. 131—134 lassen sich sicher mancherlei lehrreiche Schlüsse ziehen.

Nicht zu vernachlässigen ist übrigens auch die zweckmäßige Verlegung der Steigleitungen für die Treppenhausbeleuchtung und die gleichzeitige Verlegung der Leitungen für die Zählerumschaltuhren (siehe S. 202—203).

IV. Der Wohnungsanschluß mit Hilfe von plombierbaren Abzweigdosen.

In der richtigen Erkenntnis, daß für bestimmte, stets wiederkehrende Fälle auch entsprechend besonders konstruierte Apparate erforderlich sind, entstanden zum Abzweigen der Wohnungsleitungen von den Steigleitungen mehrpolige Klemmengehäuse mit Kappe an Stelle der bis dahin verwendeten gewöhnlichen Abzweigdosen oder Einzelklemmen und zwar unter der Bezeichnung „Stockwerk- oder Etagenabzweig-

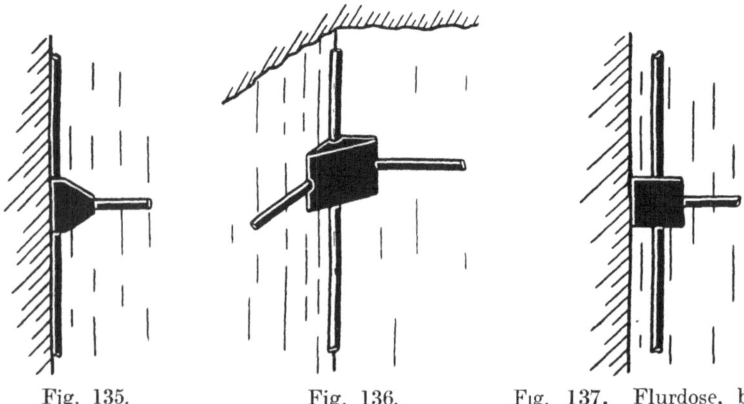

Fig. 135.   Fig. 136.

Flurdosen zur Verlegung eines Steigeleitungsrohres in dem Mauerwinkel.

Fig. 137. Flurdose, bei der das Steigleitungsrohr abseits vom Mauerwinkel verlegt werden muß.

klemmen" oder „Flurdosen". Alle Konstruktionen dieser Klasse zeichnen sich vor den gewöhnlichen Klemmendosen für Rohr oder Manteldraht durch bessere Ausstattung und durch kräftigeren Bau aus und sind mit Einrichtungen zum Plombieren versehen. Nicht plombierbare, leicht und zerbrechlich gebaute, gewöhnliche Abzweigdosen werden zumeist zum Wohnungsanschluß mit Recht nicht mehr zugelassen.

1. Die Anordnung der Abzweig- oder Flurdosen. Wie aus S. 50 ersichtlich, werden Flurdosen sowohl im Wohnungsflur, als auch im Treppenhaus verwendet. In beiden Fällen ist auf möglichste Unauffälligkeit zu achten. Man installiert sie deswegen gern in der Mauerecke nach Fig. 135 und 136. Das Steigleitungsrohr läßt sich in beiden Fällen weniger auffällig verlegen, als bei Flurdosen nach Fig. 137, insbesondere, wenn ein Rohr für alle Leitungen verwendet oder Manteldraht vorgesehen wird. Störender wirkt die Treppenhausanlage selbst bei Verlegung in der Mauerecke, wenn für Treppenhausbeleuchtung und Zählerumschaltuhren noch besondere Rohre verwendet werden; diese Maßnahme läßt sich durch richtige Gestaltung der Flurdose vermeiden. Hierfür besonders geeignete Flurdosen müßten noch geschaffen werden.

Obiges gilt für Verlegung auf der Wand, wesentlich anders gestalten sich dagegen Konstruktion und Anordnung der Flurdosen in der Wand. Hierfür sind möglichst weit bemessene Flurdosen und weite Rohre im

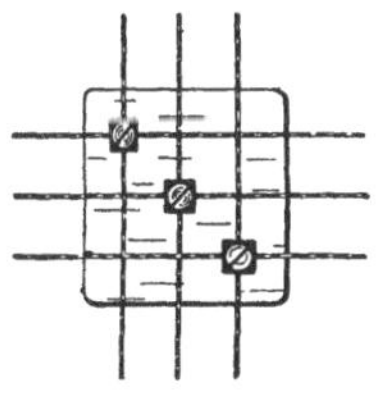

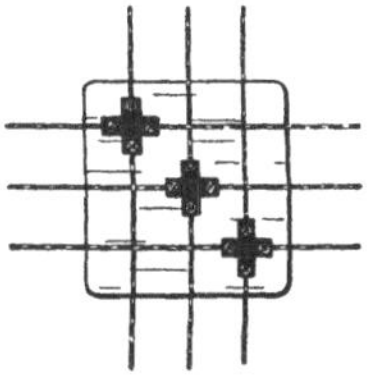

Fig. 138. Flurdose mit Blockklemme mit einer Schraube für alle Leitungen eines Poles.

Fig. 139. Flurdose mit Blockklemme mit je einer Schraube für jedes Leitungsende eines Poles.

Fig. 138 und 139.   Flurdosen mit Blockklemmen für Steig- und Abzweigleitungen im Zuge der Leitungen.

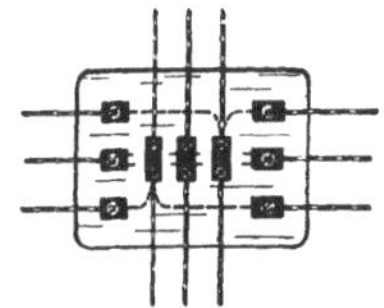

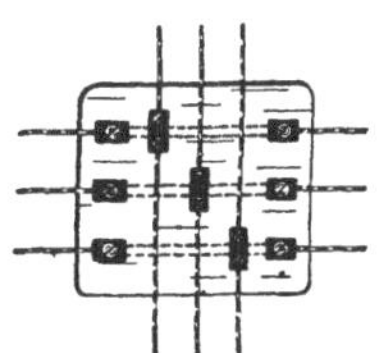

Fig. 140. Die Klemmen der Steigleitungen liegen in der Querachse der Dose, diejenigen für die Abzweigleitungen symmetrisch hierzu.

Fig. 141. Die Klemmen der Steigleitungen liegen schräg zur Querachse.

Fig. 140 und 141.   Flurdosen mit Klemmen für die Steigleitungen und solche für die Abzweigleitungen.

Gegensatz zu denjenigen für Verlegung auf der Wand vorzusehen (siehe S. 64).

2. **Die Klemmen der Flurdosen.** Die Flurdosen lassen sich nach Art ihrer Klemmen unterscheiden in solche, bei denen die Klemmen für die Haupt- und Abzweigleitungen als Einzelblöcke in dem Zuge der Hauptleitungen sitzen, nach Fig. 138 und 139, und in Flurdosen, bei denen neben den Hauptleitungsklemmen noch besondere mit diesen durch

Stege verbundene Abzweigklemmen am Rande des Sockels vorgesehen sind (Fig. 140 und 141).

Bei Ausführungen mit Einzelblöcken für Haupt- und Abzweigleitungen zugleich unterscheidet man Klemmen mit einer gemeinsamen Schraube nach Fig. 142 und 143 und solche mit je einer Schraube für

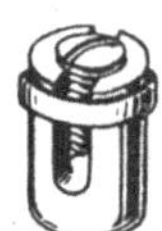

Fig. 142.	Fig. 143.

Blockklemmen für Flurdosen mit einer Schraube.

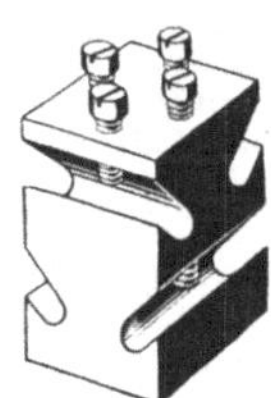

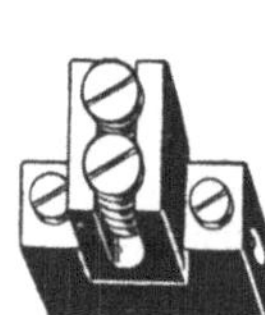

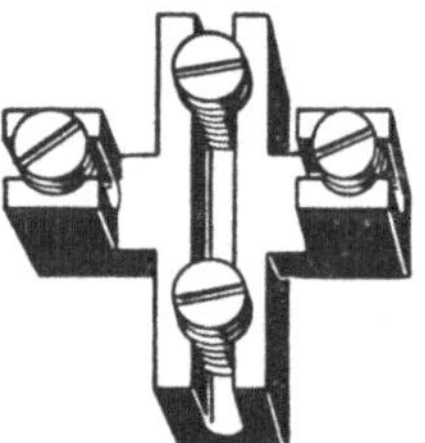

Fig. 144.	Fig. 145.	Fig. 146.

Blockklemmen für Flurdosen mit mehreren Schrauben.

jede Leitung nach Fig. 144—146. Verbandsmäßig zulässig sind beide Ausführungen; jedoch verbieten einige Elektrizitätswerke, mehrere Leitungen mit Hilfe einer Schraube zu verbinden.

Übliche Ausführungen, bei denen Haupt- und Abzweigklemmen durch einen Steg verbunden sind, zeigen die Fig. 147 und 148.

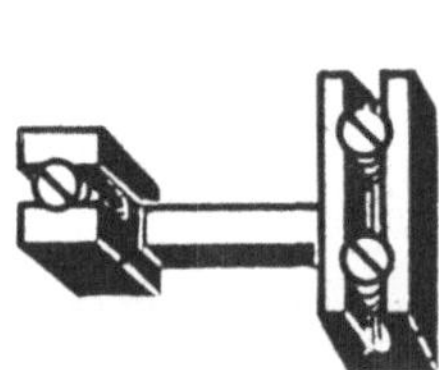

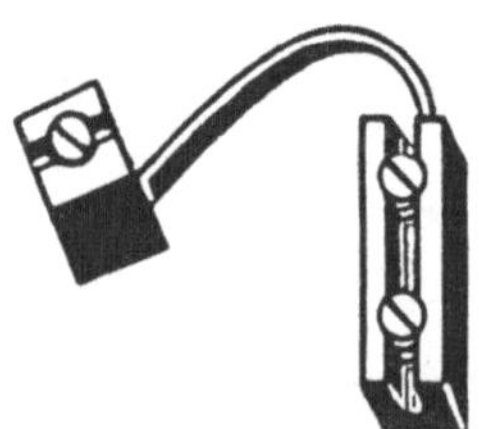

Fig. 147.	Fig. 148.

Durch Steg verbundene Klemmen für Haupt- und Abzweigleitungen.

Für den Leitungsanschluß von Vorteil sind Klemmen, die es gestatten, die Leitungen von vorn einzulegen (Fig. 149) im Gegensatz zu den sogenannten Büchsenklemmen (Fig. 150), bei denen die Leitungen seitlich eingeschoben werden müssen. Insbesondere für Steigleitungen sind Büchsenklemmen unzweckmäßig, da sie Zerschneiden der Leitungen erforderlich machen, was nicht immer erwünscht und bei fertig verlegten Leitungen sogar unmöglich ist (Fig. 151). — Aber

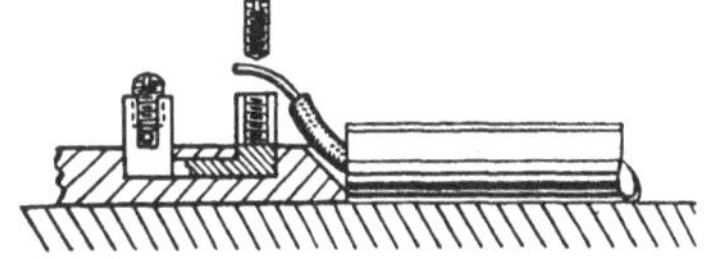

Fig. 149. Bequemer Leitungsanschluß bei einer Schlitzklemme durch Einlegen der Leitung.

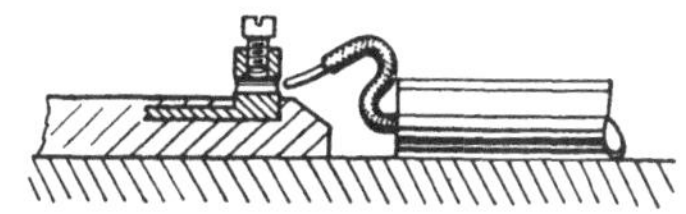

Fig. 150. Schwieriger Anschluß bei einer Büchsenklemme, die Zurückschieben der Leitung erfordert.

auch für die Abzweigleitungen sind solche Büchsenklemmen zumeist unbequem, da bei ihnen Zurückstoßen der Leitungen erforderlich ist, was sowohl bei Verlegung von Rohren, als auch bei Manteldrähten zumeist kaum ausführbar ist. Desgleichen in engen Dosen.

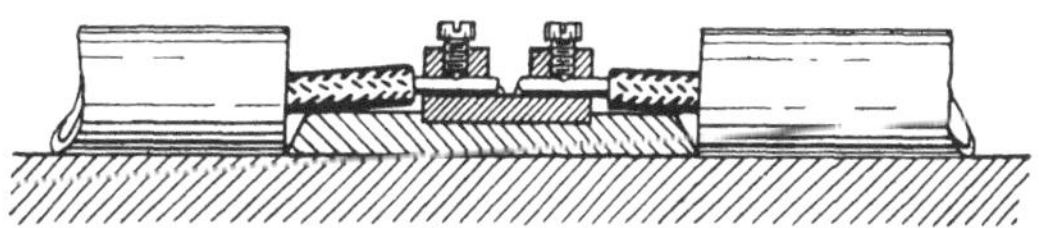

Fig. 151. Die Büchsenklemme für Steigleitung erfordert Zerschneiden der Leitung.

Noch weniger zweckmäßig sind solche Büchsenklemmen, wenn sie nach Fig. 152 Einführung von der Rückseite erfordern, zumal ihnen dann noch die Unbequemlichkeit anhaftet, ihre Klemmschraube seitlich bedienen zu müssen. Seitliche Bedienbarkeit der Schrauben

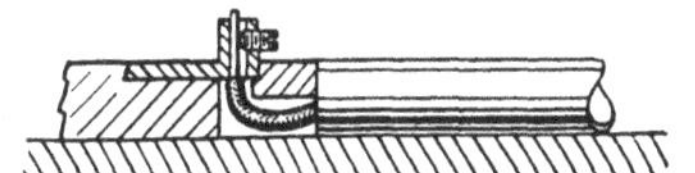

Fig. 152. Unbequemer Anschluß bei einer Büchsenklemme mit seitlicher Klemmschraube.

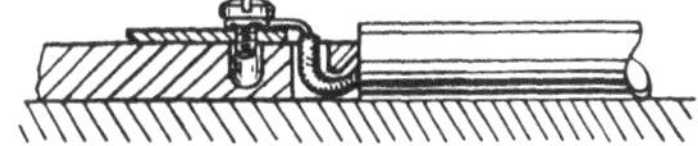

Fig. 153. Unvorteilhafte Leitungsführung bei einer Ösenkopfschraube.

sollte man aber bei Installationsapparaten für Montage an oder in der Wand überhaupt vermeiden. — Nicht sonderlich praktisch (jedenfalls nicht für Leitungen über 2,5 qmm) sind schließlich die Klemmen mit Kopfschraube für Drahtösen nach Fig. 153, obwohl sie recht sichere Kontaktgebung bewirken. Jedenfalls sollte man bei unvermeidlicher Verwendung derartiger Klemmen keineswegs rückwärtige Zuführung vorsehen.

In bezug auf den Anschluß der Leitungen ist erwähnenswert, daß möglichst lange Leitungsenden, die aus den Rohren oder Rohrdrahtmänteln herausragen, sich wesentlich leichter montieren lassen, als kürzere, und daß auch gleich lange Leitungsenden für die Montage bequemer sind, als ungleiche (Fig. 154—156). Die Klemmen für Steig-

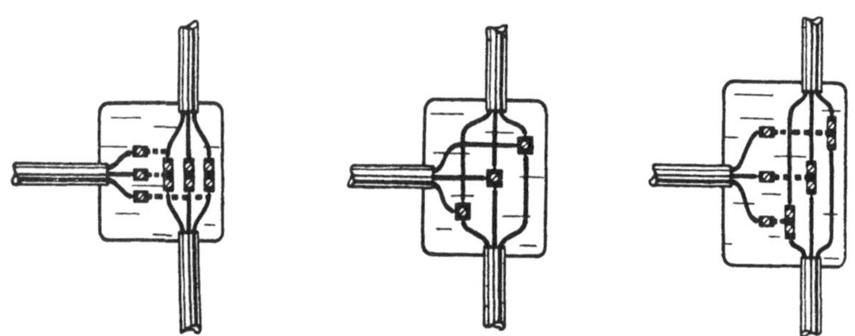

Fig. 154. Flurdose, die gleich lange Leitungsenden großer Länge gestattet.

Fig. 155.

Fig. 156.

Flurdosen, die nur ungleich lange Leitungsenden ermoglichen.

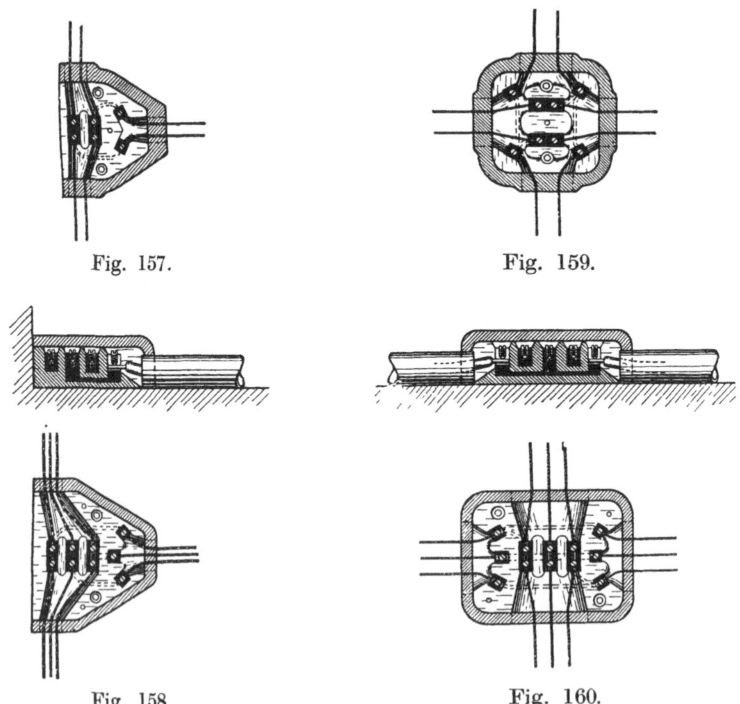

Fig. 157.

Fig. 159.

Fig. 158.

Fig. 160.

Fig. 157 und 158. Flurdosen für T-Abzweig bei gleich langen Leitungsenden.

Fig. 159 und 160. Flurdosen für +-Abzweige bei gleich langen Leitungsenden.

leitungen sollten so beschaffen sein, daß man die Leitungen im allgemeinen nicht zu unterbrechen braucht, daß aber auch nachträgliches Verlängern der Steigleitung möglich bleibt. Der Anschluß der Leitungen soll erfolgen, nachdem der Flurdosensockel an der Wand befestigt ist. Die Leitungen unter den Sockel zu führen,

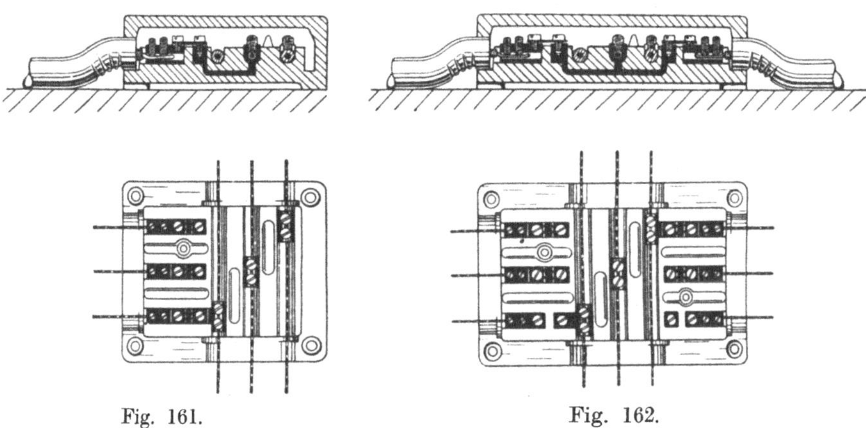

Fig. 161.   Fig. 162.

T- und +-Flurdosen mit ungleich langen Leitungsenden.

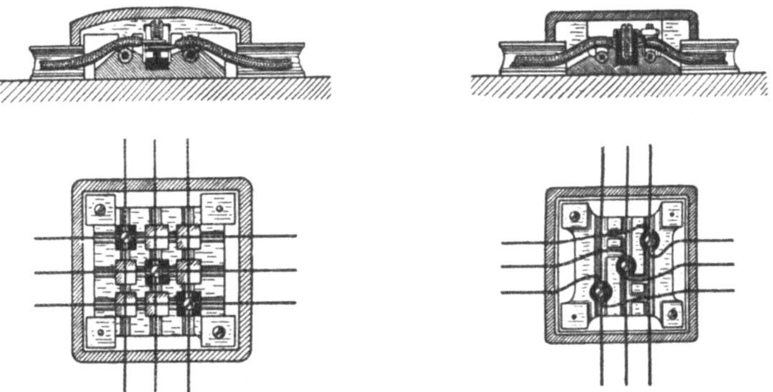

Fig. 163. Flurdose mit Kreuzabzweigung und Kreuzschlitzklemmen nach Fig. 142 im Kreuzungspunkte der Leitungen, mit Vertiefungen für die nach Bedarf versetzbaren Klemmen.

Fig. 164. Flurdose mit Kreuzabzweigung mit Schlitzklemme nach Fig. 143 im Kreuzungspunkt der Leitungen, nicht versetzbar.

die Enden nachdem durch Sockelbohrungen zu stecken, um sie erst dann vorderseitig anzuschließen, gilt im allgemeinen bei Flurdosen als veraltet (siehe Fig. 152 und 153). Diese Ausführung wird nur noch bei älteren Konstruktionen von Drehschaltern und Steckvorrichtungen etc. angewendet.

Wichtigste Verwendungsbeispiele von Anordnungen, die in bezug auf Leitungsführung und Bemessung der Leitungsenden lehrreich sind zeigen die Fig. 157—167.

3. Die Rohr- oder Manteldrahteinführungen. Hierin bestehen drei grundsätzliche Unterschiede insofern, als die Aussparungen für die Rohre oder Manteldrähte bei einigen Bauarten zwischen Sockel und Kappe liegen (Fig. 168), während bei anderen solche Aussparungen nur im Sockel allein vorgesehen sind (Fig. 169). Bei der dritten Art befinden sich die Aussparungen für die Einführungen nur in der Kappe, wobei letztere den Sockel vollständig übergreift (Fig. 170).

4. Einführungsverengungen. Bei Gas- und Wasserleitung findet man hinsichtlich der Verengung von Rohreinführungsbohrungen sicher keinerlei

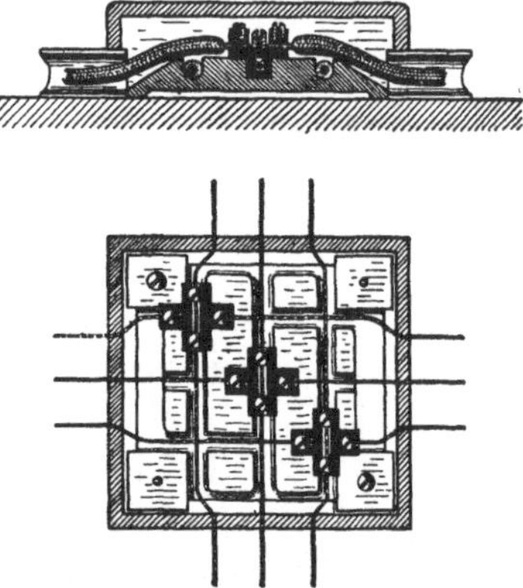

Fig. 165. Flurdose mit Kreuzabzweigung mit Klemme nach Fig. 145 im Kreuzungspunkt der Leitungen mit je einer Schraube für jedes Leitungsende.

Schwierigkeiten, auch keine Verschiedenheiten in baulicher Art. — Anders bei elektrischen Anlagen. Hier sieht man bisher noch keinen

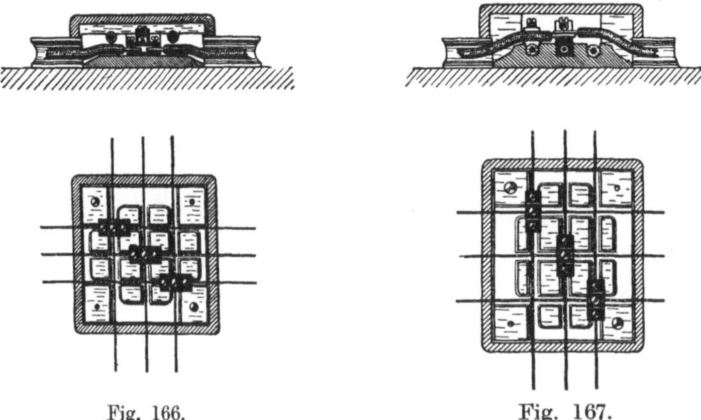

Fig. 166.
Fig. 167.

Flurdosen mit Kreuzabzweigung und Klemmen ähnlich Fig. 145.

einzigen Versuch zu gleichartigen Ausführungen und demzufolge nur allzu häufig gerade an dieser Stelle Mängel bedenklichster Art und häßlichste Notbehelfe.

Von den vielen nebeneinander bestehenden Ausführungsarten sind zwei besonders hervorzuheben, und zwar 1. solche, bei denen in der

Sockel- oder Kappenwandung verschwächte, ausbrechbare oder sonstwie bearbeitungsfähige Stellen vorgesehen sind und 2. Ausführungen, bei denen die Einführungsöffnungen durch einsetzbare Schieber oder Stutzen mehr oder weniger verschlossen oder verjüngt werden können.

Fig. 168. Die kreisrunde Einführung befindet sich teils im Sockel, teils in der Kappe.

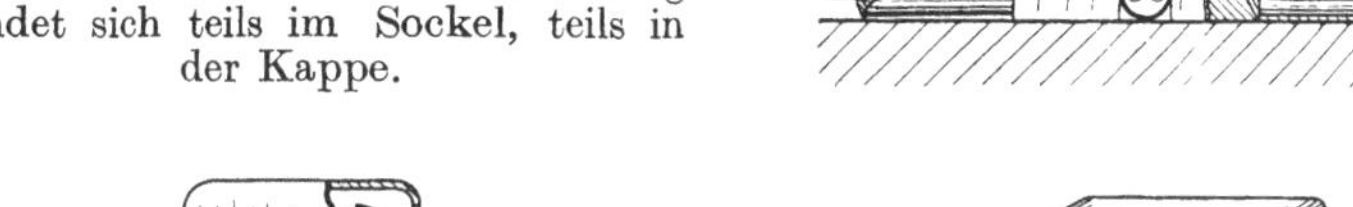

Fig. 169. Die eckige Einführung befindet sich nur im Sockel.

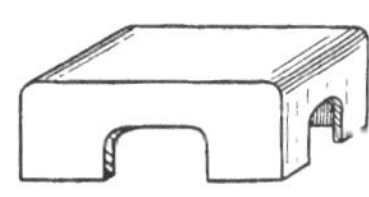

Fig. 170. Die torwegartige Einführung befindet sich nur in der den Sockel übergreifenden Kappe.

Fig. 168—170.   Übliche Rohreinführungen.

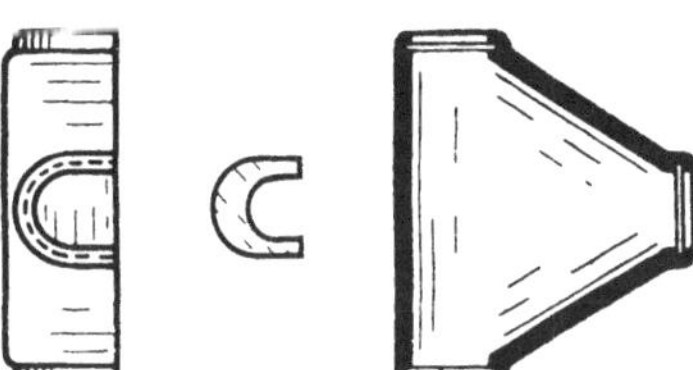

Fig. 171. Den Sockel übergreifende Kappe mit torwegartiger Einführungsöffnung und Verjüngungsschieber.

Solche Schieber zeigt Fig. 171 in ihrer Verwendung, während Fig. 172 die Anzahl der notwendigsten Schieber mit ihren verschiedenen Abmessungen darstellt. — Es drängt sich hierbei der natürliche Wunsch auf, auch hierfür Normen zu schaffen, und der allgemeinen Einführung solcher Schieber hierdurch die Wege zu ebnen. Das Bestehen solcher „Normalschieber", die zum notwendigen Kleinzeug jedes Monteurs zählen könnten, würden zweifellos bald dem Konstrukteur sowohl, als auch dem Installateur recht zustatten kommen. — Wie ersichtlich, ist hierfür die torwegartige Einführung nach Fig. 170 und 171 die gegebenste und zwar in Anwendung auf die haubenartige Kappe. — Die Schaffung von „Normaleinführungsschiebern" würde übrigens auch der gesamten Installationstechnik größte Dienste erweisen, da sie auch für Schalter, Steckdosen, Sicherungen usw. verwendbar sind.

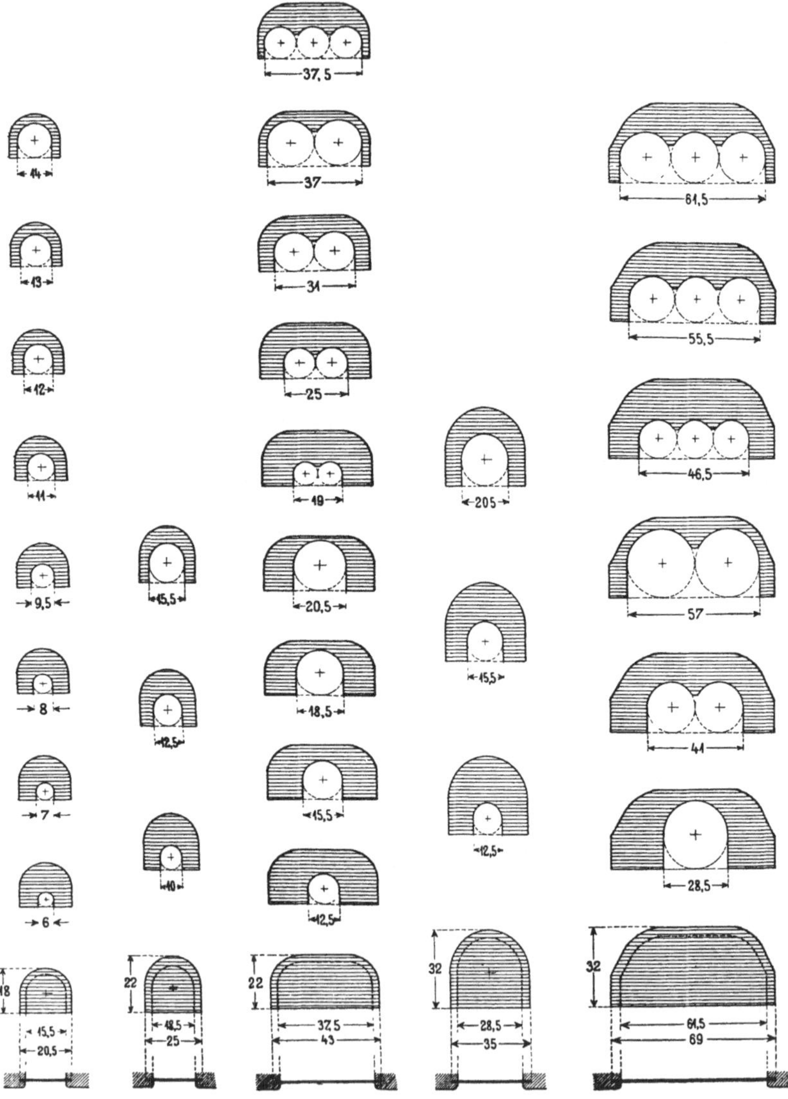

Fig. 172. Vorschlag zur Bemessung von Normalverjüngungsschiebern.

Wesentlich größere Umständlichkeiten als die Schieber bereiten bei Flurdosen die Rohreinführungsstutzen. Sie sind neben den Schiebern leider nicht zu entbehren und besonders, wie aus Fig. 173—176 ersichtlich, bei starken Leitungen in einem Rohre erforderlich, während sie bei schwachen Leitungen und solchen, die in einzelnen

Rohren verlegt werden, nicht nötig sind, wie die Fig. 175 und 157—167 zeigen.

Da ein und dieselbe Flurdose sowohl mit als auch ohne Rohrstutzen verwendbar sein muß, müssen die Rohrstutzen ansetzbar sein. — Gleich den Schiebern ist auch die Zahl der notwendigen Rohrstutzen recht groß, so daß auch das Verlangen nach „Normal-Stutzen" wohl verständlich erscheint. — Vielleicht schafft das Bedürfnis hierin auch die mögliche Lösung der freilich recht schwierigen Aufgabe.

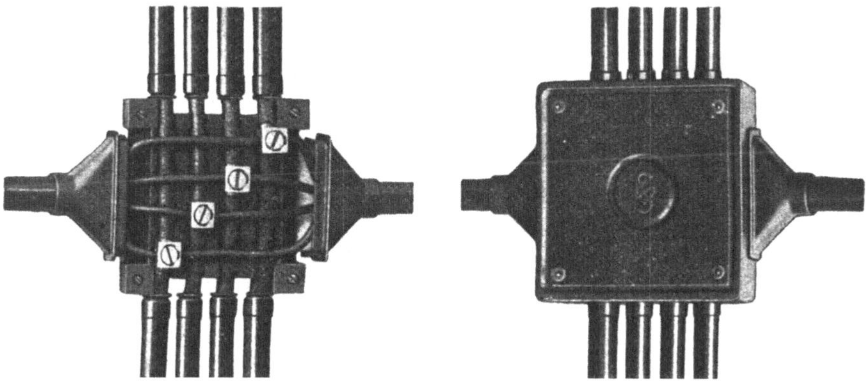

Fig. 173. Flurdose mit einteiligen Rohrstutzen für mehrere in Rohr verlegte Leitungen bei Verwendung einer den Sockel übergreifenden Kappe nach Fig. 170.

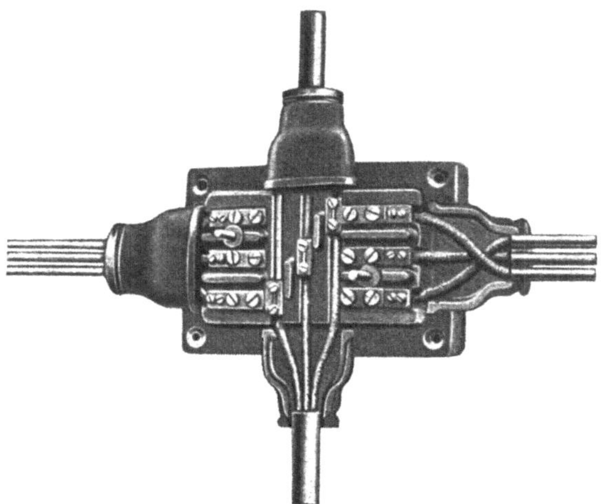

Fig. 174. Flurdose mit zweiteiligen Rohrstutzen bei Ausführung von Dose und Kappe nach Fig. 168. (Abzweigleitungen umschaltbar.)

Eine Handhabe hierzu bietet die Fig. 177. Sie zeigt an der schon vorher erwähnten haubenartigen den Sockel übergreifenden Kappe, die

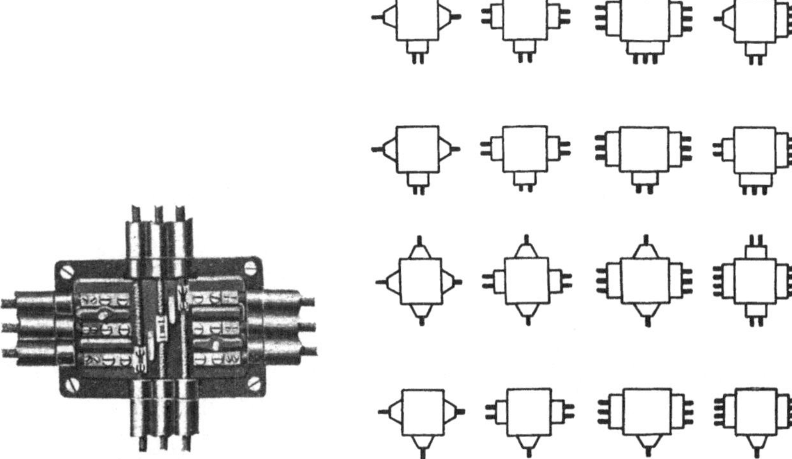

Fig. 175. Flurdose gemäß Fig. 174 bei Verwendung ohne Rohrstutzen für in je ein Rohr verlegte Leitungen.

Fig. 176. Flurdosen mit ansetzbaren Rohrstutzen entsprechend dem notwendigsten Bedarfe.

sich wie gesagt, besonders gut für Schieber eignet, auch die Ansetzbarkeit von Rohrstutzen. Sicher erfordern Normalstutzen auch einheitliche Bauart der Rohreinführungen (vgl. Fig. 168—170).

5. Notwendige und ausführbare Schaltungen bei Flurdosen. Obwohl Flurdosen ausschließlich zur Herstellung von Abzweigungen erforderlich sind, also nicht zum Anschluß von Schaltern u. dgl., ist doch die Zahl der notwendigen Schaltungen, keineswegs klein. Hierbei ist natürlich der einfache T-Abzweig von einem Zwei- oder Dreileiter der gängigste Fall. Wenige ganz bestimmte und häufige Schaltungen sind ausführbar mit Flurdosen, bei denen die vorher beschriebenen Klemmen für die Steigleitungen und mit diesen durch Stege

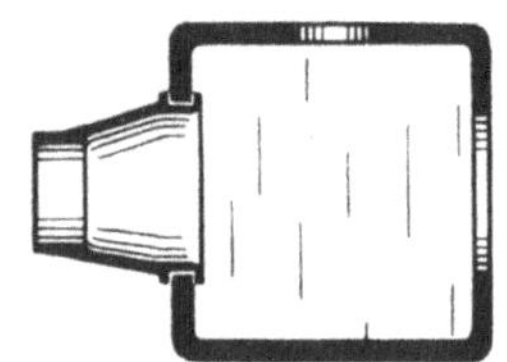

Fig. 177. Das Ansetzen der Rohrstutzen bei haubenförmiger über den Sockel greifender Kappe.

verbundenen Klemmen für die Abzweigleitungen vorgesehen sind, dagegen sind sehr viel mehr Schaltungen ausführbar mittels Flurdosen mit Block- bzw. Kreuzschlitz-Klemmen im Zuge bzw. in den Kreuzungspunkten der Leitungen, wie ein Vergleich der Fig. 178 mit der Fig. 179 belehrt.

6. Zwei-, Drei- und Vierleiter-Flurdosen. Bedarf besteht für zwei-, drei- und vierpolige Flurdosen, und zwar für T- und Kreuz-Abzweige. Von Bedeutung ist hierbei die schon im vorigen Kapitel angeschnittene Frage über Verwendung von einem oder mehreren Steigleitungsrohren

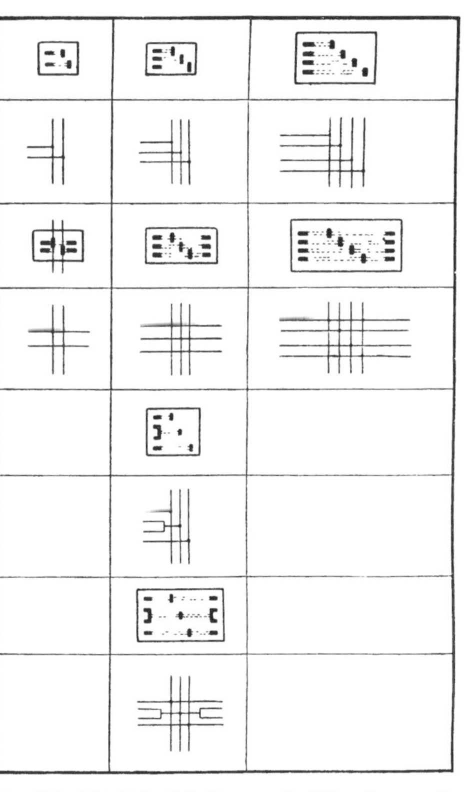

Fig. 178. Mögliche Schaltungen bei Flurdosen mit durch Stege verbundene Haupt- und Abzweigklemmen (nach Fig. 140 und 141, 159—162).

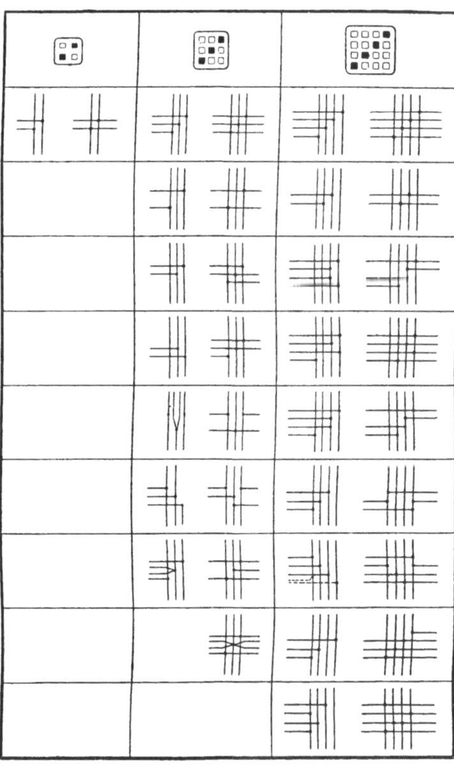

Fig. 179. Mögliche Schaltungen bei Flurdosen mit versetzbaren Kreuzschlitzklemmen (nach Fig. 138 und 163).

für Gleichstrom-Dreileiter, desgleichen auch gewisse Festlegungen über jeweilig zweckmäßige Rohrdurchmesser.

7. Flurdosen für Rohre oder Manteldrähte mit O-Leitermantel. Wie auf S. 48 erwähnt wurde, steht der Verwendung von Rohren oder Manteldrähten mit O-Leitermantel für Steigleitungen und der Zuführung zur Wohnung kein Bedenken entgegen; zu beachten ist jedoch, daß die Mäntel von Rohr oder Manteldraht an der Abzweigstelle durchschnitten werden müssen. Zu ihrer stromleitenden Verbindung gehören besondere Klemmen, deren Anordnung innerhalb der Flurdose ganz besondere Ausführungen erfordert. — Recht zweckmäßig sind solche nach Fig. 180.

Bei diesen wird die metallene Unterlage der Dose zur Verbindung der O-Leitermäntel unter sich benützt, zu diesem Zwecke ist sie mit Rohrschellen versehen.

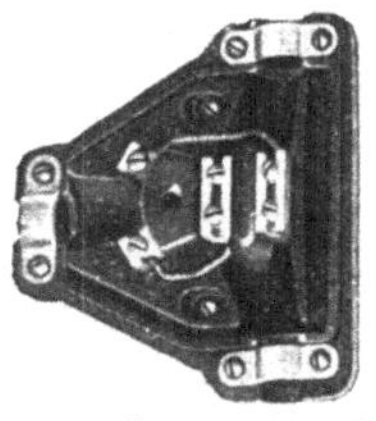

Fig. 180. Flurdosen für Rohr oder Manteldraht mit stromführendem Mantel (O-Leitermantel).

8. Abschaltbare Flurdosen. Viele Werke halten solche Flurdosen für nötig, um passende Gelegenheit zu haben, den Wohnungsanschluß außerhalb der Wohnung zu unterbrechen. Dies kann sowohl bei säumigen Zahlern, als auch bei Räumung der Wohnung erforderlich werden. Will man sich in diesen Fällen nicht damit begnügen, die Leitungen abzuklemmen und zu isolieren, etwa nach Fig. 181, so sind hierfür besondere Dosen mit abnehmbaren Laschen, etwa nach Fig. 182

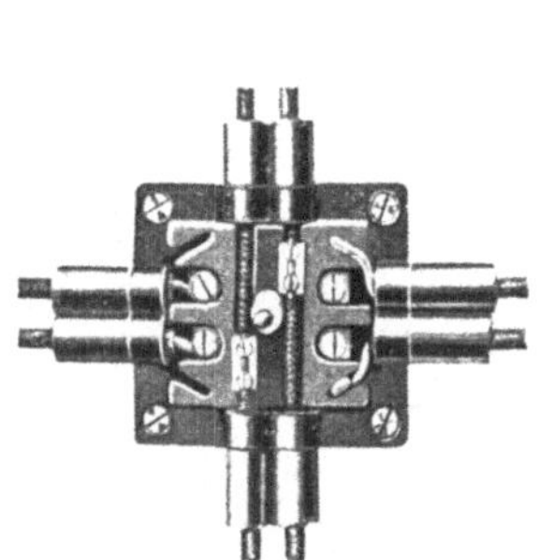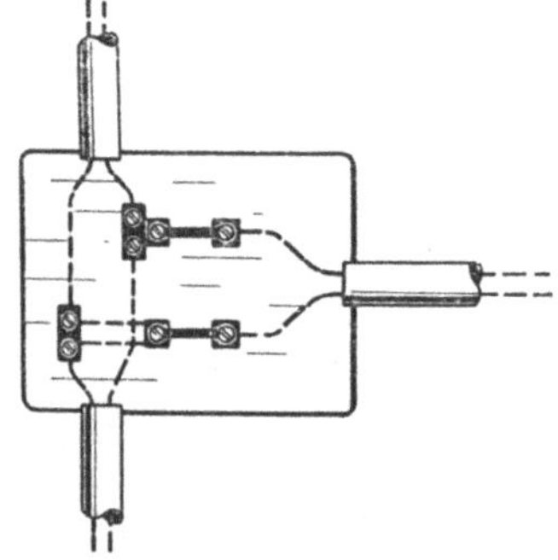

Fig. 181. Flurdose, bei der für die abzuschaltenden Abzweigleitungen im Sockel Einlagnuten vorgesehen sind.

Fig. 182. Flurdose mit entfernbaren Trennstegen zum Abschalten der Abzweigleitungen.

erforderlich. Der gleiche Zweck läßt sich bei den vorher beschriebenen Dosen mit Sicherung durch Herausschrauben der Stöpsel bewirken. Zumeist begnügt man sich mit gewöhnlichen Dosen ohne Trennstelle und sorgt für Unterbrechung der Leitung an der Verteilungsstelle in irgendwelcher Art.

9. Einlaßflurdosen zur Verwendung in der Wand. Bei Verlegung der Rohre unter Putz werden die Dosen zweckmäßig in die Wand eingelassen. Da hierbei Raumersparnis nicht nötig ist, verwendet man gewöhnlich Dosen, die man in einem geräumigen Mauerkasten mit flachem Deckel unterbringt (Fig. 183). Hierbei müssen die Wandungen des Kastens von Fall zu Fall mit Rohreinführungslöchern versehen werden, um die sonst erforderliche große Anzahl von Zubehör, wie Schieber und Stutzen zu ersparen. — Die ausreichende Kastengröße macht Stutzen überflüssig.

10. Flurdosen mit Sicherung. Das Bedürfnis nach solchen Sicherungen ist sehr gering; die Sicherung erübrigt sich, wenn sie nur den Querschnitt der abzweigenden Leitung zu sichern hat, da es in den meisten Fällen weniger Kosten verursacht, der abzweigenden Leitung den Querschnitt der Steigleitung zu geben, als die Flurdose

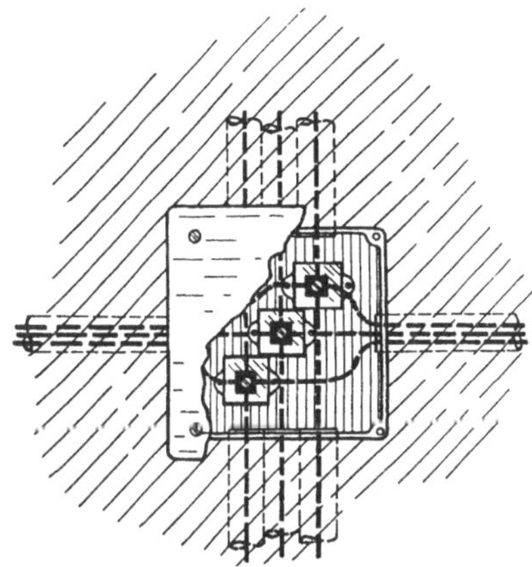

Fig. 183. In die Mauer eingelassene Flurdose.

mit einer Sicherung zu verwenden, die im übrigen den Nachteil hat, recht unförmlich zu wirken. Die Sicherung an der Flurdose ist auch dann unzweckmäßig, wenn sie etwa zum Schutz des Zählers dienen soll. In diesem Falle ist es ratsamer, sie in nächster Nähe des Zählers

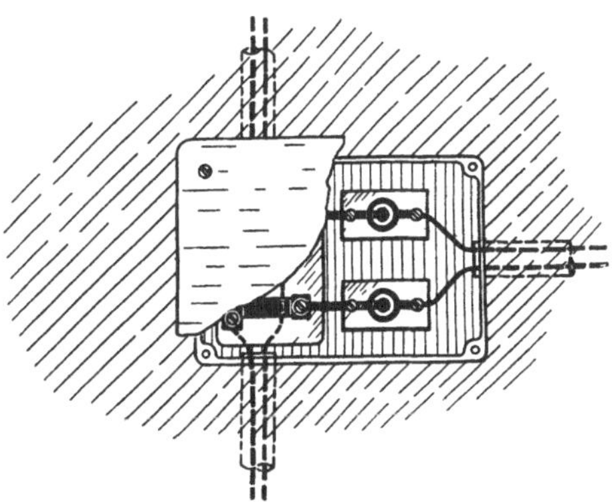

Fig. 184. In die Mauer eingelassene Flurdose mit Abzweigsicherung.

auf gemeinsamer Unterlage mit diesem zu montieren (siehe S. 122). Das gleiche gilt bei gruppenweiser Anordnung der Zähler (siehe S. 127).

Nichts einwenden läßt sich gegen die Flurdose mit Sicherung, wenn sie im Treppenflur unter Putz installiert wird, also als Einlaßflurdose ausgebildet ist (Fig. 184). Ihre unvermeidliche Größe wirkt in diesem Falle kaum auffallend. Der mit der Sicherung zugleich verbundene Vorteil, die Wohnungsanlage durch Herausschrauben der Sicherungsstöpsel spannungslos zu machen, wird hiermit nach Art der Flurdosen mit Trennstelle bestens erreicht. — Unbedingt nötig ist die Flurdose mit Abzweigsicherung, wenn die Abzweigleitung sehr lang, die Steigleitung aber

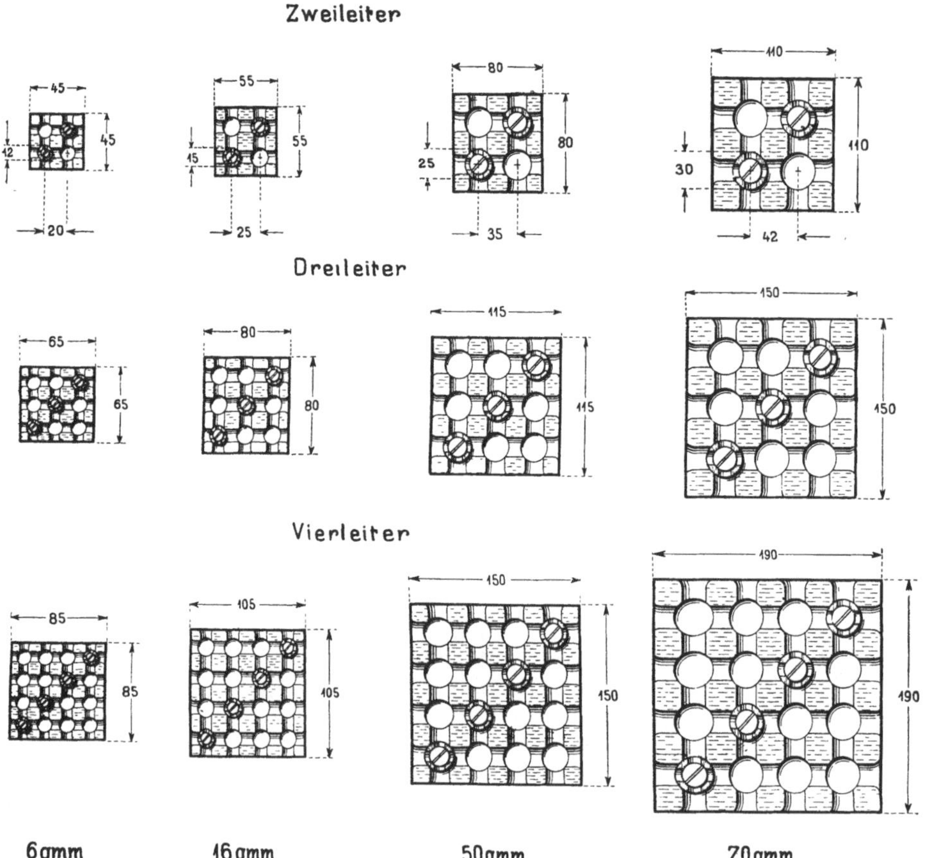

Fig. 185. Vorschlag für ein normales System von ⊤ und + Flurdosen für alle Fälle.

sehr stark ist und wenn der Mehrpreis einer ebenso starken Abzweigleitung die Kosten der Flurdose mit Sicherung beträchtlich übersteigt.

11. Flurdosen für alle und solche für bestimmte Fälle. Wie u. a. bei Hausanschlußsicherungen tritt auch bei Flurdosen die Frage nach Ausführungen für bestimmte Fälle (Universal-Ausführungen) stark in den Vordergrund und ist hier wohl verständlich in Anbetracht der andernfalls nötigen vielerlei Ausführungen.

Die Folgerungen aus den Erörterungen auf S 61 und 62 lassen denn auch das Verlangen nach Universalausführungen wohl berechtigt erscheinen. — Recht vorteilhaft scheinen hierfür die Dosen mit Blockklemmen nach Fig. 142—146, die womöglich in vorgesehenen Sockelaussparungen nach Bedarf an beliebigen Stellen eingesetzt werden können. — Ebenso für universellen Gebrauch gut geeignet erweist sich nach S 170 die den Sockel bis zur Mauerfläche überdeckende Kappe, deren Wände von Fall zu Fall mit torwegartigen Rohreinführungsöffnungen versehen oder mit Rohrschiebern ausgestattet werden können.

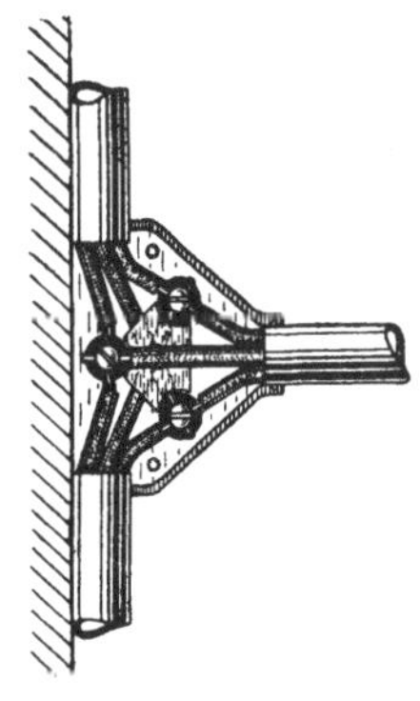

Ein derartiges Universalflurdosensystem in einheitlicher Bauart fehlt bisher, würde aber sicher gern gesehen werden. Es wäre nach Fig. 185 zweckmäßig zu unterteilen in Zwei-, Drei- und Vierleiter-Flurdosen und zwar geeignet für T- und Kreuz-Abzweige, zweckmäßigerweise für Steigleitungs- und Abzweigquerschnitte von 6, 16, 50 und 70 qmm.

Wie die Erfahrung lehrt, besteht aber doch neben solchen Dosen für alle Fälle noch ein lebhaftes Bedürfnis nach einigen Typen für ganz bestimmte, sehr häufig wiederkehrende Fälle. Diese herauszufinden wäre dankenswert. Soviel sich zur Zeit übersehen läßt, scheint größter Bedarf nach kleinen Flurdosen für T-Abzweige zu bestehen und zwar für Steigleitungs- und Abzweigquerschnitte max. 6 qmm in Form von Zwei- und Dreileiterflurdosen für Leitungsverlegung in einem Rohr von 16 mm Außendurchmesser und zugleich für Manteldraht von 2×6 und 3×6 qmm.

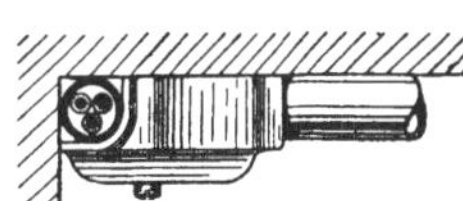

Fig. 186. Vorschlag für eine normale T-Abzweigflurdose (max 6 qm).

Eine Anleitung zur Schaffung dieser noch fehlenden Normal-T-Abzweig-Flurdose gibt Fig. 186.

Bei diesen hiermit in Vorschlag gebrachten beiden Grundtypen von Einheitsflurdosen müßte man freilich auf gewisse Sonderheiten anderer Ausführungen verzichten, so auf Umschaltbarkeit der Leitungen nach Fig. 174 und auf Abschaltbarkeit nach Fig. 182, ebenso müßte man in Kauf nehmen, daß bei den Universalflurdosen die Steigleitung nicht nach Fig. 135 und 136 ungebogen in der Mauerecke verlegt werden kann.

12. Flurdosen für Wohnungsanschluß und Treppenbeleuchtung. In der Absicht, das Treppenhaus durch Rohre möglichst wenig zu verunzieren, ist man geneigt, die Steigleitungen für die Wohnungen mit denjenigen für die Treppenbeleuchtung zusammengehörig zu verlegen. Eine für diesen Fall vom Elektrizitätswerk Breslau versuchsweise verwendete Flurdose ist diejenige nach Fig. 187. Sie ist so gebaut, daß die

Dose für die Wohnung und jene für die Treppenbeleuchtung übereinandergesetzt werden können; wechselweise läuft hierbei die eine Steigleitung unter der Dose der andern hinweg. Das sehr unschön wirkende Herumführen der Steigleitung um die benachbarte Dose der andern wird hierdurch vermieden.

Fraglich ist indessen, ob nicht der gleiche Zweck ebensogut erreicht werden kann durch eine einzige Flurdose, die für beide Fälle die genügende Anzahl von Klemmen und genügenden Raum für alle Rohre besitzt. — Das gleiche gilt übrigens auch für die Leitung der Umschaltuhr des Zählers. — Der hier zuletzt behandelte Abschnitt der Flurdosen bedarf noch recht eingehender Bearbeitung, läßt sich aber wahrscheinlich durch Anwendung der unter Fig. 185 dargestellten Universalflurdosen lösen.

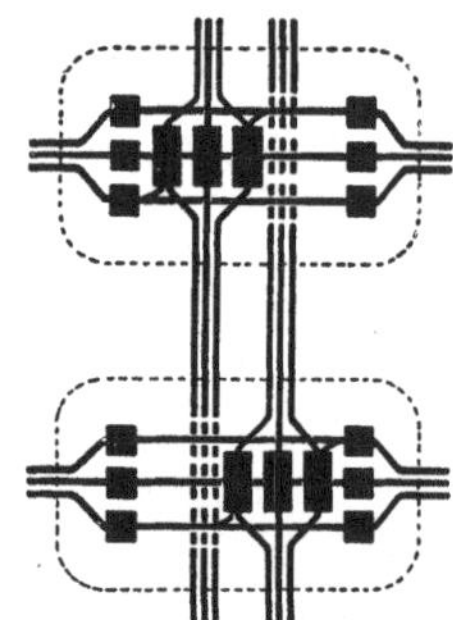

Fig. 187. Übereinandergesetzte Flurdosen für Wohnungs- und Treppenhausanschluß.

Die vorstehenden Erörterungen lassen sicher erkennen, daß auch das Gebiet der Flurdosen noch mancherlei Wandlungen und Vereinheitlichungen erfahren müßte.

V. Die Verteilungsstelle[1]).

Als Verteilungsstelle bezeichnet man die Anordnung von Hauptsicherung, Hauptschalter und Zähler, nebst Verteilungssicherungen und Verteilungsschaltern an einem gemeinsamen Platz. Hierfür wählt man eine jederzeit zugängliche Wandfläche im Haus- oder Wohnungsflur. — Für die Art der Gruppierung aller dieser Apparate bestehen keinerlei im Zusammenhang aufgeführte Verbandsvorschriften, Regeln oder Anleitungen. Die ganze Anordnung ist infolgedessen dem Geschmack und Verständnis des Monteurs überlassen. Hierin liegt eine der Ursachen zu den jedermann bekannten höchst unschönen und unsachgemäßen Ausführungen, von denen ein Beispiel in Fig. 188 dargestellt wird. — Derartige Anlagen müssen im höchsten Grade abstoßend wirken und die Achtung vor der Elektrotechnik im Hause recht ungünstig beeinflussen. — Hier Abhilfe zu schaffen ist dringendes Bedürfnis, und zwar nicht zuletzt auch in Wahrnehmung des Ansehens der ausführenden Installationsfirma, deren Firmenschild gerade an der Verteilungsstelle mit Vorliebe recht auffällig angebracht wird.

Hierin könnten wohl überlegte Vorschriften neben planmäßigen Belehrungen der Monteure an sich schon Besserungen herbeiführen;

---

[1]) Vergl. Leitsätze für die Herstellung und Einrichtung von Gebäuden bezüglich Versorgung mit Elektrizität. (Anhang der V. D. E.-Vorschriften.)

aber auch größere Beachtung seitens der Elektrizitätswerke und der
Architekten würde den geschilderten Ausführungen entgegenwirken. —
Nicht zuletzt aber sollte es Angelegenheit der Konstrukteure sein, das
große schwierige und mannigfaltige Gebiet der Gruppierung aller Verteilungsapparate als Sonderaufgabe zu behandeln. — Die Schuld

Fig. 188.   Unsachgemäße häßliche Anordnung von Apparaten an der Verteilungsstelle.

an unsachgemäßen und häßlichen Anordnungen an der Verteilungs-
stelle allein dem ausführenden Montagepersonal zuzumessen, wird zu
nennenswerten Fortschritten wenig beitragen können, wohl aber die
Beseitigung des bestehenden Mangels an wohldurchdachten, für alle
Fälle geeigneten bzw. leicht anpassungsfähigen Konstruktionen.
    Hierzu notwendig sind in erster Linie Verständigungen über die
Frage, inwieweit Verteilungsapparate zu einer in sich, zum mindesten

äußerlich, geschlossenen Gruppe zusammenzufassen sind, oder ob hierin Unterteilungen gestattet werden können.

Wie aus den Fig. 188 und 189 ersichtlich, sollte man jedenfalls gänzliche Wahllosigkeit im Anbringen einzelner Apparate ohne Wahrung des äußeren Ansehens nicht gutheißen und zum mindesten für sich bestehende Gruppierungen zusammengehöriger Apparate fordern.

Eine Annäherung in dieser Richtung zeigt die Verteilungsstelle der Fig. 190. Bei dieser läßt sich schon die Absicht wahrnehmen, in

Fig. 189. Unsachgemäße und häßliche Anordnung von Apparaten an der Verteilungsstelle und Sicherungen unvorschriftsmäßig auf einer Holzwand.

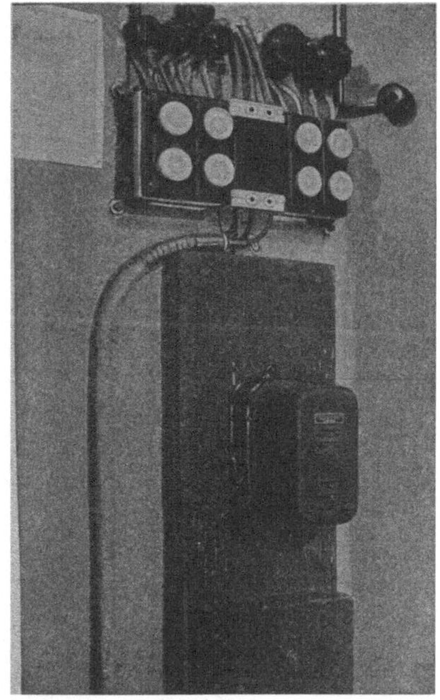

Fig. 190. Übliche Unterteilung der Apparate an der Verteilungsstelle in Apparate für die Zähler und solche für die Stromkreise. Schalter unsachgemäß einzeln an der Wand befestigt.

zwei Gruppen zu unterteilen und zwar in eine Gruppe, die den Zähler samt seinem Zubehör enthält und die andere, die alle Verteilungssicherungen umfaßt. — Leider wurde hierbei diese gesunde, vielfach geübte Auffassung nicht auf die Gruppierung der Verteilungsschalter durchgeführt und hierdurch die ganze an sich freilich auch nicht einwandsfreie Anordnung höchst unansehnlich gemacht. — Zur Entschuldigung möge auch für diesen Fall der Mangel an geeigneten anpassungsfähigen Apparaten gelten. — Die Notwendigkeit zur Schaffung von normalen, fabrikationsmäßig hergestellten, anpassungsfähigen Gruppen und zwar sowohl für teilweise Gruppierung als „Zählertafeln“ und „Verteilungstafeln“, als auch für gänzliche Gruppierung aller Apparate als „Zählerverteilungstafeln“, dürfte hierdurch um so dringlicher erscheinen.

VI. Die Verteilungstafeln.

A. Die Vorschriften des V. D. E. betreffend Bauart und Anordnung der Verteilungstafeln.

Die Verteilungstafel verdankt ihre Entstehung, zum mindesten aber ihre allgemeine Anwendung der schon im Jahre 1898 von seiten des Verbandes getroffenen Bestimmung, die Sicherungen der Hausanlage möglichst zu zentralisieren. Man verwendete demzufolge nicht mehr Einzelsicherungen an den verschiedensten Orten der Wohnung, an jeder Abzweigstelle, sondern ließ möglichst viele Stromkreise von einer Verteilungsstelle ausgehen. Sämtliche Sicherungselemente setzte man auf eine gemeinsame Holzplatte oder ein oder mehrere Mauerdübel (Fig. 191 und 192). Seit dem Jahre 1909 bestehen für solche Verteilungstafeln die

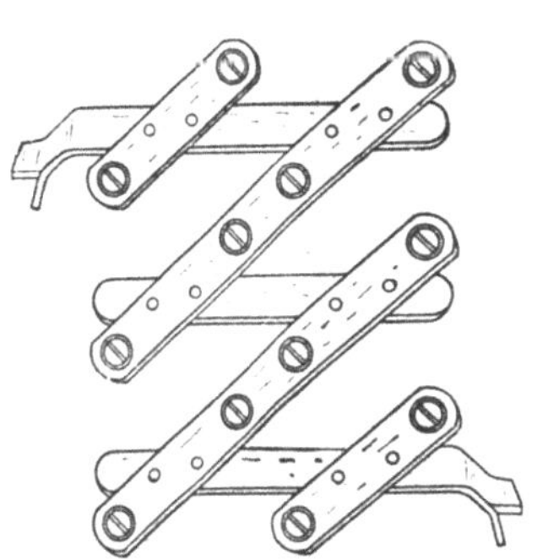
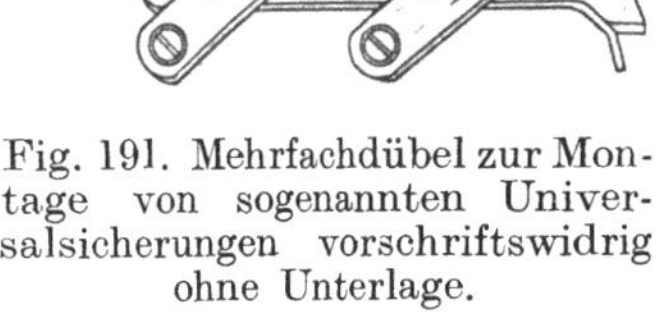
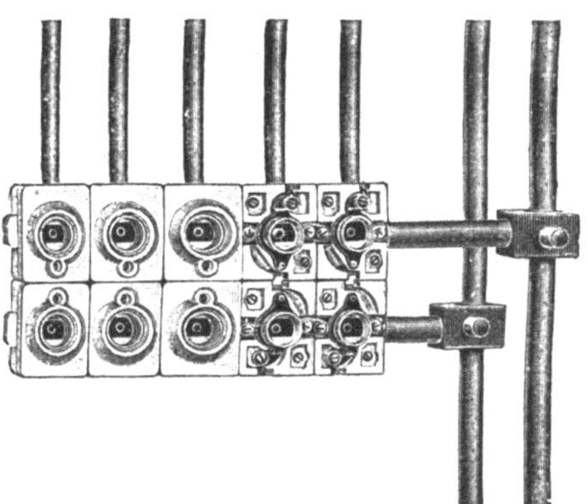

Fig. 191. Mehrfachdübel zur Montage von sogenannten Universalsicherungen vorschriftswidrig ohne Unterlage.

Fig. 192. Aus Universalsicherungselementen vorschriftswidrig unmittelbar auf der Wand ohne Unterlage zusammengesetzte Verteilung.

Verbandsvorschriften hinsichtlich der Anschlüsse und der Unterlage. Genannte Vorschriften erhielten im Jahre 1907 eine schärfere Fassung und wurden durch die zur Zeit gültigen Errichtungsvorschriften, insbesondere aber durch die seit 1914 angenommenen Vorschriften des V. D. E. für Konstruktion und Prüfung von Installationsmaterial noch bestimmter abgefaßt. Sie beziehen sich insgesamt auf die Art der Unterlage und die Anschlüsse, die Befestigung der Elemente und die Beschaffenheit der Sammelschienen und fordern schließlich einen Schutz der Tafelrückseite gegen etwa einfallende Fremdkörper. Die Bezeichnung „Tafel" wird nunmehr unabhängig von der Unterlage. Auch Verteilungsgruppen, die an Stelle der Unterlagplatte oder Tafel, Leisten oder Schienen besitzen, gelten hiernach als Verteilungstafeln:

Zusammenfassend fordern die zur Zeit vorgesehenen Vorschriften des V. D. E. ihrem Sinne nach etwa das Folgende:

„Alle Verteilungsapparate sollen möglichst auf gemeinsamer Unterlage angeordnet, d. h. zu einer Verteilungstafel vereinigt sein. Diese darf aus Isolierstoff, nicht aber aus Holz bestehen. Die Apparate einzeln für sich an der Wand zu befestigen, ist unzulässig. Die Sicherungen sollen auf ihrer Unterlage so befestigt sein, daß einzelne Sicherungselemente für sich herausgenommen werden können, ohne die Gesamtanordnung zu stören. Die Sammelschienen dürfen nicht aus vielen aneinandergesetzten Stücken· bestehen, um unsichere Übergangsstellen zu vermeiden. Die Anschlußklemmen sollen so beschaffen und angeordnet sein, daß es möglich ist, die Leitungsanschlüsse jederzeit nachzusehen, d. h. auf sichere Verbindung mit den Klemmen zu prüfen, ohne die Tafel zu dem Zweck von der Wand nehmen zu müssen. Zu dem Ende sollen die Verteilungstafeln so gebaut sein, daß· der Anschluß der Leitungen erfolgen kann, nachdem die Tafel an der Wand befestigt ist. Um zu verhindern, daß Fremdkörper hinter die Tafelrückseite gelangen können, muß die Tafel seitlich verkleidet sein. Freistehende Verteilungstafeln, d. h. solche, die nicht in einer Nische oder in einem Kasten untergebracht sind, müssen demzufolge eine Umrahmung besitzen. Da die Leitungen in Handbereich, also auch an der Einführungsstelle zur Verteilungstafel gegen Beschädigung zu schützen sind, ist die vorgeschriebene Umrahmung mit Einführungsvorrichtungen für Rohre oder Rohrdrähte zu versehen. Die Umrahmung darf die jederzeitige Nachprüfung der Anschlußstellen nicht erschweren.

Mit diesen Vorschriften wird der vielfach auch jetzt noch beliebten Richtung entgegengetreten, dem Monteur zu· überlassen, sich mit Hilfe unzureichender Mittel, insbesondere von sogenannten Universal-Sicherungselementen womöglich unmittelbar an der Wand eine Art Verteilungstafel selbst zu schaffen. Diese alte Gepflogenheit, der es in erster Linie zuzuschreiben ist, daß auch jetzt noch einzelne Apparate (zum mindesten als Zusatz zu einer bestehenden Tafel) für sich an der Wand befestigt werden, wird somit unterbunden. Die jetzigen Vorschriften werden stattdessen zur Folge haben, daß die Verteilungstafeln nach bestimmten Forderungen richtig überlegt und nicht am Montageplatze, sondern in der Werkstatt hergestellt, oder aus einer größeren Reihe fabrikationsmäßig angefertigter Tafeln ausgeführt werden. — Die Verteilungstafel wird somit zum Gegenstand an sich und zum einheitlich herstellbaren Werkstattserzeugnis.

Bedarf besteht in Verteilungstafeln schon für solche mit einer
einzigen Stromkreissicherung, eine Erscheinung, die offenbar gerade in
der Forderung nach Zentralisierung der Verteilungssicherungen ihre
Ursache hat. Während man nämlich bis dahin vor dem Eintritt einer
Abzweigleitung in einen Raum eine Sicherung setzte, läßt man neuerdings
diesen Abzweig ungesichert und begnügt sich leider nur zu oft zum
Nachteil der Betriebssicherheit mit einer einzigen Sicherung für alle
Zimmer, und stützt sich hierbei auf den § 14 e 7 der Errichtungsvorschriften des V. D. E., der mehrere Abzweige mit einer Sicherung von
6 Amp. zuläßt. Es wäre ratsam, gegen diese falsche Sparsamkeit an Verteilungssicherungen Stellung zu nehmen.

B. Verschiedene Ausführungsarten von Verteilungstafeln.

Die in den obigen Vorschriften zum Ausdruck gebrachten Forderungen führten im wesentlichen zu drei hauptsächlichsten Arten von
Verteilungstafeln, und zwar Verteilungstafeln mit Isolierstoffplatte,
Schalttafelelementen mit rückwärtigem Anschluß und Schalttafelklemmen, — ferner Verteilungstafeln mit gemeinsamem Isolierstoffkörper als Träger sämtlicher Kontaktteile und Klemmen und schließlich Verteilungstafeln mit Befestigungsgestellen, auf denen Sicherungen
und Schalter mit eigenen vorderseitigen Anschlußklemmen befestigt sind.

**1. Verteilungstafeln mit Isolierstoffplatte, Schalttafelelementen mit
rückwärtigen Anschlußbolzen und besonderen Schalttafelklemmen** (Fig. 193a
und b). Diese Verteilungstafeln waren ohne Schalttafelklemmen schon

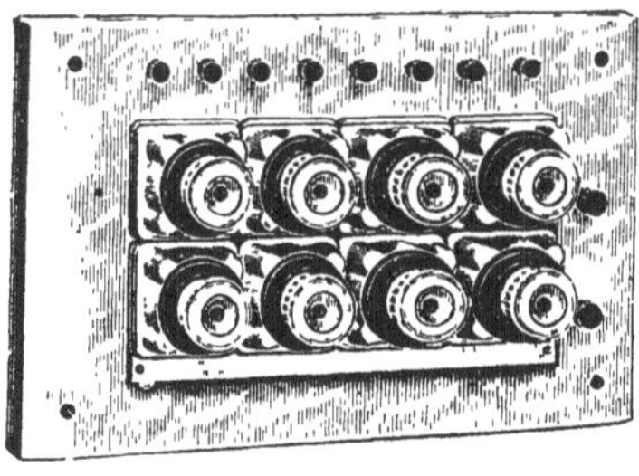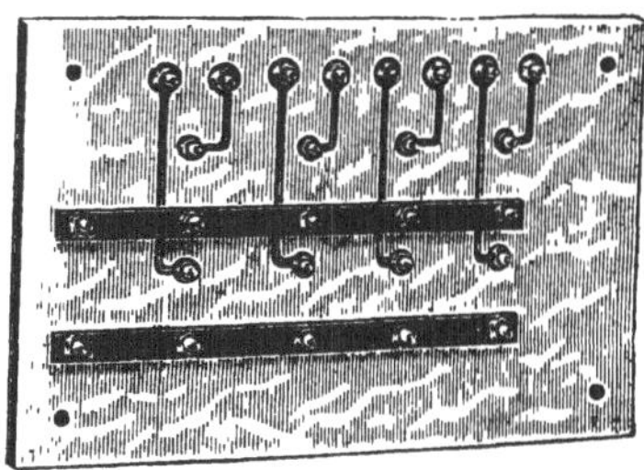

a Vorderseite.   b Rückseite.

Fig. 193. Verteilungstafel mit an einer Marmortafel montierten Schalttafelelementen mit Bolzen für rückwärtigen Anschluß und Schalttafelklemmen.

seit langen Jahren im Gebrauch und wurden im Verfolg der Verbandsvorschriften aus dem Jahre 1907 durch Schaffung genannter Schalttafelklemmen verbessert, da sie ohne diese nicht möglich machten,
die Leitungen nach Befestigung der Tafel an der Wand anzuschließen
und nachher zu kontrollieren. Es sei denn, durch eine Aus-

führung, bei der die gesamte Tafel in Scharnieren schwenkbar gemacht ist (Fig. 194) oder beim Einbau in die vollständig durchbrochene Mauer mit rückwärtiger Tür. Zur Verwendung kommen bei diesen Tafeln Sicherungselemente mit rückwärtigem Anschlußbolzen, etwa nach

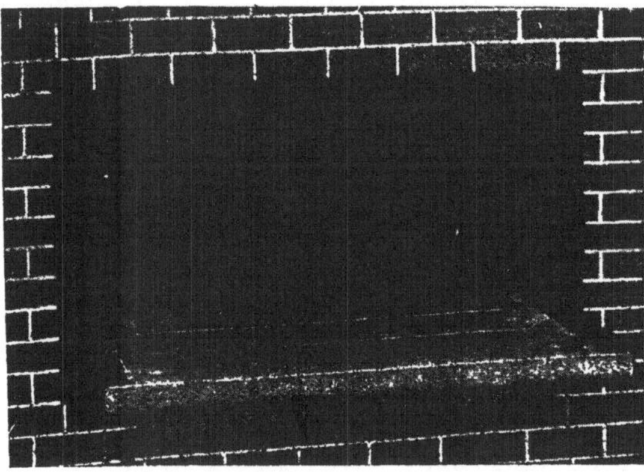

Fig. 194. In eine Wandnische zur Kontrolle der Rückseite herausklappbare Verteilungstafel entsprechend Fig. 193.

Fig. 195. Sie sind außer Zweifel für große Schalttafeln mit zugänglicher Rückseite wohl verwendbar und führen deswegen auch den Namen „Schalttafel-Elemente". Für Verteilungstafeln sind sie dagegen, wie erwähnt, ohne besondere Klemmen unzulässig. Die Bauart dieser

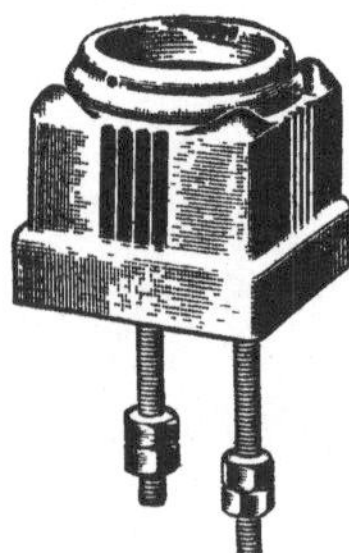
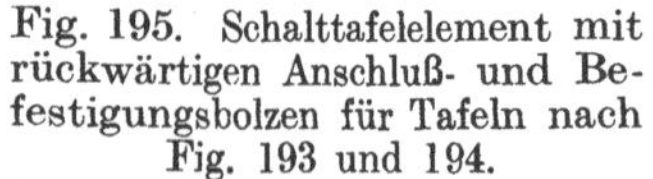
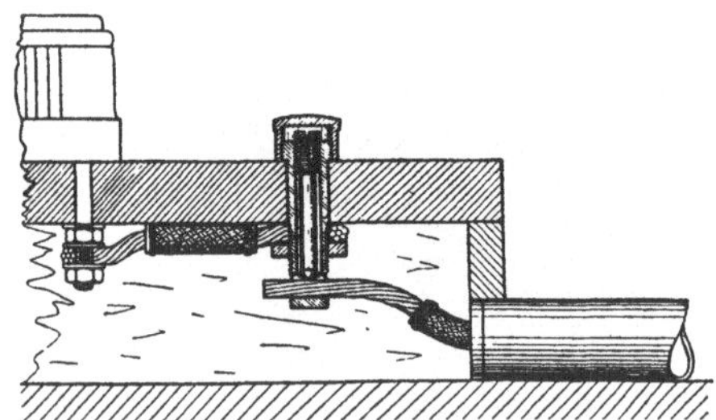

Fig. 195. Schalttafelelement mit rückwärtigen Anschluß- und Befestigungsbolzen für Tafeln nach Fig. 193 und 194.

Fig. 196. Schalttafel-Einlaßklemme mit zentral wirkender Klemmschraube.

Klemmen ist sehr verschieden. Man unterscheidet solche, die als Einlaßklemmen in Bohrungen der Isolierplatte Aufnahme finden (Fig. 196), und Vorsteh- oder Randklemmen, die unter der Platte befestigt werden und teilweise über die vordere Seite dieser Platte hervorstehen (Fig. 197). Während die Einlaßklemmen der erst-

genannten Art für sich durch Isolierknöpfe oder dergleichen abgedeckt
werden, ist bei den Vorstehklemmen eine alle Klemmen zugleich ab-
deckende besondere Platte vorgesehen. In diesem Falle werden die
Klemmschrauben und die Anschlußenden der Leitungen ganz besonders

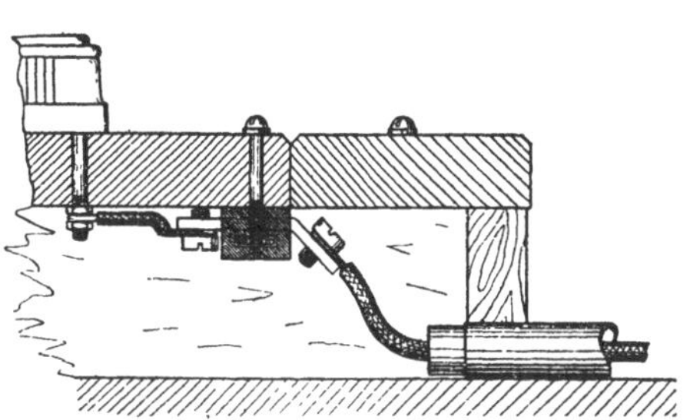

Fig. 197. Vorsteh- oder Randklemme mit
hinter einer abnehmbaren Platte zugänglich
angeordneten Stromkreis-Klemmen.

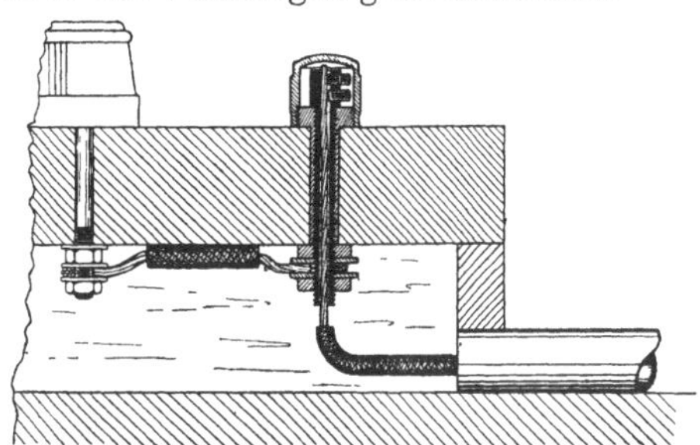

Fig. 198. Schalttafel-Einlaßklemmen mit seitlichen Klemmschrauben.

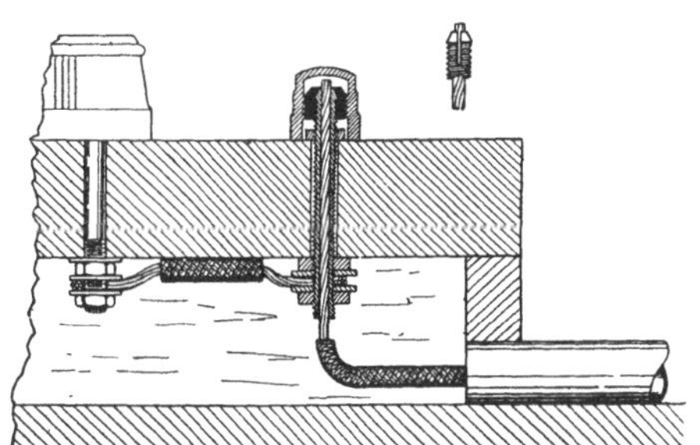

Fig. 199. Schalttafel-Einlaßklemmen mit durch
Konusmutter klemmbarem geschlitztem Schaft.

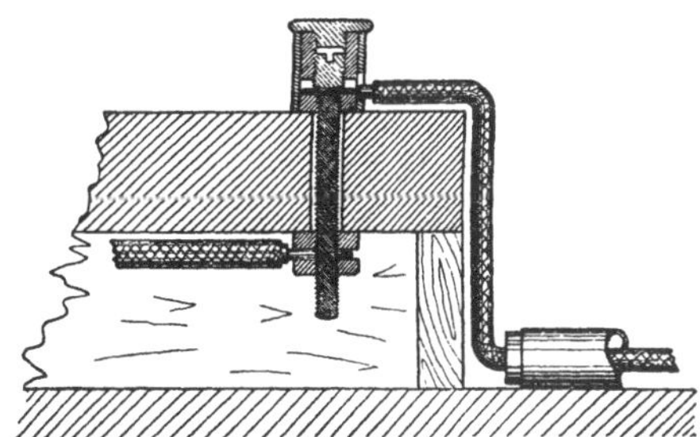

Fig. 200. Schalttafel und Einlaßklemmen für
oberhalb der Platte zu führende Abzweige
mit seitlicher Drahteinführung (nur bedingt
zulässig).

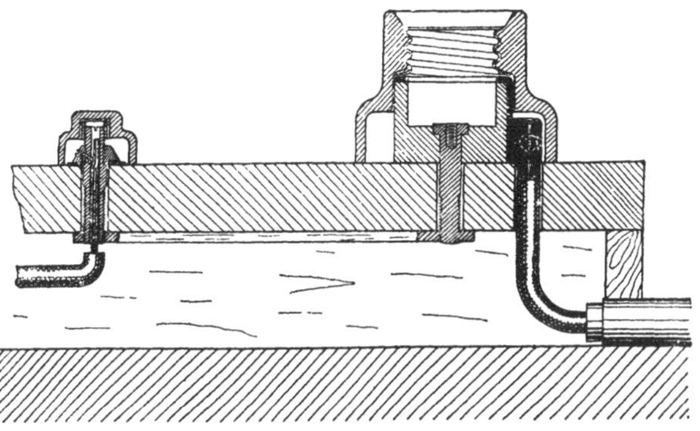

Fig. 201. Unmittelbar zur Schalttafelklemme ausgebildetes Schalttafelelement
mit einem rückwärtigen Bolzen; links Klemmen, ähnlich Fig. 198 für die Hauptleitung.

leicht zugänglich (Fig 202). Für den Aufbau der Tafeln haben die Vorstehklemmen große Vorteile, zumal wenn sie auf eine gemeinsame Schiene aufgereiht werden, die für sich mit wenigen Schrauben an der Tafelrückseite befestigt wird. Die Einlaßklemmen erfordern dagegen für jede Klemme eine Bohrung. Sie besitzen den Nachteil, daß ihre Isolierknöpfe leicht verloren gehen. Ein weiterer Mangel besteht bei diesen Klemmen, wenn sie nicht etwa nach Fig. 200 vorderen Anschluß gestatten, darin, daß bei ihnen die Anschlußstelle nicht sichtbar ist, und daß die Leitungsenden nach erfolgtem Anschluß und nach Aufsetzen der Umrahmung mit den Händen nicht erfaßt werden können. Dagegen sind die über die Tafelkante hervorragenden Vorstehklemmen frei von diesen Mängeln. Beide Arten besitzen jedoch immer noch den Nachteil, daß sie die Verbindungsstellen hinter der Tafel der Nachprüfung entziehen.

Zumeist werden genannte Schalttafelelemente einpolig mit 2 Bolzen gebaut, Fig. 195 u. 203 a u. b, aber auch zweipolige Elemente mit 4 Bolzen werden hergestellt, Fig. 203 c, desgleichen auch ein- und zweipolige Elemente mit angebauten Vorsätzen für die Bezeichnungsschilder, Fig. 203 b und c. Bei der letztgenannten Ausführung dient der genannte Vorsatz zugleich zur Aufnahme von Abzweigklemmen, die mit Hilfe von unterhalb des Sockels verlaufender Metallstreifen mit den Sicherungsbrillen verbunden sind. — Besondere Schalttafelklemmen werden hierdurch erspart.

Es liegt nahe, für die gängigsten Ausführungen der Schalttafelelemente der in Fig. 203 a,

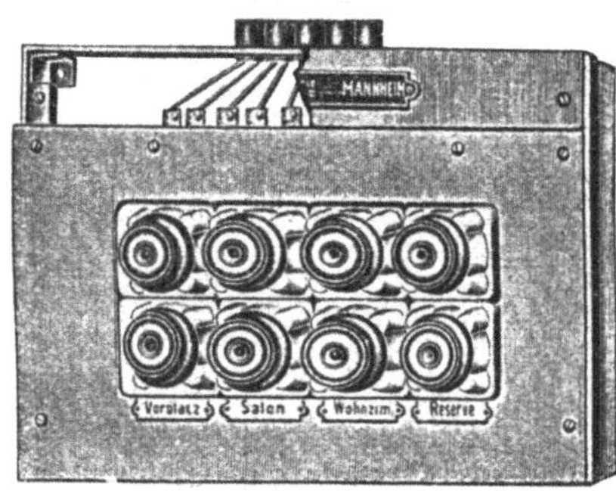

Fig. 202. Verteilungstafel mit Vorstehklemmen, letztere zugänglich nach Abnahme einer Deckplatte.

b und c dargestellten Arten, insbesondere die einpoligen Elemente für 25 Amp. samt ihrem Zubehör, wie Schilder und Klemmen, Normen aufzustellen, die sich zum wenigsten auf Grundflächen und Bolzenstellungen usw. erstrecken. Siehe auch Seite 46, Fig. 122.

Die Umrahmung der genannten Tafeln geschieht gewöhnlich in der Weise, daß nach Befestigung der Tafel an der Wand auf Abstandsdübeln die einzelnen Rahmenseiten oder ein ganzer Rahmen aus Holz zur Verkleidung Verwendung findet. Bei Tafeln mit Vorstehklemmen kann der Rahmen selbst an stelle der Abstandsdübel gesetzt und unmittelbar an der Wand befestigt werden. Es dient der Rahmen alsdann zugleich als Auflage für die als Träger der Apparate ausgebildete Isolierplatte. Erst nach erfolgtem Anschluß und stattgefundener Nachprüfung der Anschlußstellen wird die kleine Abdeckplatte auf dem Rahmen befestigt. Siehe Fig 196 u. 202.

2. Aus einem Stück gepreßte Verteilungstafeln mit unmittelbar auf ihrer Unterlage einzeln befestigten Kontaktteilen und Klemmen. Solche

Fig. 203 a.
Einpolig ohne Schild.
Fig. 203 b.
mit Schild.
Fig. 203 c.
Zweipolig mit Schild.

Grundrisse für ein- und zweipolige Schalttafel-Elemente mit rückwärtigen
Schienenanschlußbolzen.

Tafeln besitzen statt der Sicherungselemente unmittelbar auf der Unterlage befestigte Kontaktteile, stellen also ein für viele Stromkreise zugleich ausgebildetes mehrpoliges Sicherungselement dar. Tafeln dieser **Art** bestehen nach Fig. 204 aus einem Isolierstoffkörper mit ausschließlich

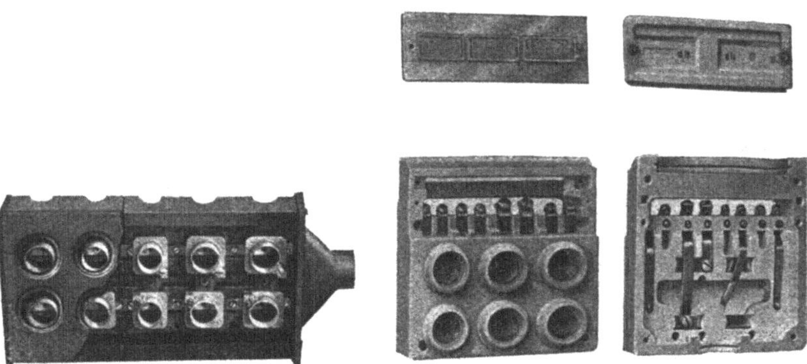

<table>
<tr><td>Fig. 204. Aus einem Isolierstoffsockel bestehende Verteilungstafel, bei der sämtliche Klemmen und Schienen auf der Vorderseite des Sockels liegen und durch eine gemeinsame Platte verdeckt werden.</td><td>a Vorderansicht.   b Rückseite.
Fig. 205. Aus einem massiven Porzellansockel bestehende Verteilungstafel für mehrere Stromkreise mit rückwärtigen Verbindungsstegen und hinter einer kleinen Abdeckplatte sitzenden Vorstehklemmen.</td></tr>
</table>

auf dessen Vorderseite befestigten, von einer Platte überdeckten Kontaktteilen, Schienen und Klemmen für vorderseitigen Anschluß. — Ausführungen nach Fig. 205 besitzen einen Porzellankörper mit Kontaktteilen und Vorstehklemmen auf der Vorderseite und Schienen auf der

Rückseite. Die Klemmen werden hierbei von einer besonderen Platte entsprechend den Tafeln nach Fig. 204 abgedeckt. Eine Ausführung neuester Art zeigt die Fig. 206. Diese Tafel besitzt gewisse Merkmale der erstgenannten beiden Arten und besteht aus Isolierstoff. Sie stellt einen Teil eines umfangreichen, recht geschickt aufgebauten Systems dar, in dem für die verschiedensten Fälle bestimmte Tafeln enthalten sind.

Die erstgenannten Tafeln sind anbau- bzw. ergänzungsfähig, es läßt sich bei ihnen ein Mehrfach-Element an das andere reihen. Sie besitzen seitlichen Hauptanschluß, während die beiden anderen Arten Hauptanschluß von oben oder unten gestatten.

Fig. 206. Aus einem Isolierstoffsockel bestehende Verteilungstafel für mehrere Stromkreise mit gemeinsamer Deckplatte; ähnlich Fig. 204, jedoch für Anschluß der Hauptleitungen von unten.

3. Verteilungstafeln mit Rahmengestell und Verteilungselementen für vorderseitigen Anschluß. An Stelle der isolierenden Platten besitzen diese Verteilungstafeln ein aus Längs- und Querleisten bestehendes Untergestell und an Stelle der Schalttafelelemente mit rückwärtigen Anschlußbolzen besonders gestaltete Verteilungselemente mit vorderseitigen Klemmen. Sie erübrigen demzufolge die Schalttafelklemmen. — Ausführungen ähnlicher Art, die früher größere Bedeutung hatten, zeigen die Fig. 207a und b. Bei diesen wurden zum Aufbau des

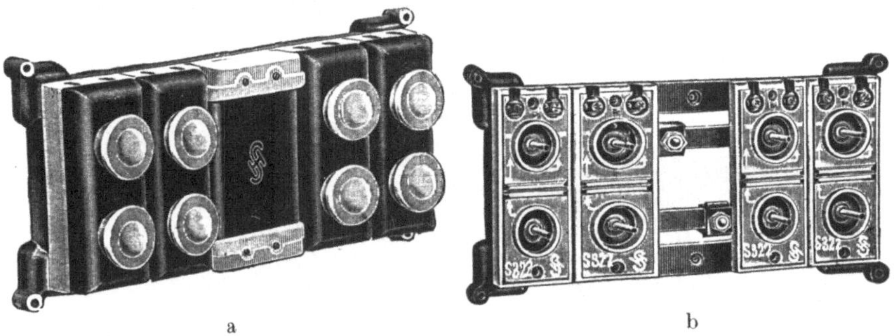

a   b

Fig. 207. Verteilungstafel mit Verteilungssicherungen auf einem Holzleistengestell. Elemente mit vorderseitigen Abzweigklemmen, rückwärtigen Schienenklemmen und rückwärtigen Verbindungsstegen.
a Vorderansicht geschlossen. b Vorderansicht mit abgenommenen Abdeckungen.

Gestelles durch gußeiserne Eckstücke zusammengehaltene Holzleisten verwendet, die unmittelbar als Befestigungsunterlagen für die mehrpoligen Sicherungselemente dienen. — Sie besitzen von vorn bedienbare am Rande der Elemente vorgesehene Verteilungsklemmen, jedoch rückwärtige Verbindungsstege und ebenso rückseitig verlaufende Sammelschienen. Die hölzernen Längs- und Querleisten geben dem ganzen einen schönen Abschluß. Es fehlen ihnen jedoch die Rohreinführungen.

a) Verteilungstafeln mit als Ganzes aufgesetztem Rahmen. Neuzeitlichen Anforderungen schon mehr entsprechend ist das in

Fig. 208. Hohlschienengestell mit teilweise aufgesetzten einpoligen Verteilungselementen (ohne Deckel).

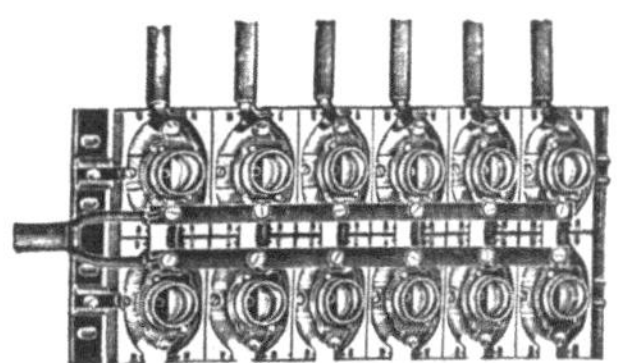

Fig. 209. Hohlschienengestell mit fertig aufgesetzten einpoligen Verteilungselementen und über die Sockel der Elemente geführte Abzweigleitungen.

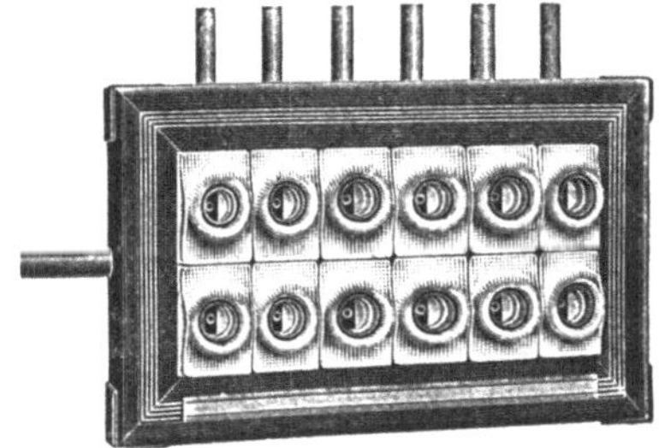

Fig. 210. Fertig angeschlossene, mit Sicherungsdeckeln und übergesetztem Rahmen versehene Verteilungstafel mit einpoligen Sicherungselementen auf einem Hohlschienengestell.

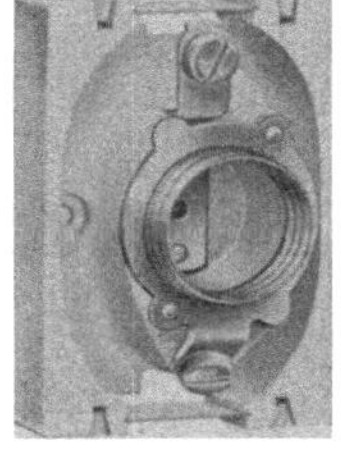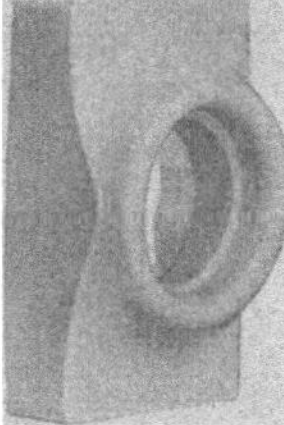

Fig. 211. Einpoliges Sicherungselement zur Verwendung auf einem Hohlschienengestell mit Umrahmung.

Fig. 208—211 dargestellte System mit losem Rahmen. Bei diesem besteht das Befestigungsgestell aus längs- und querverlaufenden eisernen Hohlschienen mit Gleitmuttern Auf den Querschienen werden einpolige Sicherungselemente befestigt, wobei die Rinne der Hohlschienen dichtes Aneinanderreihen der Elemente gestattet. — Die Elemente besitzen vorderseitige Klemmen sowohl für die Verteilungsleitungen, für die besondere Leitungsnuten auf der Vorderseite des Sockels vorgesehen sind, als auch für die auf der Vorderseite der Elemente unterhalb der Kappen verlaufenden Sammelschienen. Die ganze Elementengruppe wird von einem fest gefügten aufsetzbaren Holzrahmen aus vier winkelförmigen Leisten nach Anschluß der Leitungen umkleidet, nachdem die Rahmenleisten mit Rohraussparungen versehen wurden. Bequemer Leitungsanschluß, Leitungskontrolle, sicherer Abschluß des ganzen gegen die Wand und sachgemäße Rohreinführungen kennzeichnen diese Ausführung. Es sind hierbei nicht nur rückwärtige Klemmen, sondern auch alle rückwärtigen Verbindungsstellen und sogar rückwärtige Leitungsstücke vermieden.

b) Verteilungstafeln mit einen Teil des Gestelles bildendem Rahmen. Bei diesem System findet der Grundgedanke des vorgenannten wesentliche Verbesserungen. — Es zeigen sich zwischen beiden zugunsten des letzteren folgende erheblichen Unterschiede.

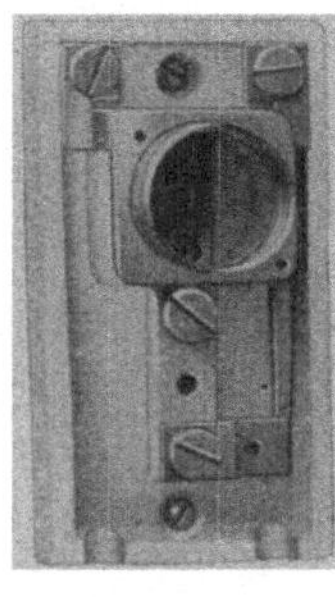

Fig. 212. Für Umrahmung vorgesehenes doppelpoliges Verteilungselement mit Anordnung aller stromführenden Teile auf der Vorderseite; einpolig sichernd.

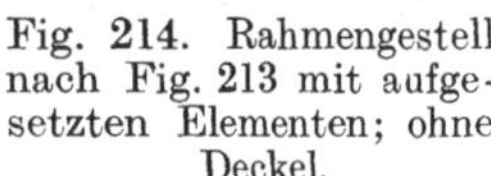
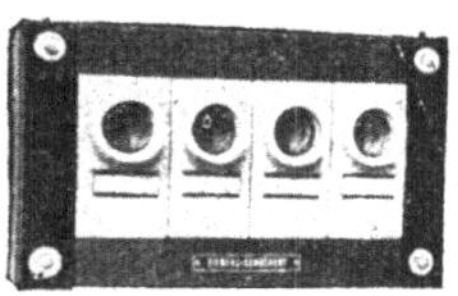

Fig. 213. Rahmengestell für Verteilungstafeln mit Querschienen als Täger der einpolig sichernden Verteilungselemente nach Fig. 212.

Fig. 214. Rahmengestell nach Fig. 213 mit aufgesetzten Elementen; ohne Deckel.

Fig. 215. Fertige Verteilungstafel mit Rahmengestell mit angesetzten Einführungswanden.

Das Gestell besteht bei diesem zwar auch aus eisernen Horizontalschienen, diese werden aber nicht von Vertikalschienen gehalten, sondern unmittelbar von den beiden Vertikalleisten des Rahmens, die fest mit ihnen verbunden sind (Fig. 213—215).

Die Sicherungselemente (Fig. 212 und 216) sind nicht einpolig wie früher, sondern zweipolig, besitzen also 2 Klemmen für doppelpolige Stromkreise, die sie einpolig oder zweipolig sichern. Für die

Zuleitungen sind ebenfalls 2 Klemmen vorgesehen. Die Zahl der Sockel
und Deckel und die sich gegenseitig bildenden Lücken vermindern
sich hierdurch gegenüber dem vorgenannten System, die Befestigungsweise der Elemente aber wird sehr viel günstiger, da sich die Befestigungslöcher jetzt in der Mittelachse des Elementes in der Nähe seiner Schmal-
seiten anbringen lassen. Die beiden Stromkreisklemmen befinden sich

 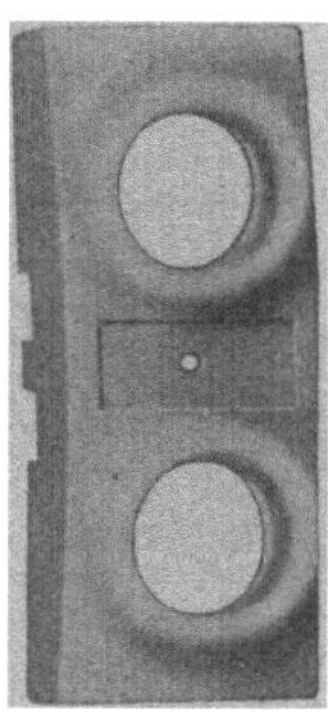

Fig. 216. Für Umrahmung vorgesehenes zweipoliges Verteilungselement entsprechend Fig. 212, jedoch zweipolig sichernd.

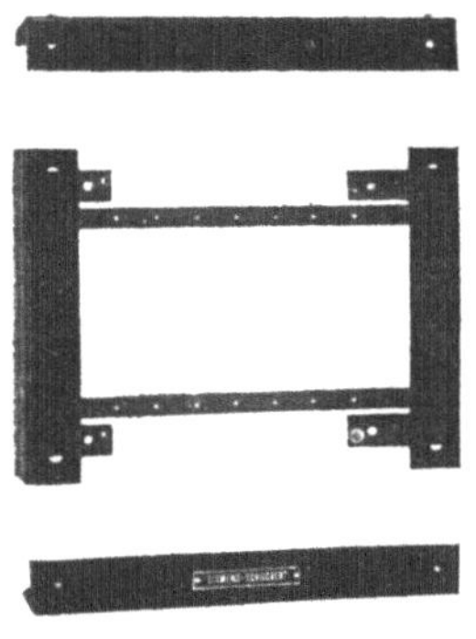 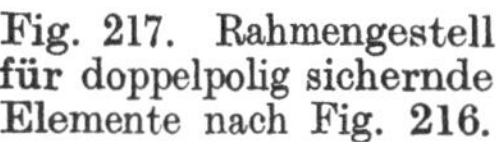 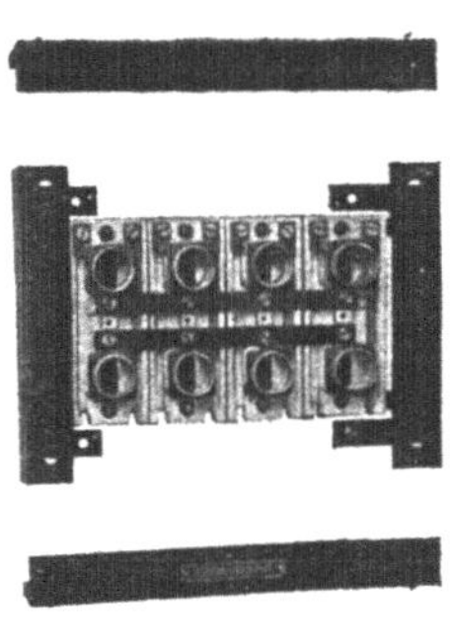 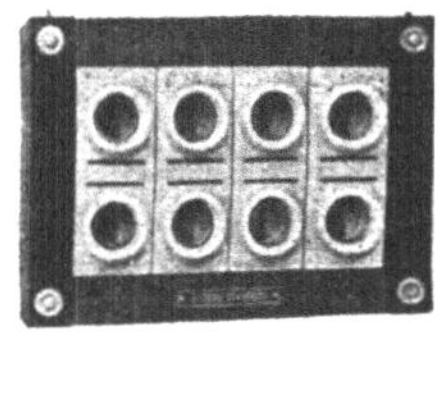

Fig. 217. Rahmengestell
für doppelpolig sichernde
Elemente nach Fig. 216.

Fig. 218. Rahmengestell
nach Fig. 216 mit aufge-
setzten Elementen ohne
Deckel.

Fig. 219. Fertige Ver-
teilungstafel mit Rahmen-
gestell mit angesetzten
Einführungswänden.

an der einen Schmalseite und sind mit den Gewindekontakten durch
Metallstege verbunden. Hierdurch erübrigt es sich, die Stromkreisleitungen wie bisher über den Sockel zu führen. Gleich diesen Stromkreisklemmen befinden sich auch die Klemmen für die vorderseitig zu
verlegenden Sammelschienen auf der Vorderseite des Sockels, verdeckt
von den Kappen. Diese besitzen im übrigen die verbandsmäßig vorgeschriebenen Schilder für die Stromkreisbezeichnungen.

Die Umrahmung besteht nicht mehr aus Holz nach Art der Bilder-rahmen, sondern aus 2 Paar eiserner Winkelleisten, von denen die senk-rechten wie gesagt einen Teil des Gestelles bilden, während die wage-rechten an den senkrechten abnehmbar befestigt werden. Sie besitzen leicht bearbeitungsfähige Wände, in denen sich mit Messer oder Feile bequem Rohr- oder Manteldrahteinführungen vorsehen lassen. Die Um-rahmung gestattet aber auch rückwärtige Zuführung, wobei dann die Rahmenwände geschlossen bleiben.

Es wird diese neue Art von Verteilungstafeln mit Rahmengestell an Stelle der Isolierstoffplatte so ausgeführt daß Rohre hinter den

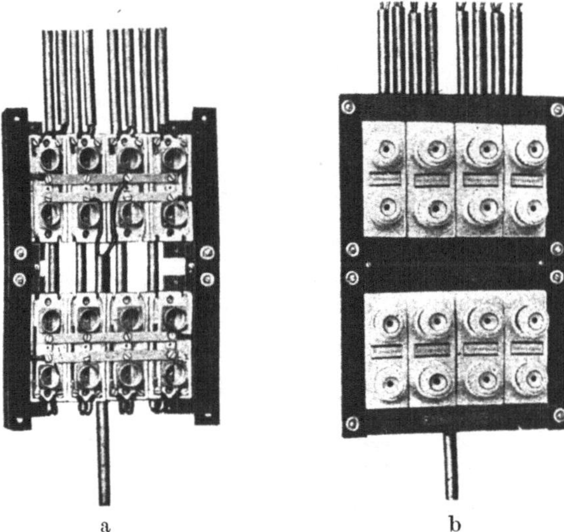

a   b

Fig. 220. Zwei zu einem Ganzen zusammengesetzte Verteilungstafeln nach Fig. 217—219. Die untere Tafel wird ergänzt durch Anbau der oberen.
a Mit abgenommenen Sicherungsdeckeln, Abdeckblech und Einführungswänden.
b Fertig installierte Tafel.

Elementen entlang geführt werden können. — Je nach Länge der Tafel wird man natürlich das Rahmengestell mehr oder weniger kräftig halten.

Das beschriebene System ermöglicht nachträgliche Ergänzungen in zweierlei Arten, und zwar können Ergänzungen für wenige Strom-kreise durch nachträgliches Einsetzen von Elementen an Stelle von Blindkörpern vorgenommen werden, siehe Fig. 228 u. 313, während man für erheblich größere Ergänzungen bzw. Erweiterungen eine neue Tafel über die bereits montierte setzt. So zeigt Fig. 220 a eine solche Er-gänzung, die dadurch entstanden ist, daß man nach Entfernen der Einführungswände auf die untere Tafel die obere derart aufgebaut hat, daß die aneinanderstehenden Vertikal-Rahmenleisten gegeneinander stoßen. — Sie sind durch zwei Laschen verbunden. Der freie Raum zwischen beiden Tafeln wird zuletzt durch einen von den Laschen gehaltenen Blechstreifen abgedeckt (Fig. 220 b).

c) Die Rahmenvorschrift in ihrer Wirkung auf den Bau von Verteilungssicherungen. Eine recht schwierige Aufgabe bestand seit langem für Verteilungssicherungen mit vorderseitigem Anschluß in bezug auf die Rohreinführung. — Zu einer annehmbaren Lösung hat diese Aufgabe niemals geführt. — Sie fehlt beispielsweise gänzlich bei den Verteilungselementen nach Fig. 207. — Unübersehbar sind die Vorschläge an Stutzen, Dächern und sonstigen Verkleidungen, die den recht fühlbaren Mangel beseitigen sollten, aber nicht konnten. — Erst die verbandsmäßige Vorschrift der Umrahmung machte diesen vergeblichen Versuchen ein Ende.

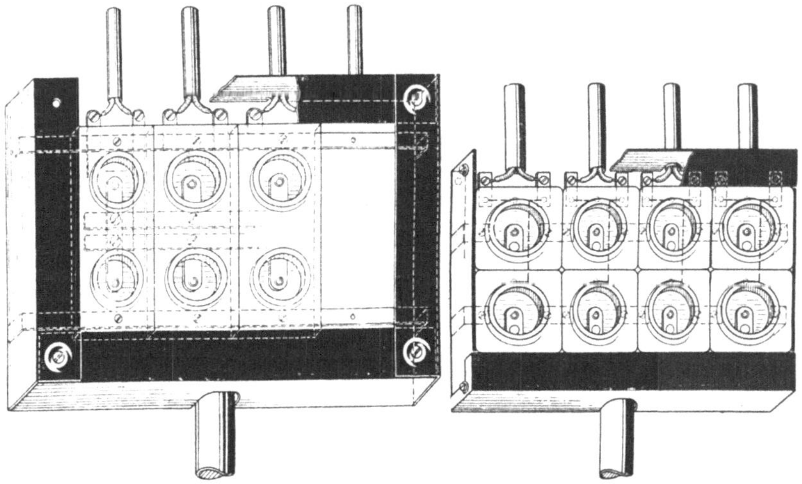

Fig. 221. Umrahmte Tafel mit auf einem Rahmengestell montierten Verteilungselementen, deren Klemmen aus diesen herausragen.

Fig. 222. Aus einpoligen Sicherungselementen mit Vorstehklemmen zusammengesetzte Verteilungstafel bei der die Elemente durch einzelne Metallleisten zwecks Ersparnis der Unterlage zu einem ganzen vereinigt sind.

Die Verteilungselemente für umrahmte Befestigungsgestelle werden ohne Rohrzuführungen gebaut, da Aussparungen für Rohre wesentlich vorteilhafter und für alle Fälle ausreichend in den Wänden der Umrahmung auf dem Arbeitsplatz vom Monteur vorgesehen werden können.

Von Wirkung ist die vorgeschriebene Umrahmung auch hinsichtlich der Klemmen. — Was bisher nur bei Schalttafelelementen möglich war, nämlich das Anbringen von Klemmen außerhalb des Elementes, ist infolge der Umrahmung jetzt auch bei dieser Art doppelpoliger Verteilungssicherungen möglich, da, wie aus Fig. 221 u. 222 ersichtlich, der Rahmen die aus dem Element hervortretenden Klemmen mit weitem Abstand verdeckt. Zweifellos wird hierdurch der Bequemlichkeit der

Anschlußkontrolle gedient, die Kurzschlußgefahr aber ebenso bei Montagearbeiten vergrößert. Ausführungen von Elementen mit aus dem Sockel seitlich hervorstehenden Klemmen sind bei doppelpoligen Verteilungselementen noch wenig in Verwendung. — Wohl aber findet sich der erste Versuch in diesem Sinne bei einem System von Verteilungssicherungen, bei denen Elemente nach Art der Schalttafelelemente durch besondere Laschen zu einem Ganzen verbunden und von einer Umrahmung mit lösbaren Querleisten umgeben sind. — Es ähnelt dieses System dem oben genannten insbesondere äußerlich durch die metallene Umrahmung, unterscheidet sich aber von diesem insofern, als hierfür einpolige Schalttafelelemente mit verkürzten Anschlußbolzen und rückwärtigen Verbindungsstreifen durch einzelne Metalleisten zu einem Ganzen, nach Fig. 222, vereinigt werden, während bei dem vorgenannten System doppelpolige Elemente von vorn auswechselbar auf Tragschienen aufgesetzt werden.

C. Wichtige Anforderungen an Verteilungstafeln im allgemeinen.

1. Die Zuführung der Hauptleitungen. Der Anschluß der Hauptleitungen ist insofern der näheren Betrachtung wert, als die Anforderungen hierfür recht verschieden sind. Zur Zeit werden Hauptanschlußklemmen sowohl an der rechten als auch an der linken Seite verlangt, desgleichen auch an der oberen und an der unteren Seite. Die Verschiedenartigkeit der jeweils zur Verwendung kommenden Leitungsquerschnitte erhöht hierbei die Schwierigkeit recht beträchtlich. Um ein Weiteres erschwert wird die lagermäßige Fabrikation der Verteilungstafeln schließlich noch durch die Forderung, die Tafeln unmittelbar in endende oder durchgehende Steigleitungen einzubauen. — Eine sehr große Vereinfachung würde herbeigeführt werden, könnte man sich diesbezüglich auf einige normale Ausführungen beschränken bzw. diese dann als gängigste Tafeln hinstellen. Als solche könnte man vielleicht Verteilungstafeln bezeichnen, die es gestatten, die Hauptleitungen von unten und die Abzweigleitungen von oben zuzuführen, und zwar sowohl verwendbar für Rohre in oder auf der Wand und Manteldraht. Solche Tafeln wären dann in den weitaus meisten Fällen ohneweiteres verwendbar und erfordern nur in besonderen Fällen noch einiges Zubehör, beispielsweise Abzweigklemmen für die Steigleitung, falls diese in einiger Entfernung von der Verteilungstafel verläuft. Die bisher noch geforderten Verteilungstafeln mit seitlich angeordneten Steigleitungsklemmen für wagrecht ankommende Hauptleitungen und ebenso Verteilungstafeln, bei denen die Hauptleitungen die Tafeln seitlich oder in der Mitte durchqueren, würden dann als überflüssig erscheinen. Siehe hierzu die Fig. 223—227.

2. Ergänzungsfähigkeit. In den weitaus meisten Fällen, insbesondere bei kleinen und mittelgroßen Wohnungen genügt das einmal in der Verteilungstafel vorgesehene Sicherungselement erfahrungsgemäß vollkommen. Es empfiehlt sich jedoch, auf jeden Fall auch diese kleinsten Verteilungstafeln in beschränktem Umfange erweiterungsfähig einzurichten, etwa so, daß die Tafel für einen Stromkreis auf zwei bis drei solche ergänzt werden kann. Wichtiger ist die Ergänzungsfähigkeit bei größeren Anlagen. Um zu vermeiden, daß bei später notwendigen Erweiterungen höchst unsachgemäße Flickarbeiten vorgenommen werden müssen, die das Aussehen und den Charakter der Verteilungsstelle beeinträchtigen, ist es nötig, von vornherein eine Bauart anzuwenden, die es ohne erhebliche Kosten, wennmöglich auch ohne Abnahme der bestehenden Tafel ermöglicht, diese durch Einbauen neuer Elemente oder durch Anbauen einer zweiten Tafel zu ergänzen (Fig. 228—229). Konstruktiv liegen hierfür keinerlei Schwierigkeiten vor und würde diese Richtung stark begünstigt werden wenn in den Anlagevorschriften der Elektrizitätswerke die Vorschrift der Ergänzungsfähigkeit von Verteilungstafeln allgemein erhoben und auf Einhalten dieser geachtet würde.

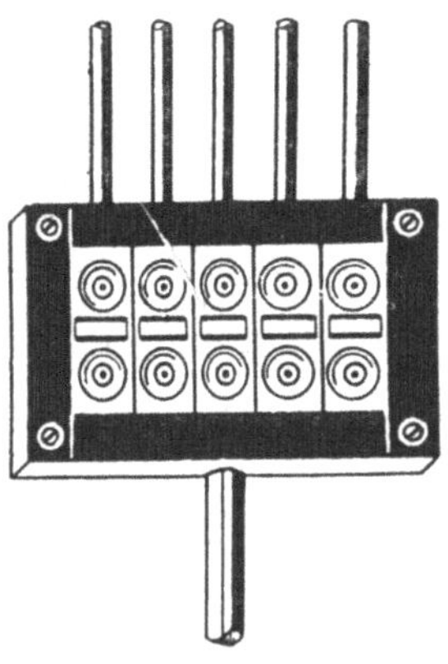

Fig. 223. Verteilungstafel mit Abzweig-Einführungen oben und Hauptleitungs - Einführungen unten. Auch für rückwärtige Anschlüsse geeignet. Gängigste (Normal-)ausführung).

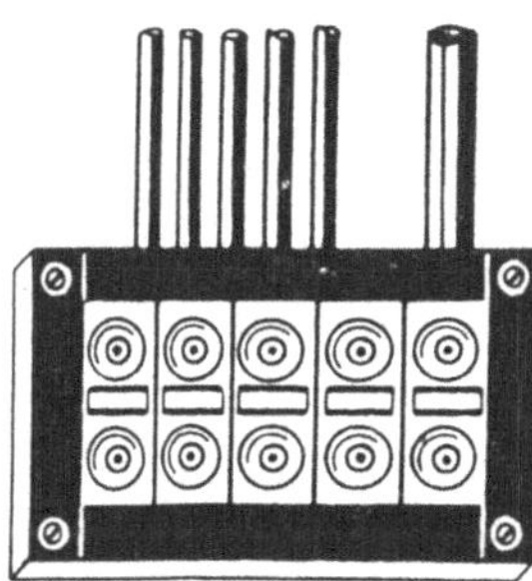

Fig. 224. Verteilungstafel mit Abzweig-Einführungen oben und Hauptleitungs-Einführungen oben.

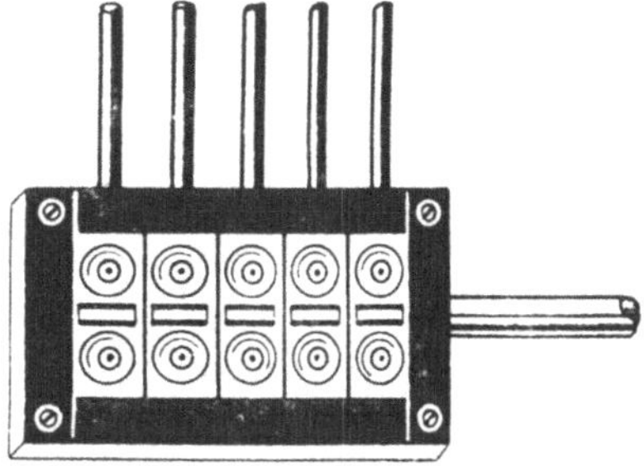

Fig. 225. Verteilungstafel mit Abzweig-Einführungen oben und Hauptleitungs-Einführungen seitlich quer.

3. Verteilungstafeln mit Haupt- und Verteilungsschaltern. Tafeln mit Verteilungsschaltern werden fast ausschließlich für Schulen, Verwaltungsgebäude, Restaurationen, Kaffeehäuser und Warenhäuser etc. verlangt, um bequem die einzelnen Räume von einer Stelle aus bedienen zu können, und zwar ausschließlich von befugter Seite. Für diese Fälle sind nicht nur Schalter, sondern auch Umschalter erforderlich, und zwar zufolge des geringen Wattverbrauches der Metallfaden-

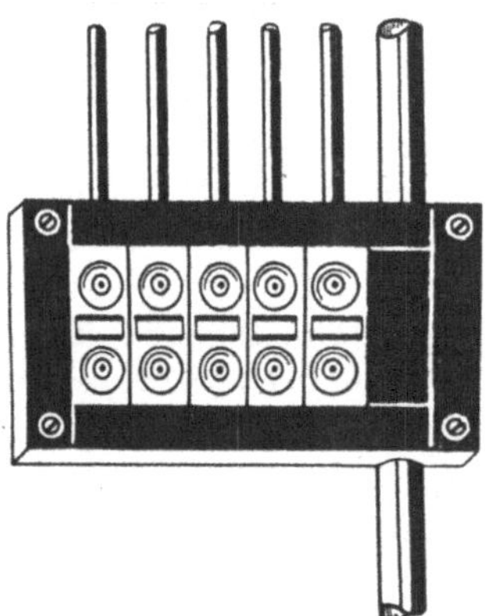

Fig. 226. Verteilungstafel mit Abzweig-Einführungen oben und Hauptleitungs-Einführungen seitlich oben und unten für durchgehende Steigleitungen.

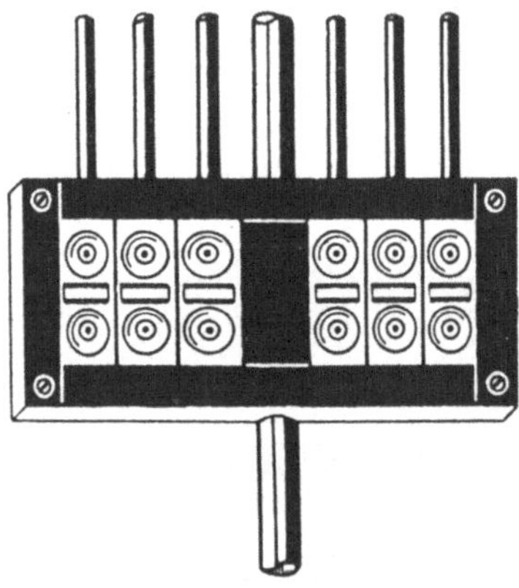

Fig. 227. Verteilungstafel mit Abzweig-Einführungen oben und Hauptleitungs-Einführungen zwischen den Abzweigen, Einführungen oben und unten für durchgehende Steigleitungen.

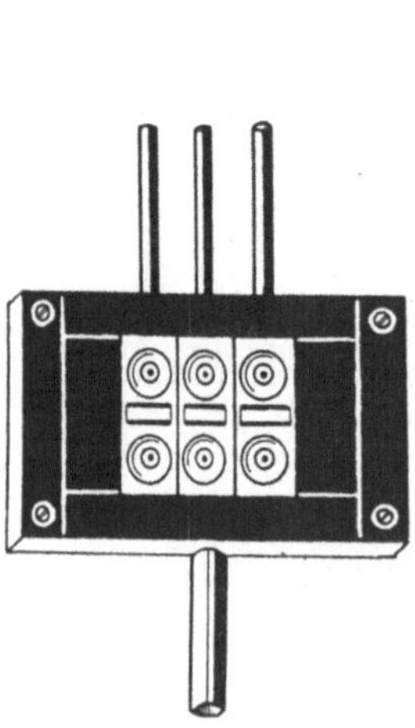

Fig. 228. Verteilungstafel mit Raum zur nachträglichen Ergänzung durch einzubauende Sicherungselemente.

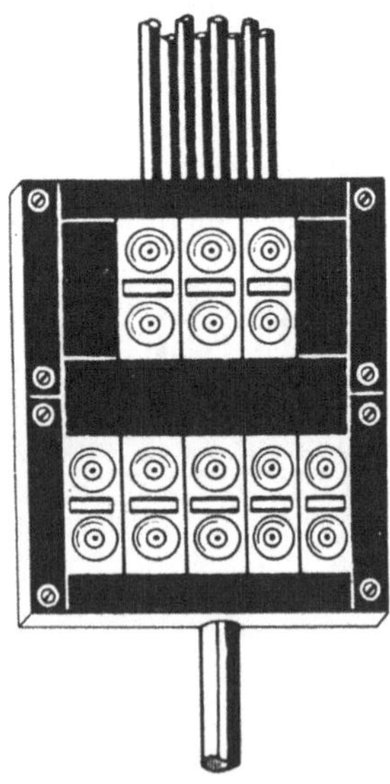

Fig. 229. Verteilungstafel für 5 Stromkreise mit angebauter Verteilungstafel für 3 bzw. 4 oder 5 Stromkreise.

lampen selten für Stromstärken über 6 Ampere. Es genügen deswegen fast ausnahmslos einpolige Ausführungen (Fig. 230). Fraglich ist, wie weit die Forderung nach Schaltern für Steckschlüsselbedienung berechtigt ist und ob es nicht möglich ist, solche Schalter für Verteilungstafeln als normal hinzustellen.

Falls es möglich sein könnte, auf den immer noch beliebten Hauptschalter bei Verteilungstafeln zu verzichten, würde auch hierdurch wieder an Ausführungsarten gespart werden können.

4. Verteilungstafeln mit Umschaltsicherungen. Solche Tafeln werden nur noch vereinzelt vorgeschrieben (Fig. 231). Im allgemeinen ist man der Ansicht, daß in Wohnungsanlagen das Umschalten der verschiedenen Phasen oder Außenleiter überhaupt nicht erforderlich ist, und daß bei größeren Anlagen gleichmäßige Belastung bequemer und

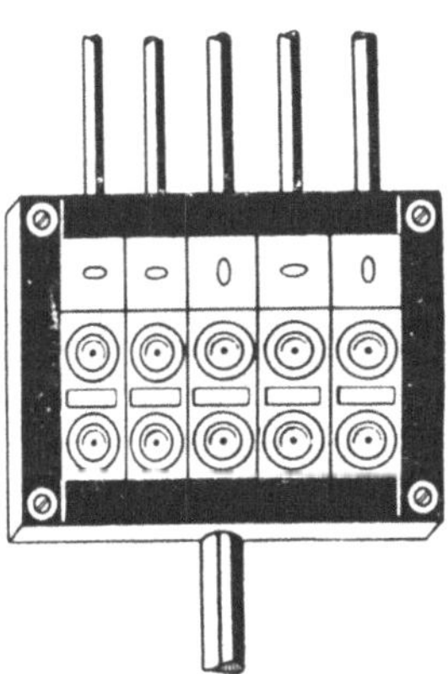

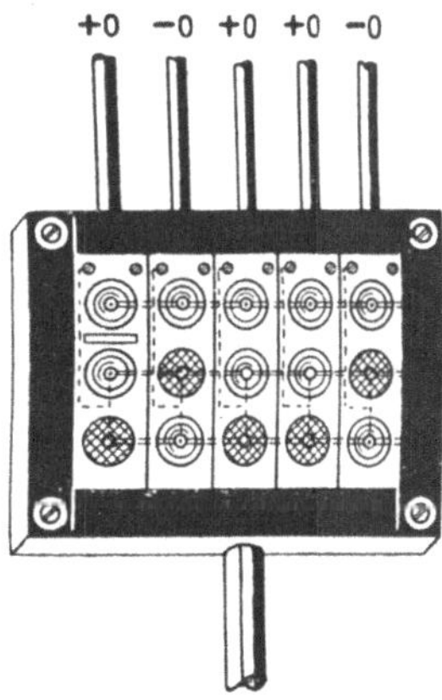

Fig. 230. Doppelpolig sichernde Verteilungstafel mit Verteilungsschaltern.

Fig. 231. Doppelpolig sichernde Verteilungstafel für Dreileiter mit Umschalteinrichtung für die Außenleiter.

billiger erreichbar ist, wenn von vornherein richtige Verteilung durch entsprechende Schaltung vorgesehen wird. Erfahrungsgemäß wird von Umschalteinrichtungen nach Betriebsetzung der Anlage kaum noch Gebrauch gemacht.

5. Abstände und Querschnitte der Sammelschienen. Manche Elektrizitätswerksverwaltungen fordern bestimmte Minimalabstände und Querschnitte für die Sammelschienen und erschweren hiermit die Herstellung normaler Tafeln insofern recht unangenehm, als diese Forderung bei den verschiedenen Werken verschieden ist und nicht von allen Werken aufgestellt wird. Einheitliche Bestimmungen oder gänzlicher Fortfall solcher Sondervorschriften würde große Erleichterung schaffen.

6. Abstand der Tafelrückseite von der Wand. Die älteste Konstruktion der Verteilungstafeln, das ist diejenige mit Schalttafelelementen für rückwärtigen Anschluß, machte es erforderlich, die Tafel in größtmöglichem Abstand von der Wand zu befestigen, da die Leitungs-

anschlüsse recht unbequem auf der Rückseite vorgenommen werden mußten. Die verbandsmäßigen Tafeln dieser Art, also solche mit von vorn bedienbaren Schalttafelklemmen, machen schon einen geringeren Wandabstand erforderlich (Fig. 232). Noch mehr diejenigen Tafeln, bei denen sämtliche Anschlüsse auf der Vorderseite liegen (Fig. 233). Diese könnten unbesorgt mit kleinstem Abstand ihrer Rückseite von der Wand an dieser befestigt werden. Weit von der Wand abstehende Tafeln sind natürlich an sich unvorteilhaft und

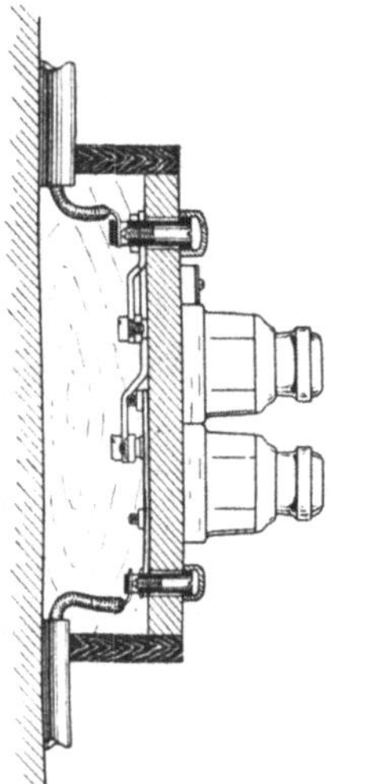

Fig. 232. Schnitt durch eine mit gro ße m Wandabstand montierte Verteilungstafel nach Fig. 193 mit rückwärtigen Verbindungen und Schalttafelelementen nach Fig. 195.

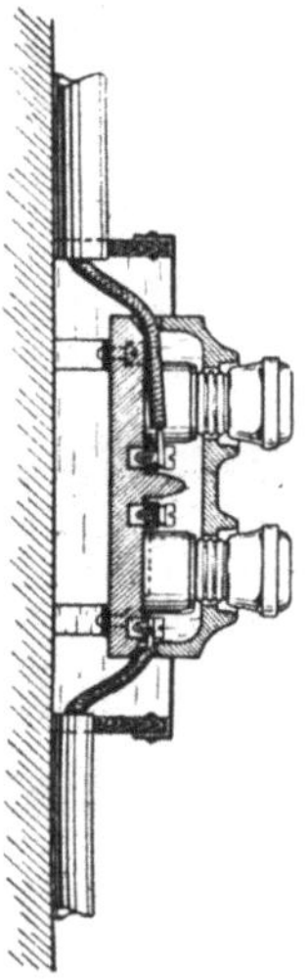

Fig. 233. Schnitt durch eine mit kle ine m Wandabstand montierte Verteilungstafel nach Fig. 216 unter Vermeidung rückwärtiger Verbindungen.

nicht erwünscht; trotzdem werden vielfach die Tafeln mit einem Wandabstand von 8—10 cm aufgehängt, da auch hier Sondervorschriften, die auf Grund längst überholter Ausführungen seinerzeit entstanden sind, den an sich durchaus zureichenden ge ringeren Wandabstand ve rbie te n. Auch in diesem Falle könnte im Sinne der Vereinheitlichung geholfen werden, würde man diese Sondervorschriften fallen lassen oder durch eine ei n h e itlich e Vo rsc hrift ersetzen. Zu bedenken ist hierbei, daß zur Verteilungstafel Rohre von angemessenem Durchmesser zwischen Wand und Tafelrückseite hindurchgeführt werden müssen.

7. **Normen** für Verteilungstafeln erscheinen nach obigen Betrachtungen keineswegs überflüssig, man sollte sie im Gegenteil anstreben, um lohnende fabrikmäßige Herstellung betreiben zu können.

Ob die Entwickelung der auf Seite 79 u. 80 erwähnten zwei-poligen Verteilungselemente für umrahmte Verteilungstafeln schon weit genug gediehen ist, um auch diese gleich den Schalttafelelementen zu normieren, muß einstweilen dahingestellt bleiben.

VII. Die Zähleraufhängevorrichtungen.

1. Zählerdübel, Zählerkreuze, Zählerbretter. Wie eingangs gesagt, gehört zur Verteilungsstelle neben der Verteilungstafel auch die Zähler-aufhängevorrichtung. Während man der Bauart der ersteren schon seit Jahren größte Beachtung schenkte, wurden die Zähleraufhängevorrich-tungen durch eingehende Vorschriften wenig oder gar nicht beeinflußt. Sie blieben demzufolge gegenüber den ersten, vor Jahren hergestellten Ausführungen so gut wie unverändert. Es sind dies die Zählerdübel und Zählerkreuze nach Fig. 234a und 234b. Ebenso unverändert blieb die Gepflogenheit, die Zähler auf ein mehr oder weniger gut verleimtes Holzbrett zu setzen nach Fig. 234c. Beide Montagearten zeigen schon äußer-

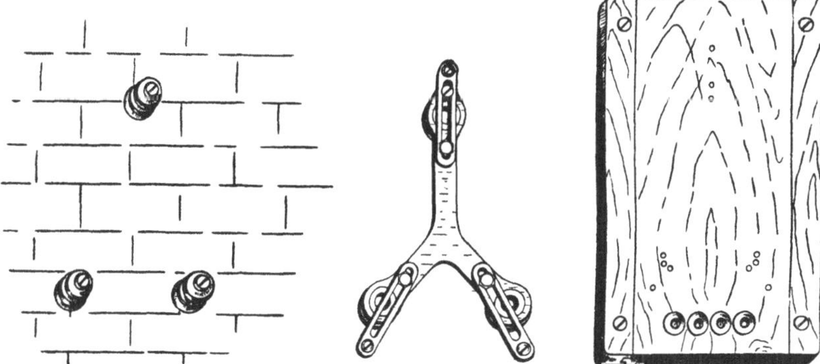

Fig. 234a. Zählerdübel.   Fig. 234b. Zählerkreuz.   Fig. 234c. Zählerholzbrett.

lich einen unvollkommenen und unsachgemäßen Charakter, der unseren neuzeitlichen Anforderungen keineswegs mehr entspricht. Besonders häß-lich wirkt bei ihnen der Umstand, daß die zu- und abgehenden, vielfach gebogenen Rohre in ihrer ganzen Auffälligkeit unverkleidet sind. Un-vorschriftsmäßig ist bei ihnen ferner der Mangel in bezug auf die Ver-kleidung der in den Zähler einmündenden Leitungen. Hierin wider-sprechen diese Ausführungen sowohl den Errichtungsvorschriften nach § 21a, als auch der Forderung in bezug auf Schutz gegen widerrechtliche Stromentnahme.

Die Maßnahmen, die zur Folge hatten, die Bauart der Vertei-lungstafeln zu einer sehr großen Vollkommenheit zu führen, werden sicher im Laufe der Jahre bewirken, Dübel, Kreuz und Holzbrett zu verlassen und im ganzen die Zähleraufhängevorrichtungen gründlich umzugestalten, sollen sie nicht für alle Zeiten als rückständig gegenüber den Verteilungstafeln erscheinen. Zu ihrer Verbesserung genügten im wesentlichen schon die Bedingungen für Verteilungstafeln, wenn sie sinngemäß auf Zähleraufhängevorrichtungen angewendet werden.

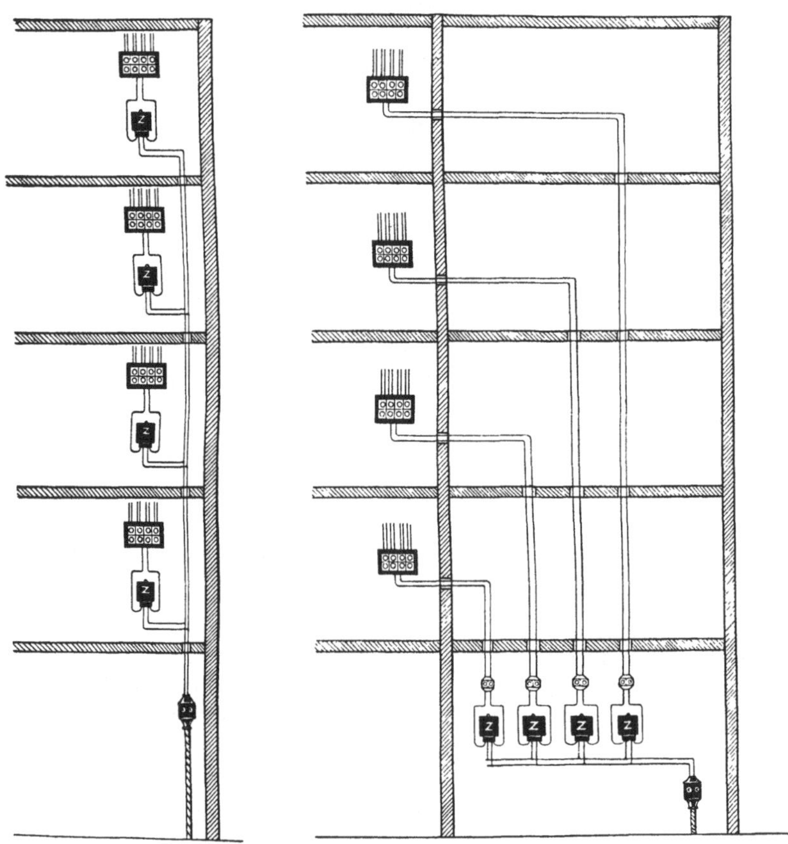

Fig. 235a. Einzelanordnung der Zähler.　Fig. 235b. Gruppenanordnung der Zähler.

2. Einzel- und Gruppen-Anordnung der Zähler. In bezug auf die Anordnung der Zähler im Wohnhause unterscheidet man die Einzelanordnung nach Fig. 235a und die Gruppenanordnung nach Fig. 235b.

1. Die Einzelanordnung der Zähler. Diese Art hat die größere Verbreitung gefunden und führte in erster Linie dazu, die gesamte Verteilungsstelle vollkommener zu machen. Bestrebungen in diesem Sinne wurden unter bereitwilliger Mitwirkung der Installateure und Architekten

in großem Maßstabe zuerst von den Städtischen Elektrizitätswerken München durchgeführt. — Bei der Einzelanordnung der Zähler machte sich das Bedürfnis nach einer Vereinigung aller Apparate der Verteilungsstelle sowohl aus Schönheitsrücksichten fühlbar, als auch aus rein wirtschaftlichen Gründen, und zwar insofern, als die Vereinigung aller Apparate zu einem Ganzen bei wohlüberlegter Durcharbeitung der gesamten Anordnung für alle wichtigsten Fälle billiger wird als die willkürliche Befestigung einzelner Apparate an der Wand und dem Installateur kostspielige und zeitraubende stets wiederkehrende Überlegungen erspart.

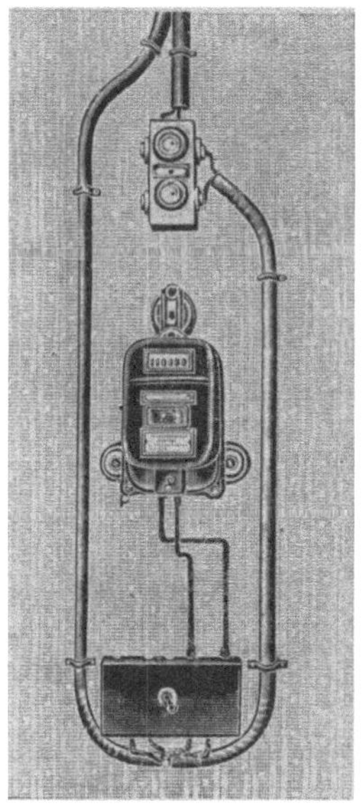

Fig. 236. Zähler auf Dübeln, Verteilungssicherung unmittelbar an der Wand, desgleichen die Prüfklemmen ohne Rohreinführungen, Zuleitungen zum Zähler ungeschützt.

Fig. 237. Anordnung des Zählers nebst Hauptschalter und Verteilungssicherung in einer den Verbandsvorschriften durchaus entsprechenden, aber keineswegs billigen, jedenfalls unschönen Ausführung.

Wie unvollkommen die Montage aller Apparate für sich dem Beschauer erscheinen muß, ergibt das Beispiel der Fig. 236, während die Fig. 237 erkennen läßt, daß selbst eine mit Sorgfalt und den Vorschriften entsprechend ausgeführte derartige Montage nicht sehr viel schöner wirkt, aber offenbar viel Kosten verursacht.

2. Die Gruppenanordnung der Zähler. Von dieser Anordnungsweise wird seltener Gebrauch gemacht. Man bevorzugt sie bisweilen, weil hierbei das Ablesen der Zähler erleichtert wird, da alle Zähler eines Hauses sich in einem Raume befinden, der ohne Zutun des Mieters dem Abnahmebeamten zugänglich ist. Man glaubt sich auch sicher

gegen Beeinflussung der Zähler seitens der Mieter. Nachteile bestehen bei dieser Anordnung jedoch insofern, als jeder Zähler eine besondere Steigleitung erfordert und alle zusammen einen besonderen für sich verschließbaren trockenen Raum. Da Zähler und Verteilungstafel getrennt voneinander anzuordnen sind, müssen für beide besondere Montagekosten aufgewendet werden. Es wird weiter gegen die gruppenweise Anordnung eingewendet, daß der Mieter über seinen jeweiligen Stromverbrauch selbst nicht unterrichtet ist, vor allem aber auch, daß der Angestellte des Elektrizitätswerkes jede Fühlung mit dem Mieter verliert, da ersterer nicht mehr in dessen Wohnung kommt. Bei Einzel-

Fig. 238. Unsachgemäße und häßliche Installation der Zähler nebst Zubehör in gruppenweiser Anordnung.

anordnung der Zähler kann der Zählerableser zugleich auch die Aufsicht über die Sicherungsstöpsel in den Verteilungen übernehmen, die bei dieser Anordnung zu den Obliegenheiten des Elektrizitätswerkes gerechnet werden kann, während es bei gruppenweiser Anordnung lediglich dem zufälligen Besuch eines Installateurs anheimgestellt werden muß, in bezug auf die Sicherungsstöpsel nach dem Rechten zu sehen. — (Seit einigen Jahren lassen es sich die Zählerableser sehr angelegen sein, bei ihren Zählerbesuchen zugleich falsche Sicherungsstöpsel auszumerzen.) Daß auch Gruppenanordnung der Zähler wohlbedachte und sorgfältige Montage und sachgemäße Apparate erfordert, beweist die unschöne Anlage der Fig. 238.

3. Das Auswechseln der Zähler. Für die Bauart der Zähleraufhängevorrichtungen muß in erster Linie in Betracht gezogen werden, daß jeder aufgehängte Zähler früher oder später durch einen anderen ersetzt werden muß. Es kann dieser Austausch mehrere Beweggründe haben und u. a. notwendig werden

1. wegen der von Zeit zu Zeit im Prüfraum vorzunehmenden Prüfungen,
2. infolge von Änderungen in der Stromberechnung.

Für Prüfungen im Prüfraum muß der zu prüfende Zähler unbedingt durch einen anderen ersetzt werden. Selten wird es hierbei zutreffen, daß dieser Ersatzzähler seinem Vorgänger in dessen Grundfläche bzw. in seinen Aufhängeösen entspricht, zumal nur ganz wenige Werke mit einem einzigen Fabrikat zu rechnen, sondern eine unübersehbare Schar von Zählern verschiedenster Abmessungen in Verwendung haben, die jährlich um viele neue Zähler von womöglich abermals abweichenden Abmessungen ergänzt werden. Sämtliche Tafeln müssen zu allen diesen oder noch am Lager befindlichen oder noch zu bestellenden Zählern passen, wenn man nicht unsagbare Mühen, Nacharbeiten und Laufereien in Kauf nehmen will. Die Aufgabe wird aber noch schwieriger bei Änderung der Stromverbrauchsverrechnung; hierbei wird sehr häufig der Fall eintreten, daß an Stelle eines Amperestundenzählers ein Wattstundenzähler oder Doppeltarifzähler aufgehängt werden muß. In neuerer Zeit wird die Schwierigkeit in dieser Hinsicht noch weiter erhöht durch Einführung der Münzzähler und der Strombegrenzer, die in ihren Grundrißabmessungen sowohl gegeneinander als auch gegenüber den sonstigen Zählern außerordentlich abweichen (siehe S. 97—98). Die meisten Elektrizitätswerksverwaltungen übersehen freilich bisher alle diese Schwierigkeiten, zumal diese von den betreffenden Zähler- und Installationsabteilungen als unabänderliches Übel ruhig in Kauf genommen werden. — Andere Werke fordern dagegen, daß alle Zähleraufhängevorrichtungen ihrer Anlagen zu allen ihren Zählern passen, während manche Werke diese Forderung insofern einschränken, als glatte Auswechselbarkeit nur für Zähler gleicher Tarifarten verlangt wird.

Diejenigen Werke, die sich mit Zählertafeln begnügen, die nur für einen bestimmten Zähler verwendbar sind, befinden sich keineswegs im Vorteil, wenn sie für diese Tafel einen geringeren Preis zu zahlen haben, da Unbequemlichkeiten und Abänderungskosten später unbedingt eintreten werden. — Holzbretter, Marmor- und Schiefertafeln und ebenso Isolierstoff- und Eisentafeln ohne Verstellvorrichtungen sind in dieser Hinsicht im allgemeinen ebenso unzureichend, als unverstellbare Zählerdübel und Kreuze.

Zu bedenken ist in bezug auf die Auswechselung der Zähler ferner, daß die Leitungsenden auch für den Ersatzzähler ausreichend lang sein müssen, und ferner, daß sie auch gut und ordnungsgemäß in allen Fällen abgedeckt werden (vgl. S. 101), eine Forderung, die beim unverstellbaren Zählerkreuz und -dübel kaum erfüllbar ist, insbesondere beim Umtausch der Zähler.

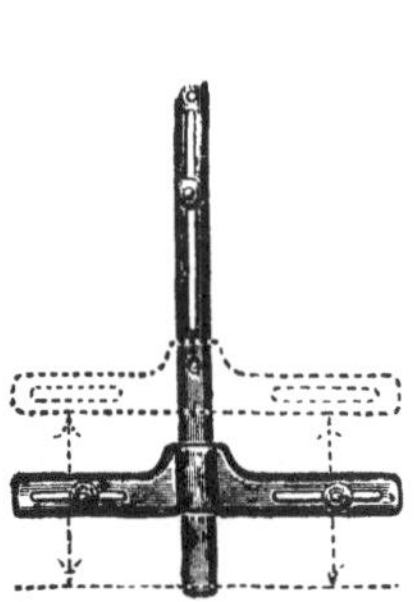

Fig. 239. Zählerkreuz mit vertikal verschiebbarem Querbalken zur Verwendung auf Porzellandübeln (und Platten).

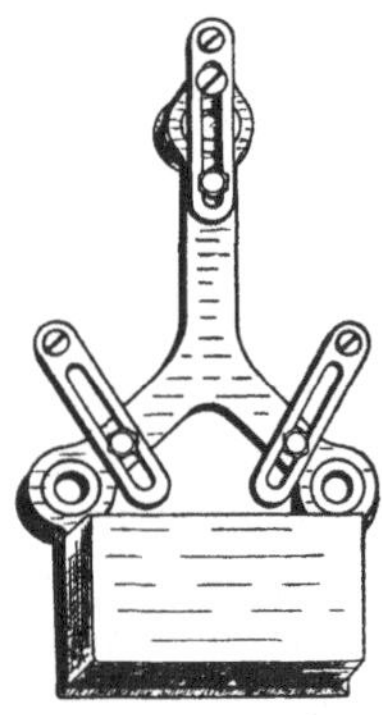

Fig. 240. Gegen die Wand isoliertes Zählerkreuz mit Einstellaschen und vorgebautem Prüfklemmenkasten.

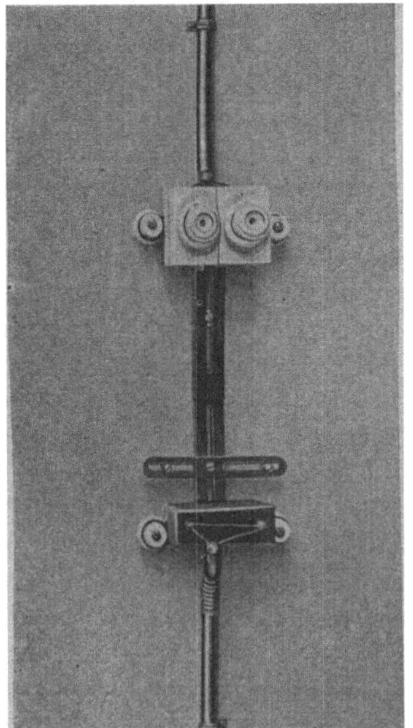

Fig. 241a. Gegen die Wand isoliertes Zählerkreuz mit horizontal verstellbarem Querbalken, Verteilungssicherung und Klemmenkasten.

Fig. 241b. Zählerkreuz nach Fig. 241a mit aufgesetztem Zähler und offen gelassenen Pol- und Anschlußklemmen.

Die Länge der zur Verfügung stehenden Leitungsenden wird selten gestatten, die Rohre ordnungsgemäß dicht an den Zählerpolkasten

Fig. 241 c. Zählerkreuz nach Fig. 241 a mit abgedecktem und plombiertem Pol- und Klemmkasten.

heranzuführen. — Um dieser Schwierigkeit einigermaßen zu begegnen, verwendet man in neuerer Zeit mit Vorliebe verstellbare Zählerkreuze etwa nach Fig. 239 und 240.

4. Zählerkreuze zur gleichzeitigen Aufnahme der Nebenapparate. Um den Schwierigkeiten der Einzelmontage zu begegnen, bemühte man sich, die Zählerkreuze auch zur Aufnahme der übrigen Apparate geeignet zu machen. In dieser Absicht entstand das Zählerkreuz nach Fig. 241 a, b, c in Anlehnung an die Ausführung nach Fig. 241.

Das in Fig. 240 dargestellte Kreuz fand in dieser Richtung eine Vervollständigung durch die Konstruktion der Fig. 242 a und b, bei der für Schalter und Sicherungen ein besonderer Kasten vorgesehen ist, von dem ausgehend Rohre zum Zähler führen. Eine diesem ähnliche Ausbildung des verstellbaren Zählerkreuzes zeigt die Darstellung der Fig. 243 a und b. — Bei dieser ist unterhalb des Kreuzes eine Grundplatte vorgesehen, in deren Höhlung eine vollständige Sicherungstafel eingesetzt wird.

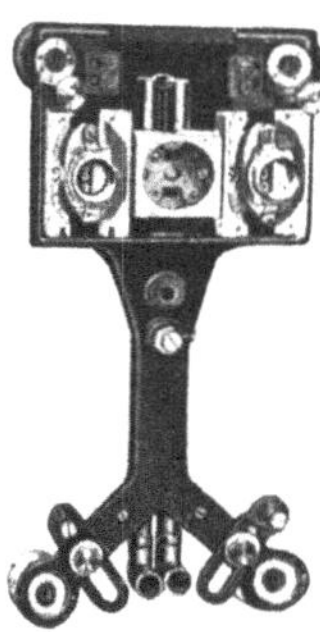

Fig. 242 a. Gegen die Wand isoliertes Zählerkreuz mit eingebauten Sicherungen und Schaltern vor dem Aufsetzen der Abdeckkappe.

Fig. 242 b. Zählerkreuz nach Fig. 242 a mit aufgesetzten Abdeckkappen.

Alle diese Konstruktionen mögen ihre volle Berechtigung haben, wenn man die Anlehnung an das einfache Zählerkreuz für gut befindet.

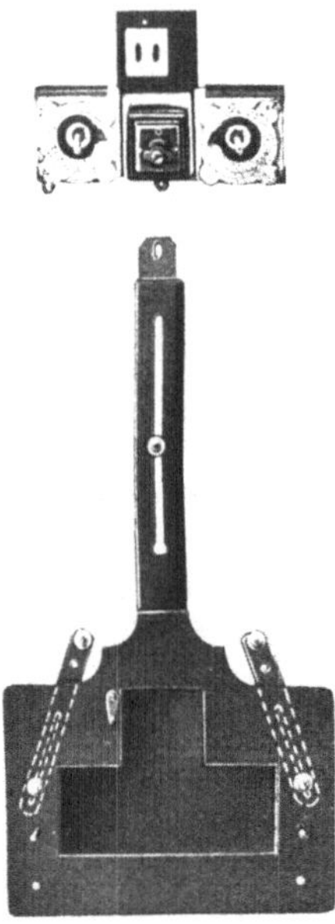

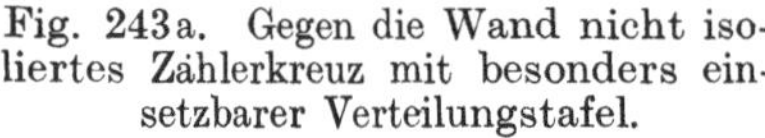

Fig. 243a. Gegen die Wand nicht isoliertes Zählerkreuz mit besonders einsetzbarer Verteilungstafel.

Fig. 243b. Zählertafel nach Fig. 243a mit eingesetzter Verteilungstafel und aufgesetztem Zähler.

Auf Schwierigkeiten stoßen diese Ausführungen jedoch, wenn die Aufgabe vorliegt, ein für alle Fälle anpassungsfähiges System zu schaffen.

VIII. Die Zählertafeln.

A. Allgemeines.

1. Die umrahmte Zählertafelplatte (Fig. 244 und 245). Bei vorschriftsmäßigen Verteilungstafeln bildet, wie aus dem Abschnitte VI ersichtlich, die umrahmte Unterlage den wesentlichsten Teil des Ganzen und gibt der Tafel ihre eigenartige abgeschlossene Gestalt. Es liegt nahe, diese Eigenheit der Verteilungstafeln auf Zähleraufhängungen zu übertragen. Hierduch entstehen alsdann an Stelle der wenig vollkommenen Dübel, Kreuze und Bretter mit ihrem unverkleideten Raum zwischen Mauer und Zählerrückseite ordnungsgemäß nach hinten abgeschlossene ansehnliche Zählertafeln, die für den aufgesetzten Zähler gleichsam den Sockel bilden und alle Leitungen und Rohrenden neben und hinter dem Zähler der Sicht entziehen. — Wie bei allen modernen und sachgemäß gebauten Installationsapparaten besitzt natürlich auch diese Tafel erprobte Rohr- und Leitungseinführungen und praktische Befestigungsmittel sowohl für den Zähler, als auch für die Tafel an der Wand.

2. Baustoff der Zählertafelplatte. Als solcher ist Holz nicht empfehlenswert, verbandsmäßig aber noch zugelassen, jedoch nur, wenn auf der Platte nicht zugleich noch andere Apparate angeordnet sind, für die alsdann hölzerne Unterlagen verboten sind. Auf jeden Fall ist bei Verwendung von Holztafeln Vorsicht geboten. Selbst mehrfach verleimte

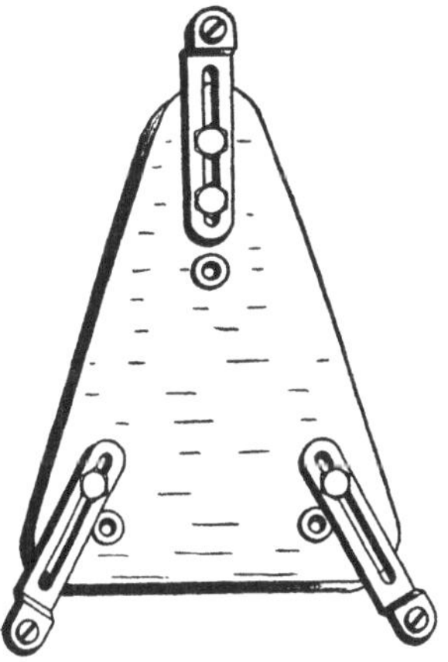
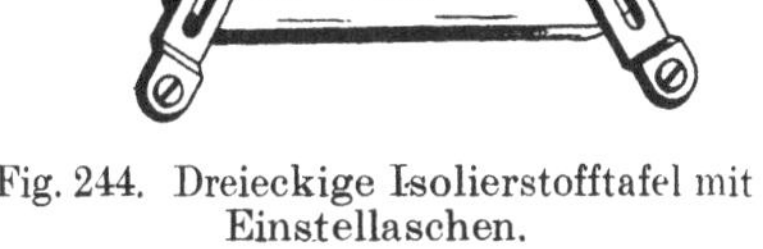

Fig. 244. Dreieckige Isolierstofftafel mit Einstellaschen.

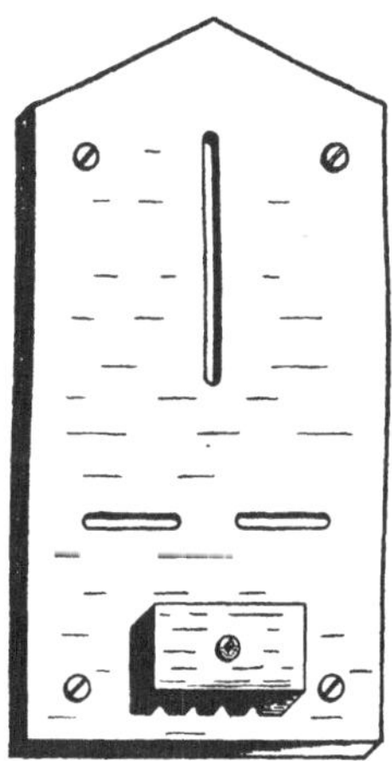

Fig. 245. Isolierstofftafel ohne Umrahmung mit Prüfklemmenkasten.

Platten aus bestem Holze werfen sich erfahrungsgemäß und reißen oft in der ganzen Länge. Versuche und praktische Erfahrungen mit Holztafeln führten zu Ergebnissen, die dazu nötigen, von deren Verwendung abzuraten.

Als Ersatz der Holztafeln eignen sich am besten Platten aus feuerwärme- und feuchtigkeitssicherem Isolierstoff oder bestem Naturstein.

Seit längerer Zeit hat sich die Isolierstoffabrikation der Herstellung solcher Platten besonders angenommen und entsprechende Fabrikationsabteilungen geschaffen, die lediglich mit der Herstellung von Zählertafelplatten beschäftigt werden.

Im Vorteil sind die Isolierstoffplatten gegenüber den Holztafeln in vielerlei Beziehung. Von größerem Werte ist hierbei die Möglichkeit, Befestigungslöcher, Schlitze und Muttern durch Preßverfahren bequem vorsehen zu können, ein Vorteil, der nicht zu unterschätzen ist und beim Aufsetzen verschiedenartiger Zähler und dem stets erforderlichen

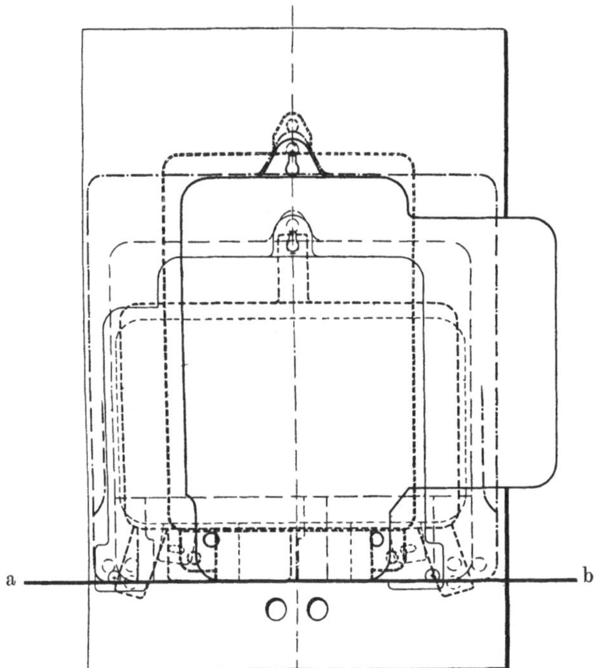

Fig. 246a. Selbstverkaufer. (Ohne Polkästen).

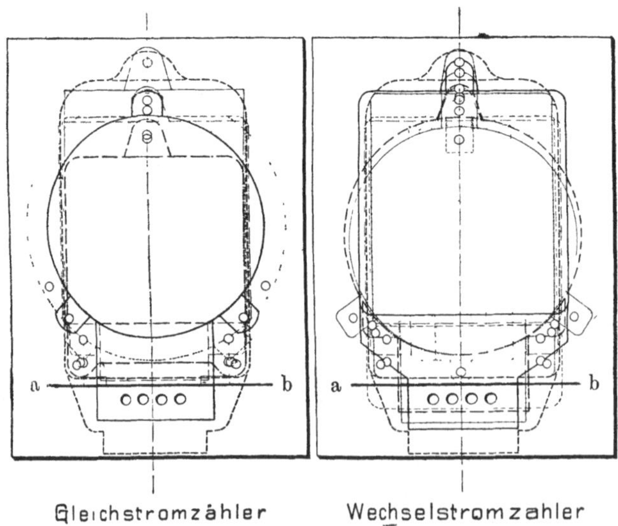

Fig. 246 b.   Fig. 246 c.

Fig. 246a—c Darstellung der wichtigsten Zählergrundrisse.

Klement u. Paulus, Haus- und Wohnungsanschlüsse.   7

Austausch eines Zählers gegen den andern sich sehr nützlich erweist.
— In dieser Hinsicht sind Marmor- und Schiefertafeln im Nachteil. —
Bekannt sind die Schwierigkeiten, die sich ergeben, wenn in bereits
montierten Holz- oder Marmortafeln nachträglich neue Befestigungslöcher einzubohren sind, die zu einem Zähler mit anderen Abmessungen,
der an Stelle des zur Nachprüfung benötigten alten Zählers aufgehängt
werden muß, erforderlich sind. Häufig ist hierbei nötig, die ganze
Platte abzunehmen und die Verbindungsleitungen zu stören.

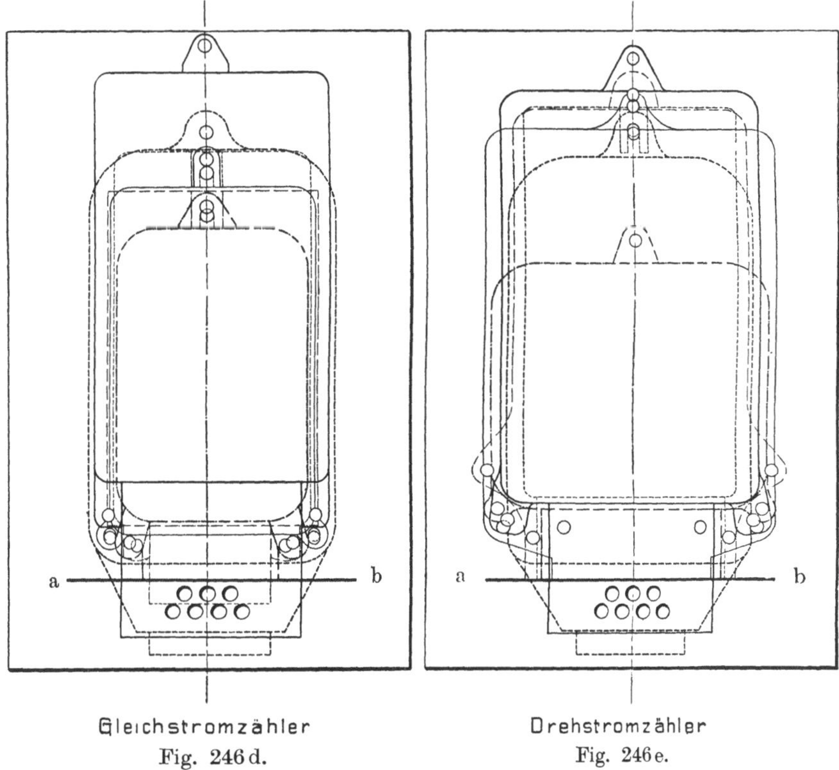

Gleichstromzähler   Drehstromzähler

Fig. 246 d.   Fig. 246 e.

Unter Umständen, insbesondere für Wechselstromzähler sind
übrigens auch Platten aus Eisen zulässig. Aber auch bei diesen sollte
man Vorkehrungen treffen, die auf die Verschiedenartigkeit der jeweils
aufzusetzenden Zähler Rücksicht nehmen.

3. **Verschiedenartigkeit der Zählergrundrisse**[1]. Die weitgehenden
Erfordernisse auf dem Gebiete der Zähler haben im Laufe der vielen
Jahre ihrer Entwicklung eine außerordentlich große Anzahl von ver-
schiedenen Zählertypen gebracht, von denen nur ganz wenige in den

---

[1] Siehe Mitteilungen der V. d. E. Nr. 241, Mai 1919.

Abmessungen ihrer Grundflächen und Aufhängeösen übereinstimmen, wie aus Fig. 246 d—e ersichtlich. Für alle diese verschiedenen Zähler eine Zählertafelplatte zu schaffen, auf der sich alle Zähler lediglich durch Verstellen der Befestigungsbolzen aufhängen lassen, ist außerordentlich schwierig, zumal auch die Längen der sogenannten Polkasten, das sind die Klemmenkörper der Zähler, verschieden groß sind, und somit auch die Leitungseinführungen verschieden weit von den Aufhängeösen der Zähler entfernt liegen. Es ist aber nötig, daß die Leitungseinführungen am Zähler mit der Einführungsöffnung in der Zählertafelplatte über-einanderliegen. — In den Grundrißdarstellungen wurde von dieser Notwendigkeit ausgegangen. Die unterste Kante der Polklemmen fällt in allen Ausführungen in die Horizontale a—b.

4. Zählerbefestigungsvorrichtungen auf der Zählertafel-Platte. Um den verschiedenen Abmessungen der Zählergrundrisse Rechnung zu tragen, wurden im Laufe der letzten 6 Jahre vielartige Zählerbefesti-gungsvorrichtungen erdacht, die sich nach Fig. 247 in die fünf Gruppen a, b, c, d, e unterteilen lassen.

Beachtenswert ist von allen diesen Vorschlägen besonders die Ab-sicht, nicht nur Zähler verschiedener Grundrisse bzw. Ösenabstände auf der Platte ohne Nacharbeiten aufhängen, sondern auch den Zähler selbst in der Vertikalen verstellen zu können. Hierzu ist es nötig, die Befestigungsschlitze oder Führungen für die unteren Ösen beweglich oder einstellbar zu machen, während der übliche Vertikalschlitz für die obere Öse unverändert gelassen werden kann. Nach den Ausführungen auf S. 97, 98 und 104 muß auch eine Vertikalverstellbarkeit des Zählers unbedingt gefordert werden, da die Polkästen sehr verschieden lang bemessen sind, so daß sie ohne Vertikalverstellung bald zu weit von den Leitungseinfüh-rungslöchern der Zählertafelplatte entfernt sein würden, anderenfalls diese überdecken und den Anschluß hierdurch unmöglichmachen würden.

Man findet diese notwendige Verstellbarkeit nicht bei den Aus-führungen a_1, a_2 und a_3. Durch stufenweises Versetzen erreicht man sie in unvollkommener Art bei den Ausführungen nach a_4, a_6, b_1 und c_3. Die Konstruktion nach a_5 sieht für eine Reihe bestimmter Zähler in bestimmten Abständen und Lagen vorgeprägte Löcher vor; bei der-jenigen nach Fig. a_7 greift man zu dem Behelfsmittel eines in die Platte eingelassenen Holzbrettchens, in das nach Belieben Holzschrauben einge-zogen werden können. —

Sehr beachtenswert sind die verschiedenen Ausführungen, bei denen eine oder zwei Horizontalschienen in der Vertikalen verschoben werden. — Hierzu gehören die Einrichtungen der Reihe b mit seitlichen Führungen und diejenigen der Reihe c mit einer Führung in der Mittelachse.

Die Figuren der Reihe d zeigen schwenkbare Einstellkörper, von denen diejenigen d_2, d_3, d_4 und d_7 noch in irgend einer Richtung an sich einzeln verschiebbar sind.

Die Konstruktionen der Reihe e erinnern an diejenigen der Reihe b und c, da bei beiden parallel verschiebbare Stellkörper vorgesehen sind. —

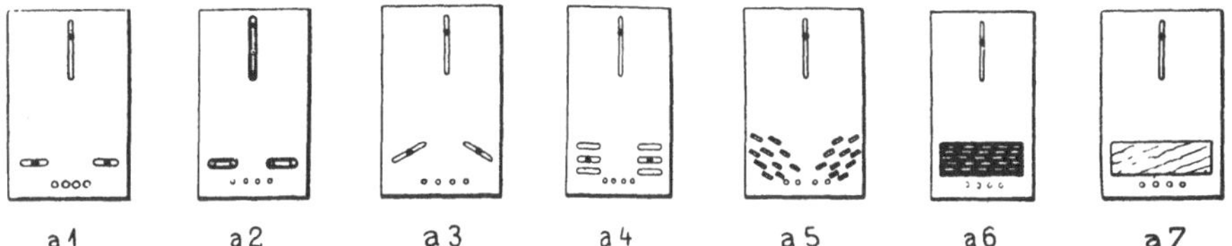

a Mit ortsfesten Schlitzen bzw. eingelassenem Befestigungsbrett.

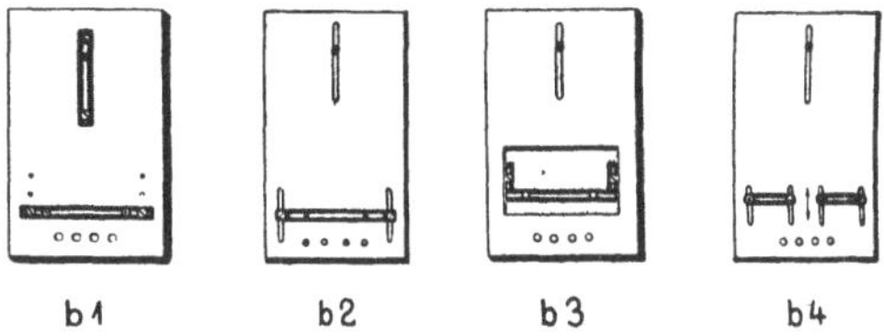

b Mit vertikal verstellbarer Horizontalschiene seitlich geführt.

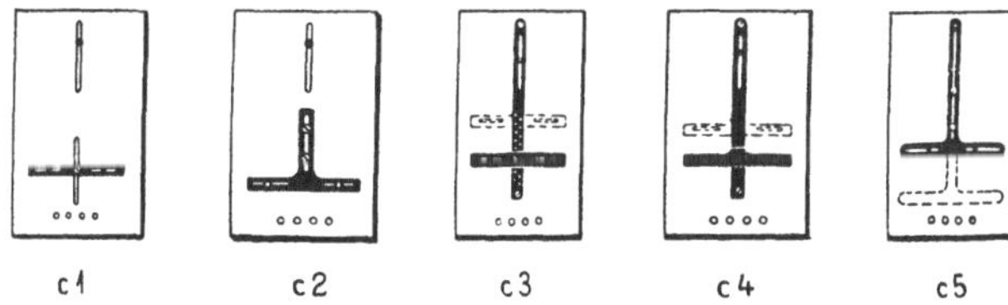

c Mit vertikal verstellbarer Horizontalschiene in der Mittelachse geführt.

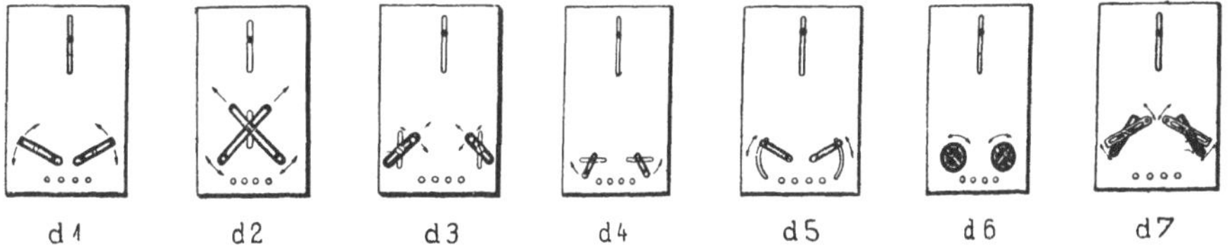

d Mit schwenkbaren Stellkörpern.

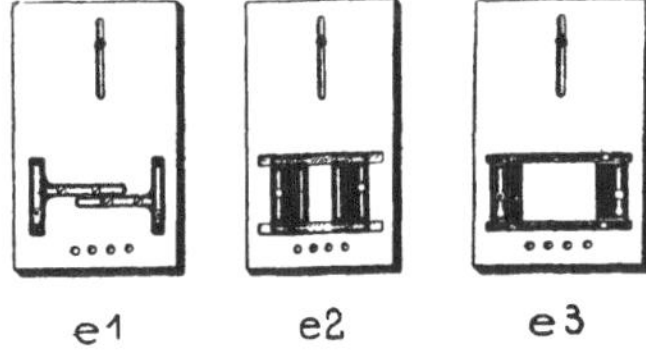

e Mit 2 horizontal verstellbaren, mit Vertikalschlitz versehenen Schlitten.

Fig. 247. Darstellung der wichtigsten Zählerbefestigungsarten.

Es besteht zwischen beiden ein grundsätzlicher Unterschied jedoch insofern, als bei den Einrichtungen nach b und c die Verschiebung der Stellkörper in der Vertikalen, bei denjenigen nach e dagegen in der Horizontalen vorgesehen ist. — Wie insbesondere aus e_2 ersichtlich, bietet diese Verstellbarkeit mancherlei Vorteile, u. a. denjenigen, die Führungsschienen oberhalb und unterhalb der Stellkörper an Stelle der bisherigen seitlichen Anordnung anbringen zu können. Hierdurch wird u. a. an Tafelbreite gespart.

Von Bedeutung ist die Feststellbarkeit der Vertikaleinstellung nach erfolgter Zählerverschiebung. Bei einigen der oben erwähnten Konstruktionen begnügt man sich mit einer Feststellung der Stelleinrichtung, die das Abnehmen des Zählers nötig macht. — Hierzu gehören Einrichtungen, bei denen die Feststellklemmen hinter dem Zähler liegen, was bei einigen der angeführten Einrichtungen stets der Fall ist, bei anderen eintreten kann, wenn breite Zähler verwendet werden. Siehe hierzu b_4, c_1, c_2, c_3, c_5, d_1, d_2, d_3, d_4, d_5 und d_6. — Bei der Konstruktion nach c_4 wird der Zähler nach Vertikaleinstellung nur mit Hilfe der oberen Schrauben festgestellt, während die Horizontalschiene durch Reibung auf der Vertikalschiene gehalten wird, um nicht die ganze Last des Zählers von einer Schraube aufnehmen zu lassen.

Bei den Stellschlitten nach e_1, e_2 und e_3 erfolgt das Feststellen der Vertikalverschiebung des Zählers durch Anziehen der Zählerbefestigungsmuttern selbst, deren Bolzen sich in den drei Vertikalschlitzen führen. — Die Schlitten werden schon vor Aufsetzen des Zählers, nachdem sie auf richtigen Horizontal-Abstand eingestellt wurden, festgeklemmt.

In bezug auf die Feststellung der beweglichen Teile von Zählerbefestigungseinrichtungen ist zu unterscheiden zwischen wenig zuverlässigen Klemmvorrichtungen im Gelenk der Einstellaschen nach Fig. d_2 und d_4 und ferner solchen abseits der Gelenke nach Fig. d_1, d_3, d_5 und d_6, von wesentlich sicherer Klemmwirkung sind schließlich die Klemmvorrichtungen bei Parallelverschiebung nach b, c und e, bei denen die Unverrückbarkeit der Stellschienen oder Schlitten am sichersten bewerkstelligt werden kann, insbesondere wenn jeder Körper an mehreren Stellen oder zwischen Führungsschienen festgeklemmt werden kann, wie beispielsweise bei b_1—$_4$, c_2, $_3$ und $_5$ und e_1—$_3$. Bei d_7 sind zur Feststellung besondere Laschen vorgesehen.

Es wird natürlich unmöglich erscheinen, von den vielen hier beschriebenen Stelleinrichtungen eine als besonders vorteilhaft hinzustellen, jedenfalls aber sollte man durch Aufstellung gewisser Anforderungen gänzlich unvollkommene Einrichtungen als solche kennzeichnen. Siehe hierzu „Normierung der Zählergrundrisse“ und „Zählertafelplatten“, Seite 113.

5. Das Abdecken der Leitungsenden am Zähler. Die Forderung des V. D. E., alle Leitungen in Handbereich zum Schutz gegen Verletzungen abzudecken, wird bei Zählern nur selten erfüllt, da die bisherigen Zähleraufhängevorrichtungen hierzu so gut wie gar nicht geeignet, die Zähler selbst aber mit Rohreinführungsöffnungen nur ganz selten versehen sind. Auch das gewöhnliche Zählerkreuz hat keine Rohreinführungsöffnungen und muß man sich deswegen damit begnügen, die Rohrenden einfach in der Nähe des Zählerpolkastens frei münden zu lassen (siehe Fig. 248). Bei Zählerbrettern bebesteht zwar die Möglichkeit, die Rohrenden bis unter das Brett zu führen, Schwierigkeiten bereitet hierbei aber die Leitungsdurch-

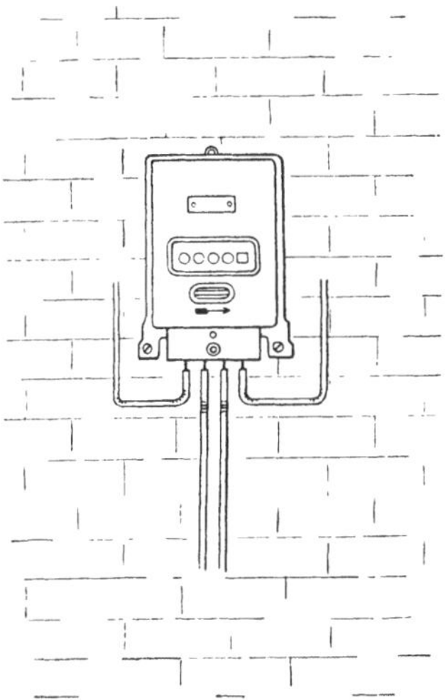

Fig. 248. Zähler auf Dübeln mit ungeschützt einmündenden Leitungen.

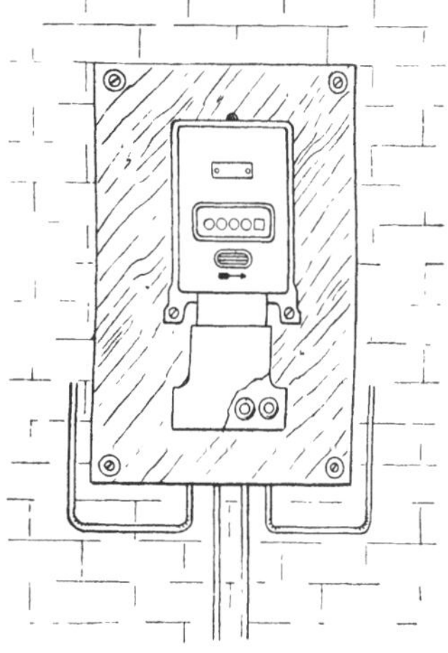

Fig. 249. Zähler auf Holzbrett mit besonderem an den Polkasten sich anschließenden Einführungsschutzkasten.

führung insofern, als die Leitungstüllen mehr Platz beanspruchen, als die Abdeckkappen des Polkastens verdecken kann. Man verzichtet deswegen einfach auf die Abdeckkappe und läßt die Leitungsenden wiederum unverdeckt. Dieser Fall ist bei Zählerbrettern der üblichste und bedeutet einen von seiten des Elektrizitätswerks begangenen Verstoß gegen die Verbandsvorschriften und die in den allgemeinen Vorschriften zur Errichtung elektrischer Anlagen ausgesprochenen Forderungen der V. d. E. — In der Tat erfordert die Einhaltung dieser Vorschriften bei Zählerbrettern besonders anzufertigende Abdeckkappen. Ein Beispiel hierfür zeigt Fig. 249.

Bei modernen Zählertafeln wird dieser Forderung von vornherein Rechnung getragen. Es bestehen hierbei keine Schwierigkeiten, wenn nur neue Zähler in Frage kommen. Diese können mit sogenannten

„verlängerten" Polkästen geliefert werden, die nach Fig. 250 so lang
gehalten sind, daß sie die aus den Plattenbohrungen hervortretenden
Leitungsenden ganz überdecken. Solche Schutzkappen könnte man
natürlich auch für alle bereits im Besitz der Elektrizitätswerke
befindlichen Zähler nachträglich vorsehen. Leider finden sich bis
jetzt hierzu die Elektrizitätswerke nicht gern bereit, obwohl
dieses Mittel zur vorschriftsmäßigen Leitungsabdeckung das einfachste
ist. — Ein nennenswerter Fortschritt würde erzielt werden, könnten
sich die Zählerfabrikanten entschließen, in Zukunft bei allen ihren

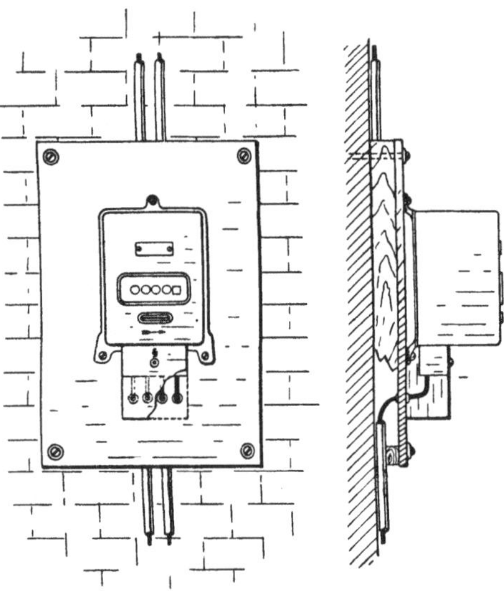

Fig. 250. Zählertafel mit angeschlossenem Zähler, bei dem die Leitungsenden
durch einen sogenannten verlängerten Polkasten abgedeckt sind.

Zählern derartige verlängerte Polkästen immer vorzusehen. — Bei
den Elektrizitätswerken liegt es, solche Ausführungen zu verlangen. —
Sie sollten als normal hingestellt werden.

In Anpassung an die zur Zeit noch vorliegenden Verhältnisse hat
man zu anderen weniger natürlichen Mitteln seine Zuflucht genommen
und zum Schutze der Leitungen am Zähler einen besonderen Kasten
auf die Tafel gesetzt, dessen obere Seite gegen den Zähler stößt und
breit genug ist, um für alle Breiten der verschiedenen Polkästen zu
passen. Schwierigkeiten bereitet es hierbei, die obere Wand mit Einführungen zu versehen, die den jeweiligen Verschiedenheiten der Pol-
kästenhöhen und -breiten entsprechen. Eine weitere Schwierigkeit
besteht darin, den besonderen Kasten stets mit der unteren Seite des
Polkastens bündig abschließen zu lassen. Zu diesem Zweck ist es

nötig, genannten Kasten nach Fig. 251a vertikal verschiebbar einzurichten, wenn nicht für den Zähler selbst nach Fig. 251b derartige Stelleinrichtungen vorgesehen sind.

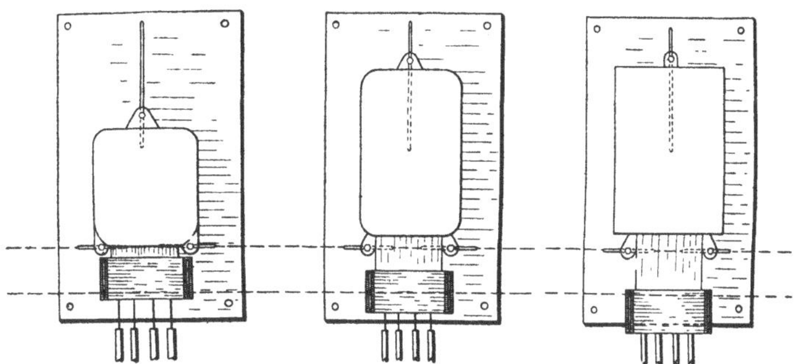

Fig. 251a. Zähler vertikal gegen den feststehenden Anschlußkasten verschiebbar.
(Macht die Rohreinführungen schwierig.)

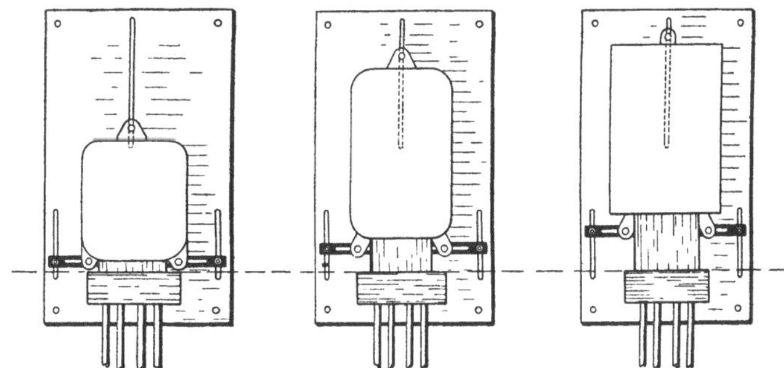

Fig. 251b. Zähleranschlußkasten vertikal gegen den Zähler verschiebbar.

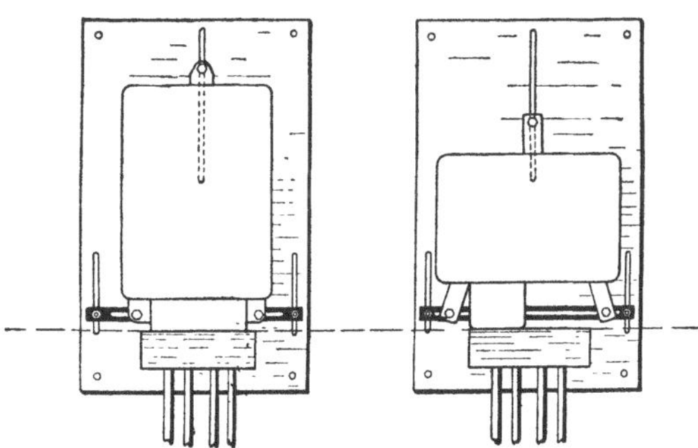

Fig. 252. Münzzähler vertikal gegen den verbreiterten Anschlußkasten verschiebbar.

Zuweilen übernimmt die Eigenschaft des genannten Schutzkastens die vor den Zähler gesetzte Prüfklemme oder ein die Hauptsicherungen überdeckender Kasten.

Da bei Münzzählern die Polkästen oft einseitig sitzen, und zwar bald rechts, bald links, müssen die Leitungsschutzkästen ebenfalls rechts oder links angeordnet bzw. auch noch in der Wagerechten verschiebbar gemacht werden, wenn man nicht vorzieht, gemäß Abb. 252 einen sehr breiten Polkasten vorzusehen.

Auch die Frage der Durchführungslöcher für die Leitungen am Zähler ist besonderer Überlegung wert. — Zu unterscheiden ist hierbei zwischen je einer Bohrung für je eine Leitung nach Fig. 253 a und einer großen Aussparung für alle Leitungen nach Fig. 253 b. — Die erstere wird bisher bevorzugt, die letztere besitzt aber für starke Leitungen den Vorteil, diese viel müheloser in den Zählerpolkasten einführen zu können,

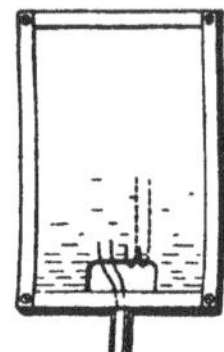

Fig. 253 a. Zählertafel mit Durchboh-rungen für jede Leitung. Fig. 253 b. Zählertafel mit einer großen Aussparung für alle Leitungen zugleich.

6. Prüf- und Anschlußklemmen. Die Prüfklemme hat in letzter Zeit an Bedeutung verloren; sie erscheint den meisten Werken überflüssig, da Prüfungen in der Regel im Eichraum vorgenommen werden. Man hält die Prüfung hier für zuverlässiger, als an Ort und Stelle und fürchtet im allgemeinen nicht die versteckten Fehlerquellen, die bei dem Herbeischaffen und Wiederanschließen des geprüften Zählers u. a. durch falsche Schaltung entstehen können. — Prüfungen, die unumgänglich nötig erscheinen, bewerkstelligt man u. a. mit Hilfe von Prüfstöpseln oder Prüfkabelschuhen. — Einige Werke behalten trotz dieser veränderten Sachlage die alten Prüfklemmen bei, jedoch nicht wegen der Möglichkeit, die Zähler an Ort und Stelle zu prüfen, sondern lediglich, um den Anschluß der starken Querschnitte zu erleichtern.

Andere Werke verwenden Klemmen, die gelegentliche Prüfungen zulassen, aber ebenfalls den vornehmlichen Zweck haben, das Anschließen der Zähler zu erleichtern bzw. die Möglichkeit zu haben, den Zähler gelegentlich kurzschließen zu können. Ausführungen alter und neuer Prüfklemmen zeigen die Fig. 254 und 255.

Die Anschlußklemmen ganz fortzulassen, ist bei modernen Zähler-tafeln wohl angängig, bequemer jedoch, solche vorzusehen; sie sind zu empfehlen, wenn der Mehrpreis in Kauf zu nehmen ist. Dieser ist gering, wenn besondere Anschlußklemmen nur für die ankommenden Leitungen erforderlich sind (Fig. 261). Nötig sind Anschlußklemmen sicher dann, wenn die ungesicherten Anschlußleitungen von starken Steigleitungen ausgehen und nicht schwächer sein dürfen als diese. Es ist in diesem

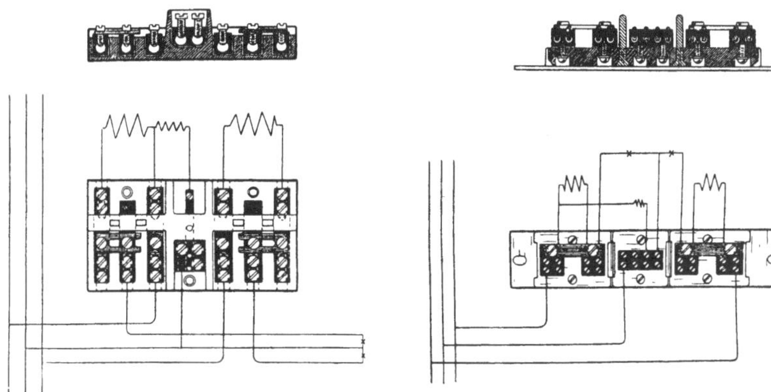

Fig. 254. Prüfklemmen in bisheriger Ausführung mit Zu- und Ableitung von unten (s. Fig. 256 und 257).

Fig. 255. Prüfklemmen in neuerer Art mit Zuleitung von unten und Ableitung nach oben (s. Fig. 258).

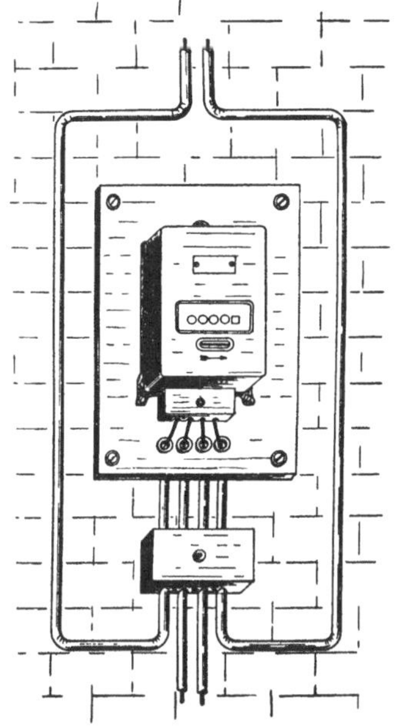

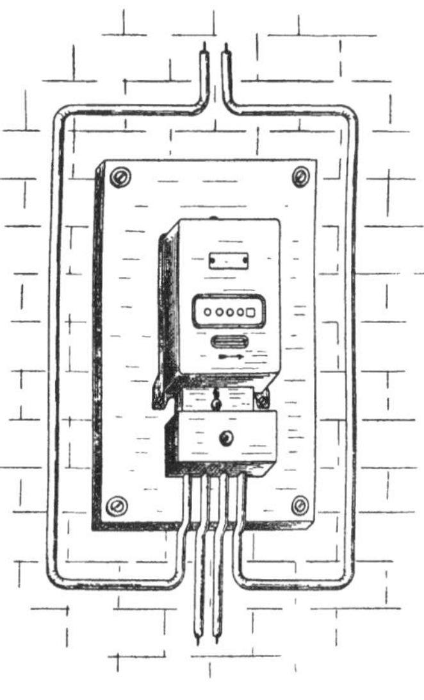

Fig. 256. Zählerinstallation mit Prüfklemmen der alten Art (Fig. 254) auf der Wand.

Fig. 257. Zählerinstallation mit Prüfklemmen der alten Art nach Fig. 254 auf der Tafel.

Falle dann sehr bequem, kurze, schwache Leitungsstücke für die Verbindung zwischen Anschlußklemme und Zähler zu verwenden.

In alt gewohnter Weise werden noch immer die Zählerprüf- oder Anschlußklemme entweder unterhalb der Zähleraufhängevorrichtung nach Fig. 256 getrennt von dieser angebracht oder nach Fig. 257 auf die Zählertafelplatte gesetzt. Es steht in letzterem Falle die Anschlußklemme dem Zählerpolkasten gegenüber und ermöglicht recht einfache Zähleranschlußstücke. — Erschwert wird hierbei jedoch die Rohrzuführung, da die Rohre gekröpft werden müssen. Zugleich entstehen bei dieser Anordnung Schwierigkeiten insofern, als die Ableitungen vom Zähler nur unbequem und auffällig weitergeführt werden können.

Größere Vorteile entstehen demgegenüber durch Einlassen der Klemme in die Umrahmung, so daß die Klemme nicht auf die Platte, sondern auf die Wand zu sitzen kommt (Fig. 258). Die Rohre können dann ungekröpft bis hinein in die Umrahmung geführt werden. Die Anschlußstücke zum Zähler lassen sich hierbei recht lang halten und sind mithin um so biegsamer. Die Ableitungen vom Zähler lassen sich ebenso bequem und unauffällig bei dieser Anordnung hinter dem Rahmen bzw. der Platte verlegen. — Zum Verdecken der Prüfklemme läßt sich im allgemeinen eine die Rahmenleisten überbrückende einfache Platte verwenden, unter Umständen ist freilich eine besondere Kappe nötig, deren obere Öffnung von dem Polkasten verdeckt wird.

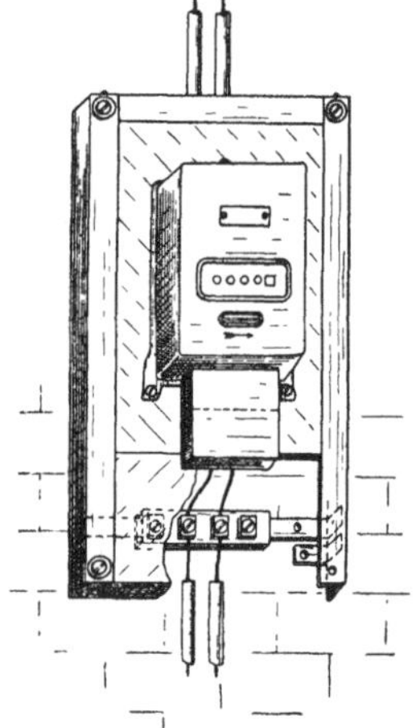

Fig. 258. Zählerinstallation mit Prüfklemmen der neuen Art (Fig. 255), eingebaut in die Zählertafelumrahmung.

Die Prüfklemme für Einbau in den Rahmen muß übrigens in bezug auf die Führung der abgehenden Leitungen so eingerichtet sein, daß diese unmittelbar nach oben steigen können (Fig. 255). Die bisherigen vor oder auf der Zählertafelplatte befestigten Prüfklemmen nach Fig. 254 sind, wie gesagt, für Einbau in den Rahmen recht ungeeignet. Zweckmäßig sind entsprechend den jeweiligen Anschlußwerten mehrere Klemmengrößen, beispielsweise solche für max. 6, 16, 35 und 50 qmm, Größen die als normal festgelegt werden könnten.

Das Einlassen der Anschlußklemmen in die Umrahmung erübrigt die so häßlich wirkenden, den Zähler umgebenden Ableitungsrohre (Fig. 256 und 257), da bei eingelassenen Klemmen die Leitungen hinter der Tafel nach oben geführt werden, also zwischen Zähler und Wandfläche (vgl. S. 111). Wie Versuche ergeben haben, sind hinter der Tafel, also auch hinter dem Zähler entlang geführte Leitungen nicht imstande, den Zähler zu beeinflussen. Eine in obigem Sinne ausgeführte Tafel zeigt Fig. 258a.

7. Abschalten und Entfernen des Zählers und Entfernen der Zählertafel. Den Zähler oder die ganze Zählertafel entfernen zu müssen, ist häufig nötig bei Räumung der Wohnung oder beim Wechsel des Mieters.

Fig. 258a. Ausführung einer Zählertafel gemäß Fig. 258 miteingelassenen Anschlußklemmen und Aussparung der Platte nach Fig. 253 b.

Es können in diesem Falle die fest verlegten Leitungen unverändert bleiben. Es muß aber gegen widerrechtliche Stromentnahme Sorge getragen werden und ebenso Berührung der unter Spannung stehenden Leitungsenden verhütet werden. Zu genannten Forderungen tritt schließlich noch diejenige, den Zähler gelegentlich, etwa bei säumigen Zahlungen, abschalten zu können. Es muß also möglich sein, die Zählerleitung spannungslos oder doch deren Enden unzugänglich zu machen. Hierzu stehen verschiedene Mittel zur Verfügung. Am naheliegendsten ist es, entweder an der Flurdose oder am Zähler zu unterbrechen. In letzterem Falle läßt sich das Abschalten recht einfach durch Herausnahme der Patronen und Plombieren der Stöpselköpfe bewirken, falls Hauptsicherungen unmittelbar vor dem Zähler eingebaut sind. Bei Zählertafeln ohne Sicherungen muß dagegen mit Hilfe der Zählerleitungen abgeschaltet werden. Es läßt sich dies bei Tafeln ohne Prüf- und Anschlußklemmen und bei schwachen Leitungen einigermaßen gut durchführen, bequemer aber bei Tafeln mit solchen Klemmen (Fig. 259—262).

Für den Fall, daß der Zähler entfernt werden muß, sind in etwa gleichem Maße Tafeln ohne oder mit Anschlußklemmen geeignet. In ersterem Falle müssen die aus den Zählerklemmen herausgezogenen Enden der Anschlußleitungen hinter der Zählertafelplatte verborgen werden (Fig. 259). Soll auch Rücksicht genommen werden auf die Notwendigkeit, die Tafel selbst entfernen zu müssen, so sind unbedingt Anschluß- oder Prüfklemmen erforderlich, und zwar müssen sie Einrichtungen haben, die es gestatten, die Klemmen nach Abnahme der Tafel abzudecken und zu plombieren (Fig. 262). Zu beachten ist, daß der Wert der Anschlußklemmen erhöht wird, wenn diese für sich an der Wand befestigt werden können, da sie in dem Falle, wie soeben ersichtlich, an der Wand verbleiben können, nachdem die Tafel selbst entfernt wurde. Man kann diese Klemme auch außerhalb der Tafelumrahmung anbringen, muß jedoch den Klemmenkasten alsdann unmittelbar gegen die Zählertafel stoßen lassen, um Verbindungsrohre zu vermeiden.

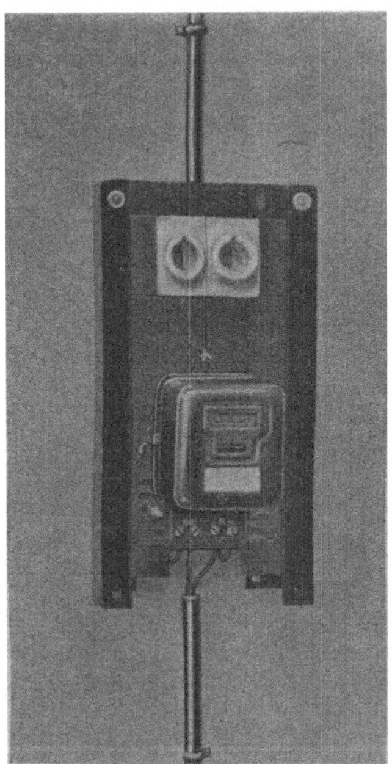

Fig. 259. Zählertafel mit aufmontiertem Zähler, abgenommener Polkastenabdeckung und entfernter Leitungseinführungs-Rahmenwand.

Fig. 260. Zählertafel mit abgenommenem Zähler, hinter die unteren Rahmenleisten zurückgebogenen Zuleitungsenden und abgedeckter Durchführungsöffnung.

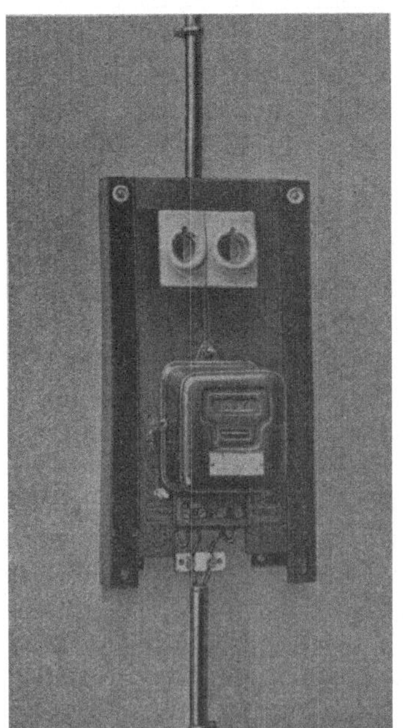

Fig. 261. Zählertafel mit Zähler und besonderer für sich an der Wand befestigter Anschlußklemme mit entfernter Polkappe und entfernter Einführungs-

Fig. 262. Verdeckte und plombierte Anschlußklemme nach Abnahme der Zählertafel.

8. Zähleranschlußklemmen für durchgehende Steigleitungen. Wie aus der Abhandlung auf S. 50 ersichtlich, ist die Anordnung der Zählertafel unmittelbar vor der Steigleitung unter Umständen recht billig in bezug auf die erforderlichen Leitungsstrecken, außerdem aber auch recht einfach und unauffällig. Für diese Installationsart sind jedoch besondere Steigleitungsklemmen erforderlich und auch die Zählertafeln müssen diesem besonderen Falle angepaßt sein. Erforderlich ist

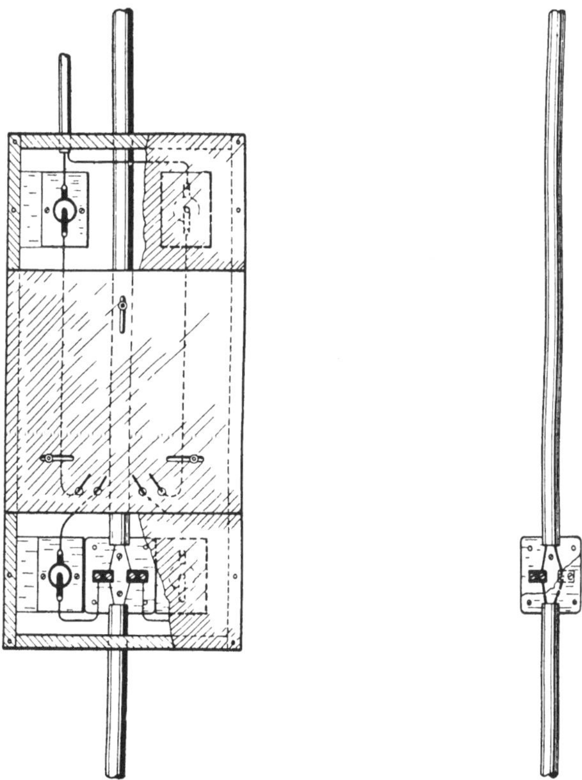

Fig. 263a. Schematische Darstellung einer Zählertafelinstallation vor einer durchgehenden Steigleitung.

Fig. 263b. Die Steigleitung nebst Zählerabzweigklemmen vor Aufsetzen bzw. nach Abnahme der Zählertafel.

für diese, daß sehr starke Steigleitungsrohre zwischen Wand und Zählerplatte hindurchgeführt werden können. Auch hier wird die Steigleitungsklemme zweckmäßig in den Rahmen eingebaut. Sie muß ermöglichen, mit kurzen Abzweigstücken den Zähler anschließen zu können. Bei Ausführung mit Hauptsicherungen setzt man zwei Sicherungselemente am zweckmäßigsten rechts und links neben einem freien Raum für die Steigleitungsklemme (Fig. 263a und b).

Wie erwähnt, gestattet die Verwendung obiger Steigleitungsklemmen in Verbindung mit unmittelbar vor die Steigleitung zu setzenden Zählertafeln insofern besondere Vorteile, als die komplette Steigleitung samt Klemme für sich fertig montiert werden kann, so daß Zählertafeln von Fall zu Fall installiert bzw. ohne Störung der Anlage entfernt werden können. Die Steigleitung wird hierbei durch die Wohnungsflure geführt, stört also nicht das Aussehen des Treppenhauses. Freilich erfordert diese Montageart zwei Steigleitungen für Wohnungen rechts und links vom Treppenhaus, wenn nicht bei Verwendung einer Steigleitung von

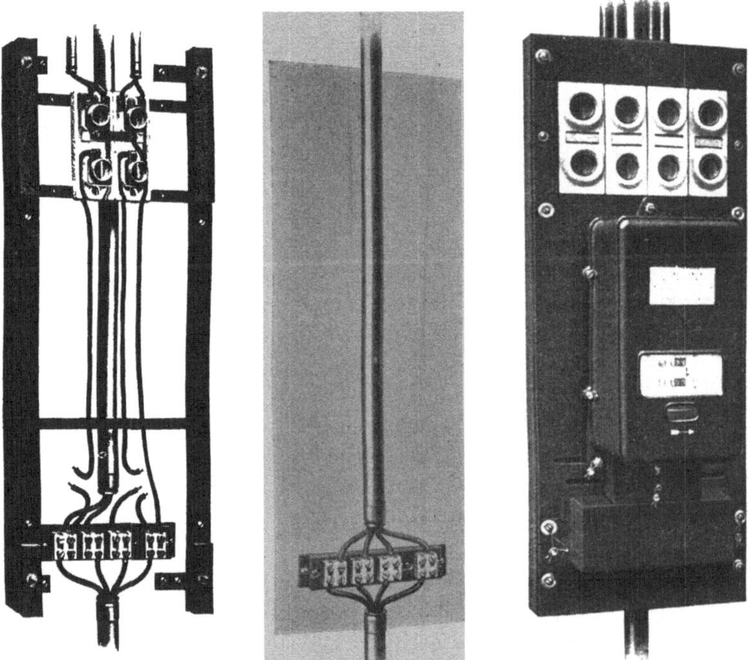

Fig. 264c. Für das R. W. E.-Essen vorgesehene Zählertafel.

dieser Abzweigleitungen zu den gegenüberliegenden Wohnungen durch das Treppenhaus hindurchgeführt werden sollen (siehe auch Fig. 264c).

9. Zählerabzweigklemmen für gruppenweise Anordnung der Zähler. Für diese Fälle verwendet man bisher fast ausschließlich gewöhnliche Abzweigdosen oder auch die im Abschnitt IV erwähnten plombierbaren Flurdosen und kommt hierdurch zur Anordnung etwa nach S. 91 Billiger, zweckmäßiger und in bezug auf Raumersparnis günstiger verfährt man jedoch bei Verwendung von Abzweigklemmen, die mit den Zählertafeln in unmittelbarem Zusammenhang stehen (Fig. 265).

10. Normale Größen der Zählertafel-Platten. Nach den vorangegangenen Darstellungen über die Verschiedenartigkeit der Zählergrößen und Grundrisse, den Einrichtungen zur Abdeckung der Leitungen, der Gestaltung und Anordnung der Prüf- und Anschlußklemmen und schließlich über die Bauart der Zählerbefestigungseinrichtungen erscheint die Frage nach Abmessungen der Zählertafelplatte wohl am Platze.

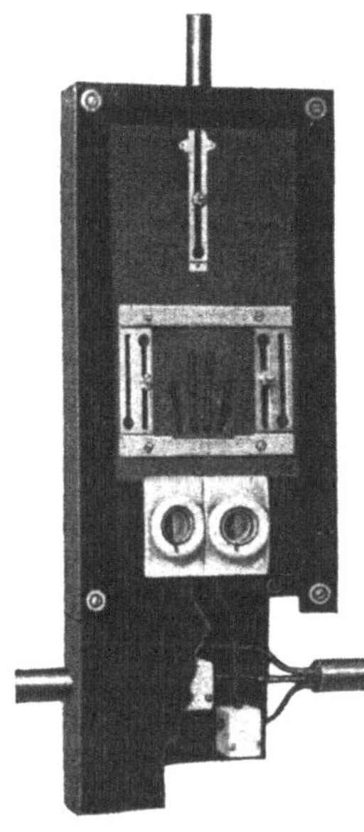

Fig. 265. Zählertafeln mit Abzweigklemmen bei gruppenweiser Anordnung der Zähler.

Wie die Erörterungen über Prüf- und Anschlußklemmen zeigten, ist es vorteilhaft, diese nicht auf die Platte zu setzen, sondern besser abseits von dieser, am besten innerhalb der Umrahmung. — Diese Feststellung ergibt die Möglichkeit, die Platte lediglich als Unterlage für den Zähler zu behandeln. Maße wären demnach festzulegen für den hierfür erforderlichen Flächenraum. — Geht man hierbei von der Darstellung der Zählergrundrisse nach der Fig. 266 aus und verlangt eine für alle diese Zähler passende Zählertafelplatte, so kommt man zu einer nutzbaren Plattenfläche von etwa 430 × 220 mm. — Diese Platte paßt dann zu allen zur Zeit im Gebrauch befindlichen Zählern ausschließlich der stark in der Minderheit befindlichen großen Pendelzähler. (Fig. 266 a).

Vielen Werken dürften jedoch diese Abmessungen zu groß erscheinen, da in ihrem Bereich nur Wechselstrom- oder Amperestundenzähler in der Hauptsache in Verwendung sind und Wattstunden- bzw. Drehstromzähler für sich behandelt werden können. — Für diese Fälle wäre dann neben der soeben genannten Plattengröße noch eine kleinere erforderlich, und zwar mit den aus Fig. 266 b sich ergebenden Abmessungen etwa 280 × 165 mm.

Mit diesen beiden Platten dürften nach eingehenden Untersuchungen diejenigen Größen festgelegt sein, die allen billigen Anforderungen entsprechen. Sie als Normalgrößen hinzustellen, würde ganz zweifellos bald größte Bedeutung und Anerkennung gewinnen. — Wie aus den genannten Figuren zu entnehmen ist, sind hier neben den Plattenabmessungen auch die erforderliche Breitenverstellbarkeit für die bestehenden Zähler und die nötige Höhenverstellbarkeit für die Gesamtverstellung der Zähler maßstäblich eingetragen.

Es ist übrigens recht schwierig, sich für die eine oder die andere Plattengröße bei allgemeiner Einführung von Zählertafeln zu entscheiden.

Jedenfalls ist bei Entscheidung für die kleinste Größe zu bedenken, daß
bei etwaiger Tarifänderung oder auch bei notwendigem Austausch
eines gewöhnlichen kleinen Zählers gegen einen Münzzähler recht erhebliche Montageschwierigkeiten durch Ersatz der kleinen Tafel durch
eine entsprechend größere erwachsen müssen, insbesondere, wenn die
Tafel mit Verteilungssicherungen versehen ist. (Zu beachten sind auch
kleinste Tafeln für ausschließliche Verwendung von Strombegrenzern
und Stiazählern S. 133.)

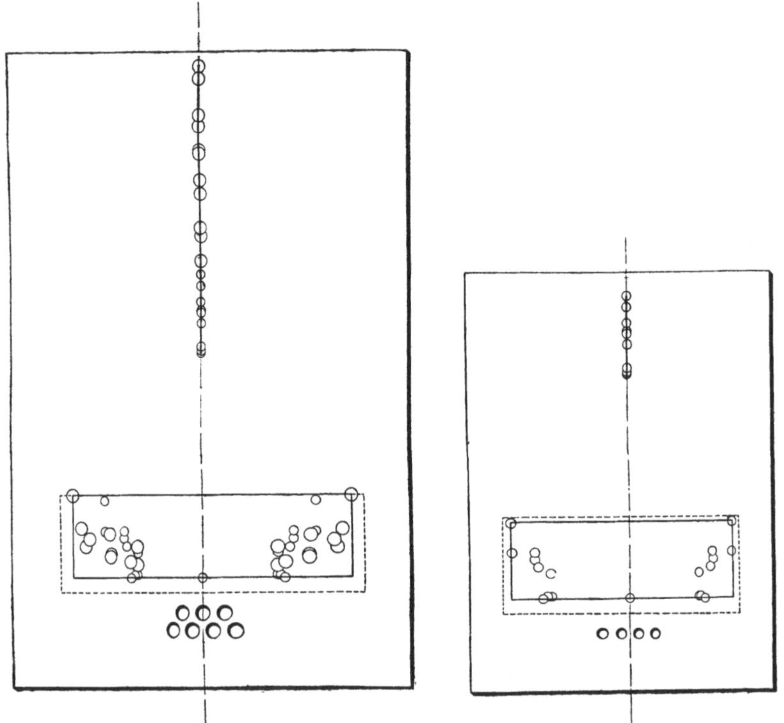

<table>
<tr><td>Fig. 266a. Für Gleich- u. Drehstrom-
zähler auch Münzzähler.</td><td>Fig. 266b. Für Amperestunden und
Wechselstromzähler.</td></tr>
</table>

Fig. 266. Die hauptsächlich benötigten Größen von Zählertafelplatten.

11. Normierung der Zählergrundrisse und Zählertafelplatten. Es
erscheint nicht ausgeschlossen, daß sich eine derartige Normalisierung
in absehbarer Zeit durchsetzen wird [1]. — Sie könnte jedoch die Notwendigkeit der Normierung der Zählertafelplatten nicht in Frage
stellen, und zwar auf Grund der feststehenden Tatsache, daß neben
den neuen normierten Zählern noch auf Jahrzehnte hinaus die

---

[1] Siehe Mitteilungen der Vereinigung Nr. 241, Mai 1913.

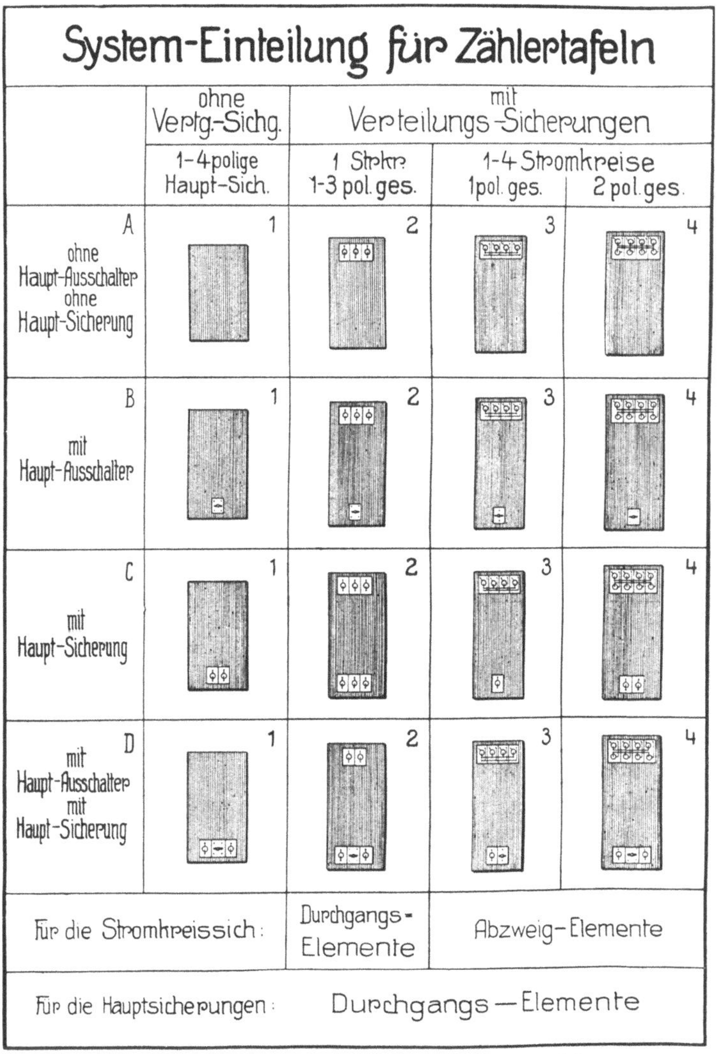

System-Einteilung für Zählertafeln

	ohne Vertg.-Sichg.	mit Verteilungs-Sicherungen		
	1–4 polige Haupt-Sich.	1 Strkr. 1–3 pol. ges.	1–4 Stromkreise 1 pol. ges.	2 pol. ges.
A ohne Haupt-Ausschalter ohne Haupt-Sicherung	1	2	3	4
B mit Haupt-Ausschalter	1	2	3	4
C mit Haupt-Sicherung	1	2	3	4
D mit Haupt-Ausschalter mit Haupt-Sicherung	1	2	3	4
Für die Stromkreissich.:	Durchgangs-Elemente	Abzweig-Elemente		
Für die Hauptsicherungen:	Durchgangs—Elemente			

Fig. 267. Gruppen-Einteilung für Zählertafeln.

alten nicht normierten Zähler weiter in Verwendung bleiben, nach wie vor ihren Standort wechseln und häufig hierbei auch an Stelle der normierten aufgehängt werden müssen. — Die Normierung der Platten scheint demnach nicht minder wichtig, als die Normierung der Zähler — erstere durchzusetzen erfordert aber sicher weniger Zeit und Aufwand als letztere[1]).

IX. Gruppeneinteilung der Zählertafeln nach Maßgabe ihrer Apparate.

Wie in dem Abschnitte VII erörtert wurde, brachten es die früheren Zählerkreuze, Zählerdübel und Zählerbretter mit sich, daß die Installationsapparate der Verteilungsstelle getrennt von dem Zähler installiert wurden. Die moderne Zählertafel ist dagegen zur gleichzeitigen Aufnahme des Zählers und aller anderen zur Verteilungsstelle gehörigen Apparate geeignet. Ihr rechteckiger Bau gibt ohne weiteres die Möglichkeit, alle diese Apparate zu einem Ganzen zu vereinigen und zu umrahmen. Eine derartige Vereinigung ist von Fall zu Fall ohne weiteres ausführbar. Es fordert jedoch die Erfüllung aller notwendigen Zusammenstellungen und der Aufbau eines ganzen Systems eingehende Überlegungen. Um hierbei zu einem zweckdienlichen Überblick zu gelangen, empfiehlt sich eine Gliederung nach Maßgabe der jeweils aufzunehmenden Apparate. Man unterscheidet hiernach am besten nach der in Fig. 267 niedergelegten Einteilung.

Diese unterscheidet grundsätzlich zwischen Zählertafeln ohne Verteilungssicherungen, in der Folge „Einfache Zählertafeln" genannt und solche mit Verteilungssicherungen, im weiteren mit „Zählerverteilungstafeln" bezeichnet.

Im übrigen wird unterschieden nach Maßgabe der Hauptsicherungen und Hauptschalter. Als Sicherungselemente werden angenommen:

1. Durchgangselemente für die Hauptsicherungen und solche für nur einen Stromkreis.
2. Abzweig (oder Verteilungs-) elemente für einen und mehrere Stromkreise.

In den folgenden Abschnitten werden die so gebildeten Gruppen näher behandelt und weiter für sich unterteilt.

1. Zählertafeln ohne Verteilungssicherungen.

(Einfache Zählertafeln.)

Solche Tafeln sind in allen den Fällen verwendbar, in denen der Zähler weit entfernt von der Verteilungstafel aufgehängt werden muß. Auch für gruppenweise Anordnung der Zähler sind Tafeln ohne Ver-

---

[1]) Siehe Aufsatz Ely Mitteilungen der Vereinigung Nr. 241.

teilungssicherungen geeignet, jedoch nur, wenn es nicht nötig erscheint, die einzelnen Steigleitungen zu sichern, was freilich kaum zulässig ist. Den Zählerkreuzen, -Dübeln und -Brettern gegenüber sind sie auch in diesem Falle vorzuziehen, obwohl sie naturgemäß etwas teurer sind. Es sprechen für die Verwendung ,,einfacher Zählertafeln" insbesondere alle die Gründe, die im VII. Abschnitt für die Notwendigkeit der Einführung umrahmter Zählertafeln aufgeführt wurden und insbesondere auf das Auswechseln der Zähler Bezug nehmen. Sie werden übrigens von vielen Werken größtenteils nur aus Gründen verwendet, die außerhalb rein technischer Erwägungen liegen, während man ohne diese lieber Tafeln mit Verteilungssicherungen verwenden würde. Die gegen die Verwendung von Tafeln mit Verteilungssicherungen stehenden Gründe sind darin zu suchen, daß diese Werke durch ihre Ortsvorschriften genötigt sind, die Wahl der Verteilungssicherungen und das Installieren dieser dem Installateur zu überlassen. Die Werke selbst haben nur die Verpflichtung, die Zähleraufhängung, den Zähler und die eventuell vorgeschriebene Hauptsicherung, vielleicht auch den Hauptschalter und die Prüfklemmen zu liefern und anzubringen. Derartige Vorschriften sind freilich nicht geeignet, die Güte der Installationen zu gewährleisten, und geht den Werken leider hiermit eine wirksame Aufsicht über die Verteilungssicherungen verloren, auch haben sie nur recht schwache Mittel, mit denen sie dem Installateur zu einer sachgemäßen Ausführung und Anordnung der Verteilungstafeln nötigen könnten. Wie auf S. 130—131 weiter ausgeführt wird, sollten alle Werke mit derartigen Einschränkungen ihrer Aufsichtsmöglichkeit zum mindesten verlangen, daß die besonders benötigten Verteilungstafeln an die Zählertafeln in sachgemäßer Weise organisch anzubauen sind. — Billiger und besser würde freilich die Anlage werden, wenn Zählertafel und Verteilungstafel, wo nur möglich, als Ganzes Verwendung finden könnten.

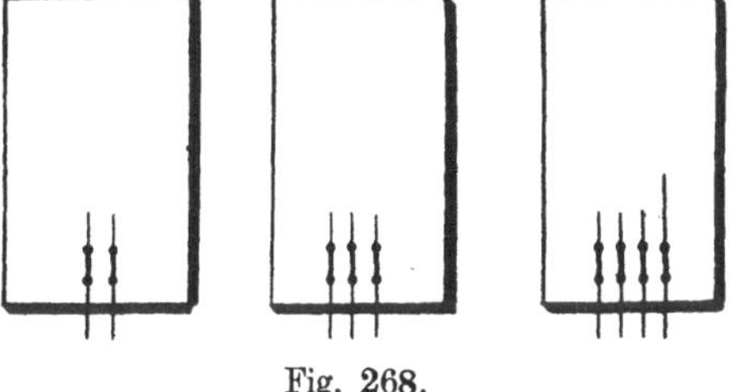

Fig. 268.

A 1. Einfache Zählertafeln ohne Hauptausschalter, ohne Hauptsicherung (Fig. 268). Diese Tafeln ersetzen die nackten Zählerdübel, -kreuze und -bretter und finden in den wenigen Fällen Verwendung, bei denen weder Schalter noch Sicherungen in unmittelbarer Nähe des Zählers verlangt werden, aber auch in Anlagen, für die das Aufhängen des Zählers zu den

Obliegenheiten des Werkes gehört, während der Installateur die Verteilungssicherungen zu installieren hat (siehe S. 130). Hat auch der Anschluß der abgehenden Leitung durch das Werk zu erfolgen, so sind unter Umständen oberhalb des Zählers noch besondere Ableitungsklemmen für den Installateur vorzusehen. Das Werk kann bei solchen Tafeln den Zähler schon vor Beendigung der Installationsarbeiten fertig anschließen und sowohl Zähler samt unterer Einführungswand plombieren. — Zweckmäßig sind jedenfalls, insbesondere für stärkere Hauptleitungs-Querschnitte Anschlußklemmen unmittelbar vor dem Zähler und zwar je nach Stromart zwei-, drei- oder vierpolige Klemmen (siehe S. 105).

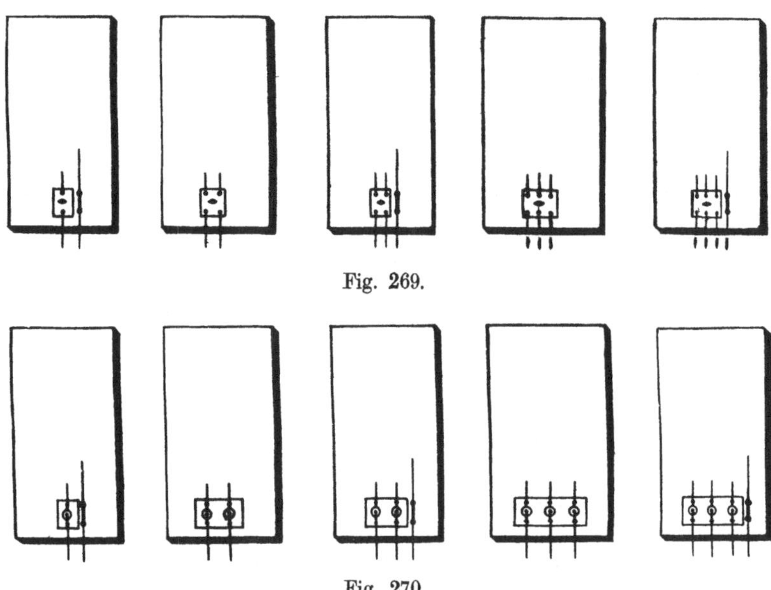

Fig. 269.

Fig. 270.

B 1. Einfache Zählertafeln mit Hauptausschalter (Fig. 269). Diese Tafeln werden sehr selten verlangt und doch erscheinen sie notwendig, wenn man der Überlegung folgt, daß das Anschließen und Auswechseln der Zähler unter Spannung vorgenommen werden muß, wenn eine Abschaltung an anderer Stelle, etwa an der Hausanschlußsicherung nicht möglich oder angängig erscheint. — Will man aber auf alle Fälle dem Monteur die Gefahr beim Arbeiten unter Spannung ersparen, bleibt nur übrig, vor dem Zähler einen Ausschalter vorzusehen, diese Vorsorge führt dann aber zu der oben genannten „einfachen Zählertafel mit Hauptausschalter". — Vorgeschlagen wurde in letzter Zeit, genannten Hauptschalter als Prüfschalter auszubilden und hiermit einen gänzlich gefahrlos bedienbaren Ersatz für die Prüfklemme zu schaffen.

C 1. Einfache Zählertafeln mit Hauptsicherung (Fig. 270). Diese Tafeln sind wegen ihrer Hauptsicherung für Gruppenanordnung der Zähler zweckmäßiger, als die vorerwähnten Tafeln. Sie werden aber auch für Einzelanordnungen sehr viel verwendet. Für diese sind sie jedoch nur empfehlenswert, wenn die Verteilungstafeln unbedingt in weiterer Entfernung von den Zählertafeln oder in einem besonderen Raume untergebracht werden müssen, was beispielsweise in Schulen, Verwaltungsgebäuden und Wirtschaftsbetrieben erforderlich ist. Notwendig ist bei diesen Tafeln Plombierbarkeit der Hauptsicherungen. Ferner ist wie bei den vorgenannten Tafeln ohne Schalter und Sicherungen eine besondere Klemme für die abgehenden Leitungen, jedenfalls für diejenigen Fälle erwünscht, bei denen diese Leitungen unabhängig von dem Zähler angeschlossen werden sollen.

Die bei obigen Tafeln vorgesehene Hauptsicherung wird von seiten des Elektrizitätswerkes gern verwendet, weil sie die Anlage gegen die Wirkung zu **starker** oder geflickter Stromkreisstöpsel schützt. Die gefährliche Wirkung solcher Stöpsel in den Verteilungssicherungen kann in der Tat von der plombierten Hauptsicherung in gewissem Maße unschädlich gemacht werden, zugleich aber erhält das Elektrizitätswerk bei Vorhandensein der Hauptsicherung vor dem Zähler von der Verwendung falscher Stromkreisstöpsel in sicherster Weise Kenntnis, da die plombierte Hauptsicherung nach Abschmelzen das Eingreifen des Elektrizitätswerkes erforderlich macht. Siehe weitere Ausführungen hierüber auf S. 123. Bei Fehlen der Hauptsicherung vor dem Zähler können schlechte Stöpsel in der Verteilung das Abschmelzen der Hausanschlußsicherung, also eine alle Mieter zugleich treffende Betriebsstörung zur Folge haben, ohne daß der Urheber dieser Störung zu ermitteln ist. Unter diesen Gesichtspunkten ist also die Zählertafel mit Hauptsicherung wohl berechtigt.

Wie weit die Hauptsicherung den Zähler selbst zu schützen in der Lage ist, gehört zu den offenen Fragen (siehe S. 136).

Von Bedeutung ist die Hauptsicherung aber auch als Ersatz für den Schalter, wenn diesem allein die auf S. 63 gestellte Aufgabe zufällt, nämlich die Zähler-Anschlußleitungen spannungslos zu machen, um den Zähler gefahrlos anschließen oder abnehmen zu können. — Bei Anlagen bis zu 10 Amp. ist das gelegentliche Herausschrauben der Sicherungsstöpsel unter Strom bekanntlich unbedenklich und den Kontakten nicht weiter nachteilig.

D 1. Einfache Zählertafeln mit Hauptausschalter mit Hauptsicherung (Fig. 271). Nach diesen Tafeln ist größere Nachfrage als nach den unter B 1 behandelten Tafeln mit Hauptausschalter, aber ohne Hauptsicherungen. Der Hauptausschalter wird von vielen Anlagevorschriften verlangt. Begründen läßt sich die Zweckmäßigkeit eines Hauptausschalters neben dem auf S. 117 Gesagten noch insofern, als der Schalter dem Verbraucher oder Installateur die Möglichkeit gibt, die Wohnungsanlage abzuschalten, um dort Lampen oder Sicherungsstöpsel gefahrlos auszuwechseln, oder etwaige Reparaturen an der Anlage spannungslos vornehmen zu können. Andere Werke bezeichnen dagegen den Hauptausschalter für ganz überflüssig und halten es für ausreichend sicher, Stöpsel oder Lampen unter Spannung auszuwechseln und zum Zwecke der Reparatur die Sicherungsstöpsel herauszuschrauben, was im allgemeinen nicht über 10 Amp. zulässig ist. Manche Werke verlangen mit Recht, daß die Hauptausschalter für Steckschlüssel eingerichtet sind. Häufig wird gefordert, den Schalter nicht vor, sondern hinter den Zähler zu setzen, und zwar dies lediglich mit der Begründung, daß alsdann jeder beliebige nichtplombierbare Schalter verwendet

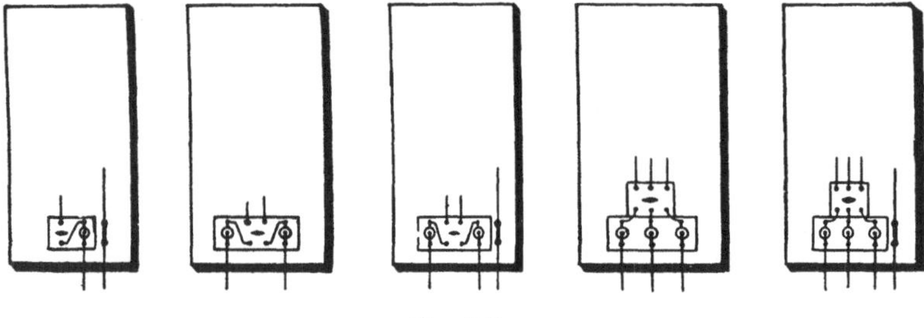

Fig. 271.

werden kann, während er vor dem Zähler eine plombierbare Kappe haben muß, um widerrechtliche Stromentnahme zu verhindern. Dieser Grund kann als maßgebend nicht mehr gelten, nachdem der Bau von Zählertafeln fabrikationsmäßig betrieben wird. Den Schalter hinter den Zähler zu setzen, hält man nebenbei auch noch deswegen für praktisch, da alsdann der Zähler selbst n i c h t abschaltbar ist (siehe S. 122). Zu bedenken ist, daß der Schalter am Zähler außerordentlich selten geschaltet wird, was seiner sicheren Wirkung und Lebensdauer keineswegs günstig ist.

Die Hauptsicherung außer dem Hauptausschalter vorzusehen erscheint zweckmäßig, wenn man der Hauptsicherung die Aufgaben und Wirkungen zumißt, die unter C 1 aufgeführt wurden. Über Hebelschalter siehe S. 122, 124 u. 125.

2. Zählertafeln mit Verteilungssicherungen.

(Zählerverteilungstafeln.)

Diese Zählertafeln sind von allen die wichtigsten. Sie sind ganz besonders für Verwendung in eigentlichen Wohnräumen von Bedeutung, und hier unbedingt der getrennten Anordnung der Zähler, Sicherungen

und Schalter und auch den Tafeln ohne Verteilungssicherungen gegenüber vorzuziehen. Auf die Durchbildung gerade dieser Zählertafeln
wurde deswegen auch in letzter Zeit ganz besonderer Wert gelegt und
sind mancherlei Vervollkommnungen nach Maßgabe weiterer Erfahrungen
sicher noch zu erwarten. — Die Anforderungen an diese Zählerverteilungstafeln sind recht verschieden und richten sich nach deren
jeweiligen Verwendungszweck, und zwar entsprechend den Bedürfnissen
der kleineren und mittleren Wohnungen einerseits und für größere Anlagen, wie Verwaltungsgebäude, Restaurationen etc. andererseits. Es
gelten hier zugleich alle diejenigen Forderungen, die auf S. 71 für
Verteilungstafeln aufgestellt wurden. Insbesondere in bezug auf Ergänzungsfähigkeit, Kontrollierbarkeit und Zugänglichkeit der Anschlußklemmen und schließlich in bezug auf Abstand von der Wand, sowie
Entfernung und Bemessung der Sammelschienen. (Seite 86 u. 87.)

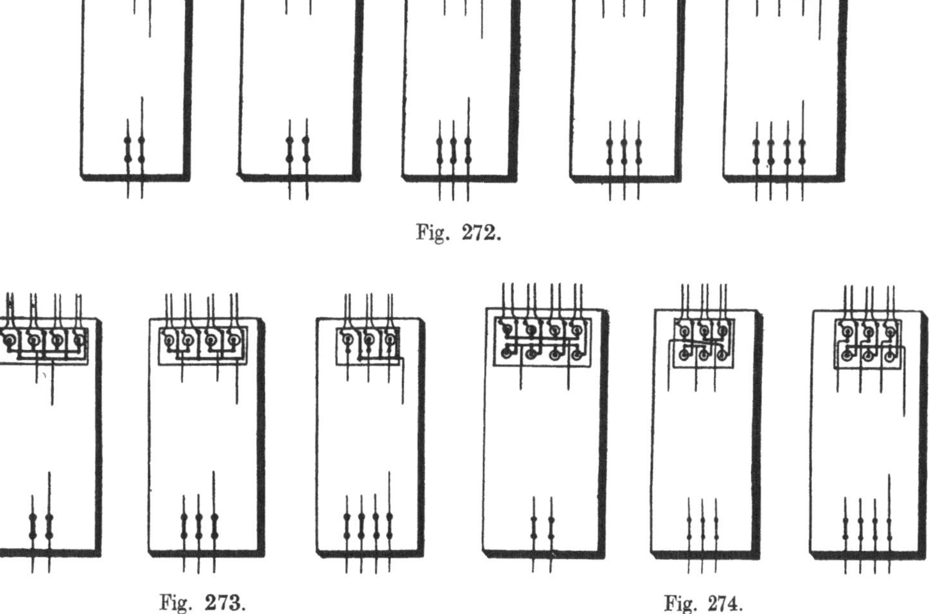

Fig. 272.

Fig. 273.   Fig. 274.

**A 2, 3 und 4. Zählerverteilungstafeln ohne Hauptausschalter ohne
Hauptsicherung** (Fig. 272—274). Für diese Art von Zählertafeln
besteht der größte Bedarf, insbesondere für kleine Wohnungen und
für kleine Zähler. Es wird deswegen hierfür auf besonders billigen Preis
großer Wert gelegt. Eine einzige Verteilungssicherung wird hierbei

in den weitaus meisten Fällen als genügend erachtet und auf Haupt
sicherungen und Hauptausschalter verzichtet (siehe auch S. 116). Die
Einführung der zu- und abgehenden Leitungen werden überwiegend auf
der oberen Seite gewünscht. Neben diesen kleineren Zählerverteilungstafeln werden aber auch größere Tafeln für mindestens vier Stromkreise benötigt und in weniger großem Maße auch solche für mehr als
vier Stromkreise verlangt. Zählertafeln für diese Fälle müssen dem
zufolge auch für größere Zähler, u. a. für Wattstunden- und Doppel
tarifzähler geeignet sein. Die Erfahrungen der letzten Jahre zeigen,
daß für mittlere Großstadtwohnungen Zählertafeln für zwei- oder drei
Stromkreise am meisten verlangt werden. Im allgemeinen wird bei der
Verteilung mit der Anzahl der Verteilungssicherungen allzu sparsam
umgegangen. Während man vor Aufstellung der Forderung, Sicherungen
möglichst zu zentralisieren, fast jeden Abzweig sicherte, sichert man
jetzt fast alle Abzweige bzw. Stromkreise zugleich mit einer einzigen
Sicherung. Man bewirkt hiermit zwar eine Ersparnis in bezug auf
Sicherungselemente und Leitungen, damit aber auch eine erhöhte
Unsicherheit in der Anlage insofern, als jeder Kurzschluß in der
Wohnung unbedingt die ganze Anlage unterbricht. Man sollte

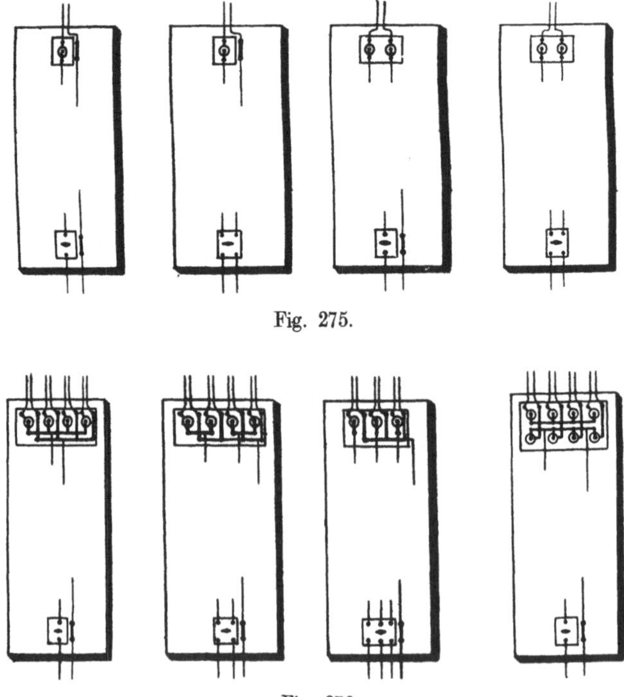

Fig. 275.

Fig. 276.

deswegen doch auch in kleinen Wohnungen wenigstens zwei Haupt-
stromkreise, also zwei Verteilungssicherungen vorsehen. Das Ansehen
der Elektrizität im Hause würde durch die sicher hiermit erzielte Zu-
verlässigkeit zweifellos gehoben werden (siehe auch S. 72).

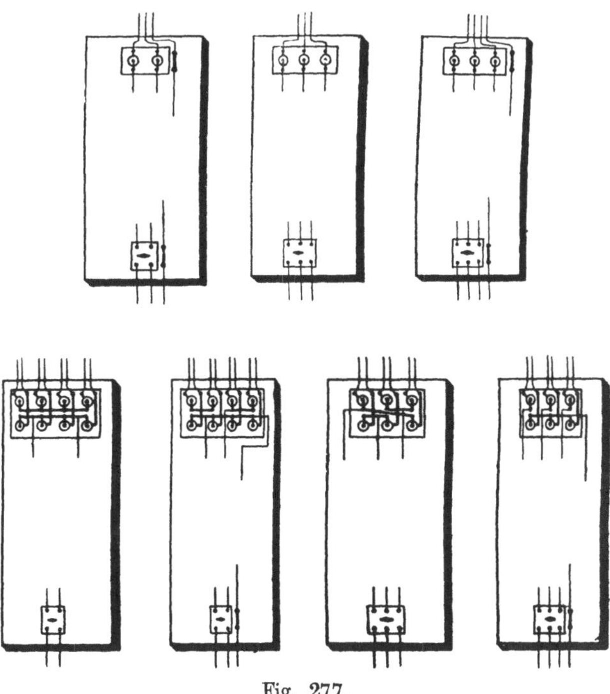

Fig. 277.

B 2, 3, 4. Zählerverteilungstafeln mit Hauptausschalter (Fig. 275
bis 277). Während Tafeln mit Hauptausschalter ohne Verteilungssicherungen gemäß S. 117 wenig oder gar nicht benötigt werden, besteht
für solche Tafeln mit Verteilungssicherungen sonderbarerweise ein be-
trächtliches Bedürfnis, und zwar selbst bei kleinen Zählertafeln. Wie
bei den „einfachen" Zählertafeln ohne Verteilungssicherungen zeigt sich
auch bei denjenigen mit Verteilungssicherungen der Wunsch, den Schalter
sowohl v o r den Zähler zu setzen als auch h i n t e r diesen (vgl. S. 119).
Einige Werke fordern für Stromstärken über 10 Ampere einen Hebelschalter statt des Drehschalters in der unzutreffenden Annahme, daß
ersterer dem letzteren in bezug auf Haltbarkeit überlegen sind, was
für den vorliegenden Gebrauchsfall nicht zutrifft.

C 2, 3 und 4. Zählerverteilungstafeln mit Hauptsicherung (Fig. 278
bis 280). Auch für solche Tafeln besteht ein nicht geringer Bedarf,
und zwar überraschenderweise selbst bei Tafeln mit nur einer Strom-

kreissicherung. Daß man auch für diese neben der Verteilungssicherung noch eine Hauptsicherung für nötig erachtet, erscheint unverständlich,

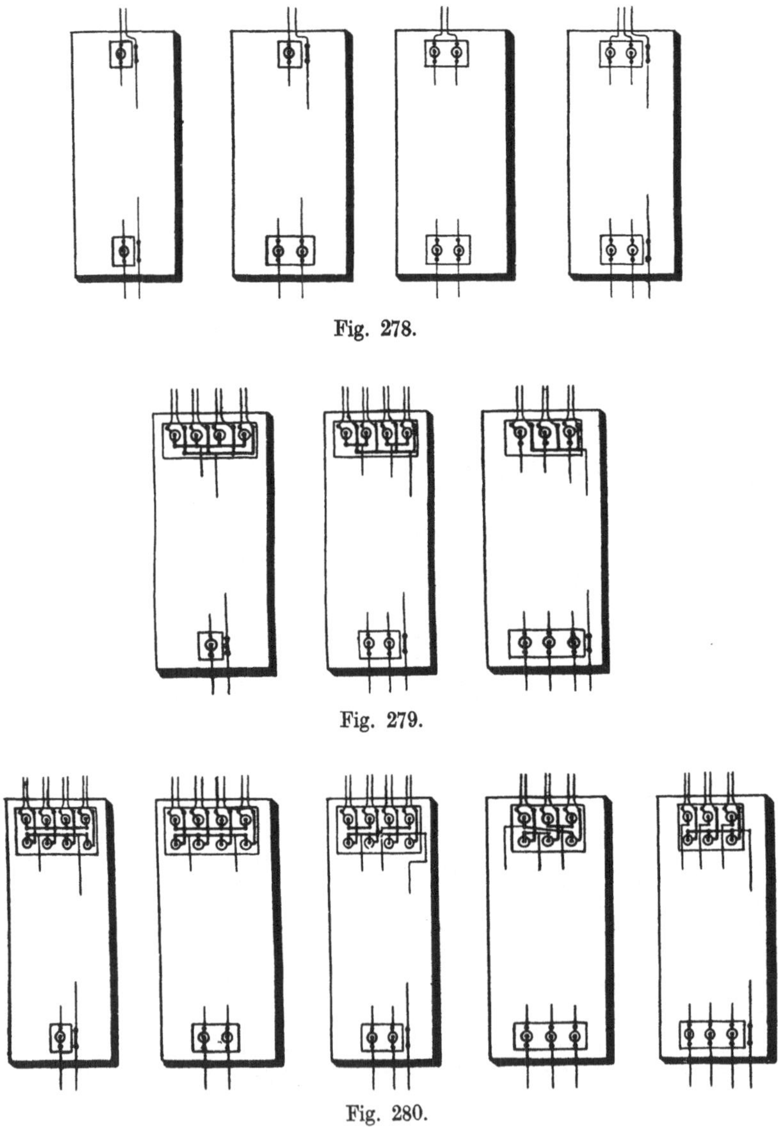

Fig. 278.

Fig. 279.

Fig. 280.

wird aber entsprechend den Ausführungen S. 118 damit begründet, daß die Hauptsicherung gegen die Wirkung falscher Verteilungsstöpsel einen vorzüglichen Schutz bildet. Würde man beispielsweise einen vorschriftsmäßigen 6 Ampere-Stöpsel in einem Stromkreise durch einen solchen für 10 Ampere setzen, so würde hiermit für den Abnehmer doch keine größere Sicherheit in bezug auf unerwünscht frühes Abschmelzen des ihm zugänglichen Stöpsels erreicht werden, da die Leitung trotzdem nicht stärker belastet werden könnte, als der plombierte Stöpsel der Hauptsicherung

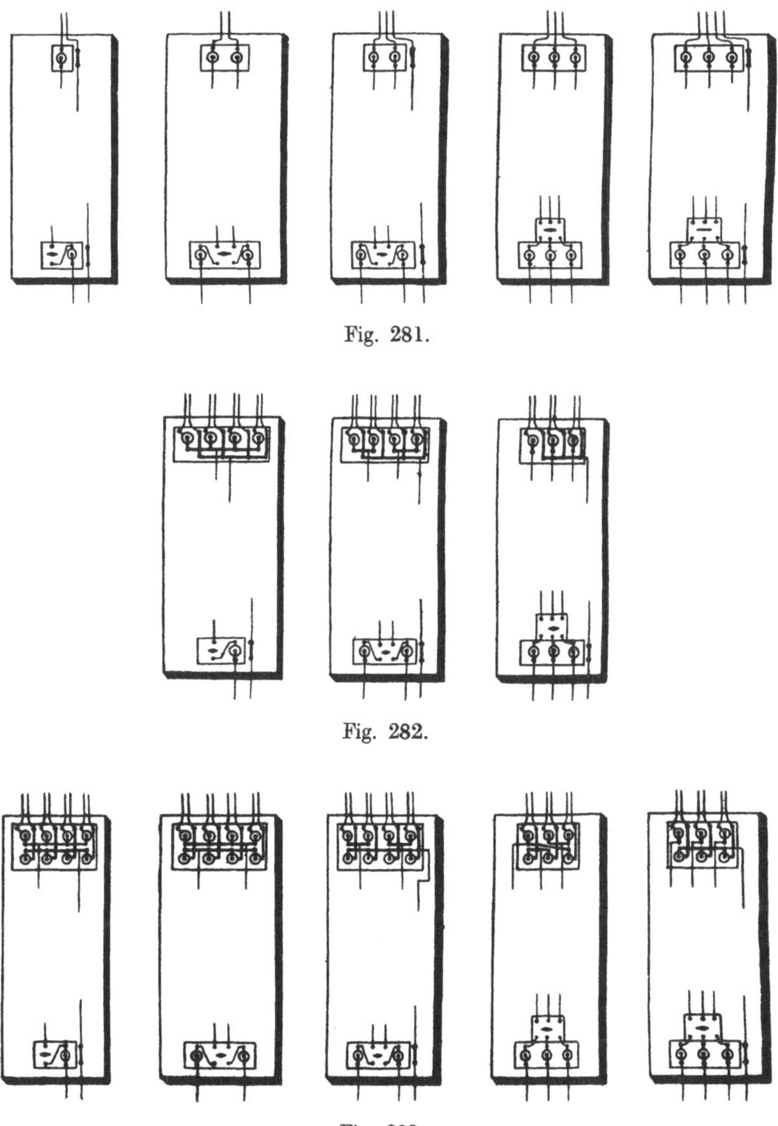

Fig. 281.

Fig. 282.

Fig. 283.

zuläßt. Freilich ist der erreichte Schutz gegen willkürliche Verstärkungen der Stromkreissicherungen nur unvollkommen. Man kann nämlich einen Stromkreis, der fälschlicherweise mit einem 10 Ampere-Stöpsel über-sichert ist, doch dauernd mit 10 Ampere belasten, da der 6 Ampere-Stöpsel der vorgeschalteten Hauptsicherung diese Überlastung selbst noch dauernd aushält. Siehe Schmelzkurven S. 32. (Es kann somit auch der Zähler gegen Überlastung durch die Hauptsicherung nicht ge-schützt werden.) Immerhin bietet die Hauptsicherung gegen die Ver-wendung falscher Stromkreisstöpsel einen gewissen Schutz. Sind nämlich die Stromkreisstöpsel stärker als die Stöpsel der Haupt-sicherung, so schmilzt diese doch allein ab, sind die Stromkreisstöpsel andererseits nicht kurzschlußsicher (etwa weil schlecht repariert), so sorgt auch bei Stehfeuer im Verteilungsstöpsel für ordnungsgemäßes Abschalten des Stromkreises die Hauptsicherung. Selbst die viel zu starken und die „Dauerstöpsel" können bei vorgeschalteter Haupt-sicherung vor dem Zähler nur dann für die betreffende Verteilungs-leitung gefährlich werden, wenn die Zählerhauptsicherung wegen der übrigen Stromkreise so stark bemessen ist, daß sie den gefährdeten Stromkreis gegen Überlastung nicht zu schützen vermag.

D 2, 3, 4. **Zählerverteilungstafeln mit Hauptausschalter mit Haupt-sicherung** (Fig. 281—283). Auch diese Tafeln sind erforderlich. Es muß bei ihnen beachtet werden, daß ein doppelpoliger Schalter besser hinter der Sicherung anzubringen ist, da alsdann ein möglicher Kurz-schluß im Schalter von der Hauptsicherung abgeschaltet wird, während andernfalls die Hausanschlußsicherung das Abschalten besorgen müßte. Das Feuer an dem Schalter würde in diesem Falle größer werden, da die Hausanschlußsicherung stärker bemessen ist als die Hauptsicherung vor dem Zähler.

3. Zählertafeln mit Verteilungssicherungen vorgenannter Arten mit Verteilungsschaltern (Fig. 284).

Das auf S. 84 für Verteilungstafeln Erwähnte gilt auch im wesent-lichen für obige Zählertafeln. Größere Bedeutung haben diese Zähler-tafeln freilich nicht, da das Bedürfnis nach Abzweigschaltern nur für Lehranstalten, Verwaltungsgebäude und sonstige Anstalten, nicht aber für Wohnungen in Frage kommt. Für diese Fälle ist aber selten nötig, die Zählertafel mit der Verteilungstafel zu vereinigen, da die Zähler zumeist getrennt von der Verteilungstafel, und sogar in einem besonderen Zählerraume untergebracht sind.

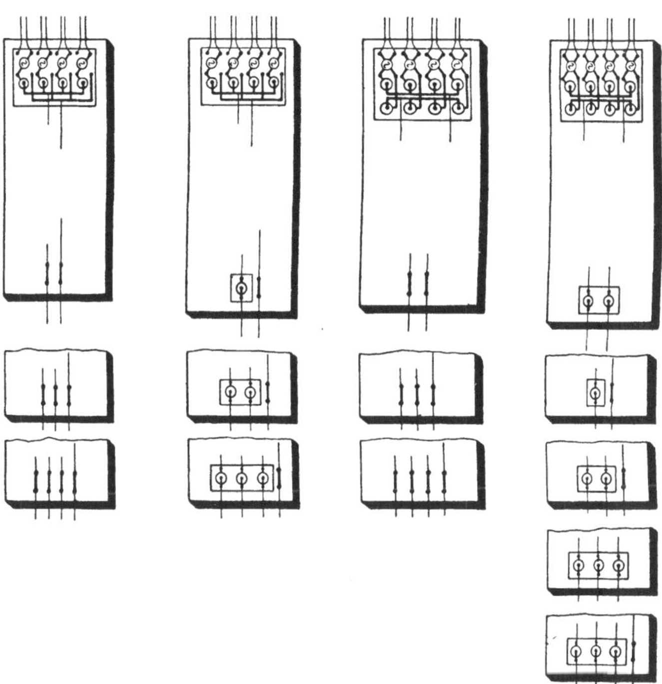

Fig. 284.

4. Zählertafeln mit Abzweigklemmen für Gruppen-Anordnung (Fig. 285).

Für die gruppenweise Anordnung der Zähler lassen sich alle
vorgenannten Tafeln verwenden, wenn es als genügend erachtet wird,
die von der Hauptleitung ausgehenden Abzweigleitungen zu den
einzelnen Wohnungen von Abzweigdosen ausgehen zu lassen, die getrennt von der Zählertafel für sich an der Wand befestigt sind. — Vorteilhafter und richtiger sind dagegen Zählertafeln, bei denen diese
Klemmen unmittelbar in die Tafel eingebaut sind. Hierzu bietet wieder
der Rahmen besonders günstige Gelegenheit. Wird dieser mit seitlichen Rohreinführungsöffnungen versehen, so erleichtert er die Rohr-
verlegung und erspart hierbei Rohrwinkelstücke. Siehe auch Fig. 265
der S. 112. — Nicht überflüssig erscheint für gruppenweise Zähleranordnung eine Sicherung für die Steigleitung. Sie ist jedenfalls
nötig, falls der Querschnitt der Steigleitung schwächer ist als derjenige der gemeinsamen Zuleitung, was wohl in den meisten Fällen
zutrifft. Fraglich ist hierbei, ob die erforderliche Sicherung vor oder
hinter dem Zähler zweckmäßiger ist. Überflüssig erscheint es, sowohl

eine Sicherung vor dem Zähler, als auch eine hinter diesem vorzusehen; noch weniger nötig erscheint für gruppenweise Zähleranordnung der Hauptausschalter. Leider werden aber zur Zeit alle diese Ausführungen verlangt.

Daß auch für Gruppenanordnung der Zähler eine verständig durchgebildete Zählertafel einen großen Fortschritt bedeutet, läßt die Fig. 238 auf S. 91 und die Fig. 265 auf S. 112 erkennen. Die erstere beweist zugleich, daß die bisher zur Verfügung stehenden Mittel auch bei größter Sorgfalt befriedigende Installationen nicht ermöglichten.

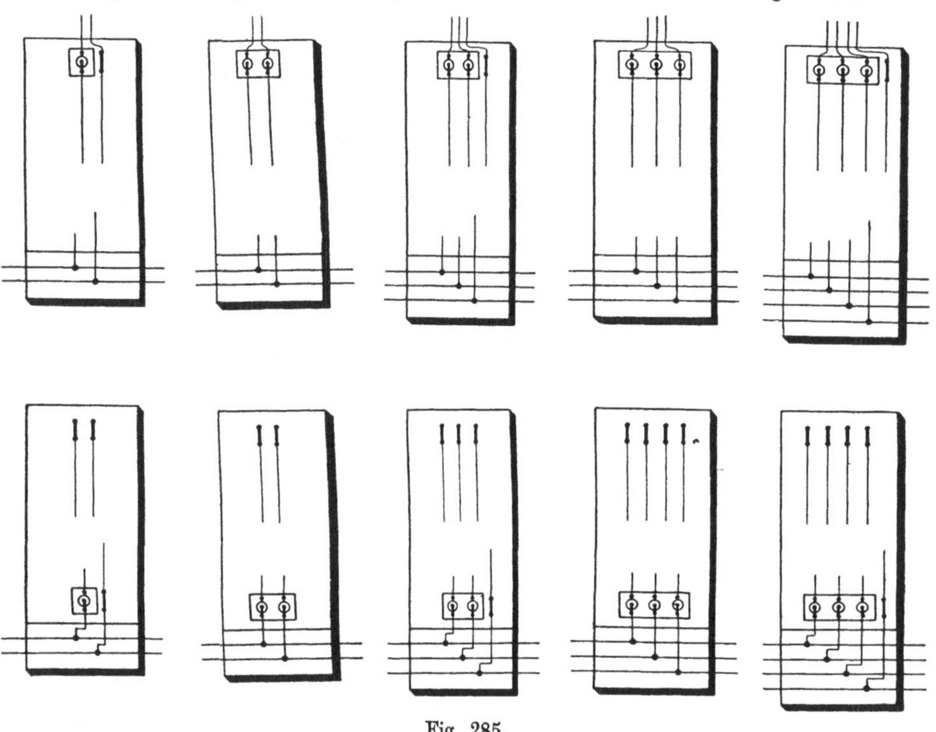

Fig. 285.

5. Unterscheidung der Zählertafeln für Gleich- und Wechselstrom.

Wie aus Vorgehendem ersichtlich, erfordert auch das neugeschaffene Gebiet der Zählertafeln eine überaus große Schar verschiedenster Typen. Um sich in diesem weiten Bereich zurechtzufinden, bedarf es hier erst recht verständiger Gruppierungen und Unterteilungen. Der Versuch, die Zählertafeln in diesem Sinne sowohl in solche mit und ohne Verteilungssicherungen als auch mit und ohne Hauptsicherungen und Schalter zu unterscheiden, läßt womöglich auch die Unterscheidung in Gleich- und Wechselstrom als notwendig erscheinen. Die Übersichtlichkeit wird hierdurch zum mindesten für diejenigen Werke erleichtert, die nur mit einer von beiden Stromarten zu rechnen haben.

In baulicher Hinsicht unterscheiden sich nämlich beide Arten in mancherlei Beziehungen, beispielsweise ist für Wechselstrom Eisenblech sowohl für die Platte als auch für das Rahmengestell unbedenklich. Nicht aber bei Gleichstrom. Auch die Sicherung des Nulleiters ist bei beiden Arten verschieden. Wie die Erfahrung gelehrt hat, erweist sich jedenfalls die Unterscheidung zwischen Gleich- und Wechselstrom bzw. Drehstrom unter Umständen als recht praktisch und findet bereits bedeutungsvolle Anwendung (siehe S. 195 Fig. 385).

X. Grundsätzliches für Zählertafeln.

A. In baulicher Hinsicht.

1. Zählertafeln für bestimmte und für alle Fälle. Wie bei Hausanschlußsicherungen und Flurdosen und bei Installationsapparaten überhaupt, tritt auch bei Zählertafeln die Frage nach Ausführungen „für alle Fälle" auf. Das in vorigen Abschnitten für Hausanschlußsicherungen und Flurdosen Gesagte läßt sich auch auf Zählertafeln übertragen, und zwar mit dem Ausgang, daß auch hier zumeist aus wirtschaftlichen Gründen die Ausführung für „bestimmte" Fälle derjenigen für „alle" Fälle vorzuziehen ist und daß die Ausführung für bestimmte Fälle gewöhnlich dem bestimmten Zwecke besser dient.

Gleichwohl sind, wie untenstehend erörtert wird, auch für Zählertafeln Anläufe zu Ausführungen für alle Fälle im Gange. Bei Verteilungstafeln wird, wie auf S. 85 angegeben, bereits von der Möglichkeit Gebrauch gemacht, eine Type durch nachträgliches Einbauen von zusätzlichen Sicherungselementen in verschiedene andere Ausführungen zu verwandeln. So lassen sich beispielsweise aus Tafeln mit einer Verteilungssicherung für einen Stromkreis solche für zwei, drei und vier Stromkreise herstellen. Man braucht also, um die Lagerhaltung zu vereinfachen, nur Tafeln mit einer Sicherung auf Lager zu halten, um von Fall zu Fall durch Einbau von Zusatzsicherungen andere Ausführungen daraus zu bilden. Das gleiche gilt natürlich auch für Zählertafeln. Und zwar bei diesen insofern noch in größerem Maße, als man hierfür nur Tafeln mit nackten Gestellen auf Lager halten braucht, die für nachträglich einzubauende Sicherungen und Schalter die hierfür erforderlichen Befestigungsvorrichtungen bereits enthalten.

a) **Einbautafeln.** Um ein Modell im obigen Sinne für viele Zwecke verwendbar zu machen, eignen sich besonders die auf S. 141 beschriebenen Tafeln mit abnehmbarer, auf dem Rahmen aufliegender Platte, bei denen in den Rahmen hinter der Platte die Verteilungssicherungen und Schalter eingebaut werden können. Sie liegen in dem Falle so tief in dem Rahmen, daß sie die Zählertafelplatte bis auf ihre Deckel oder Handhabungsteile überdeckt. Die Stöpselköpfe bzw. Schaltergriffe ragen hierbei aus der Platte hervor (Fig. 268a). Siehe auch Abb. 301 und 302, S. 141 und 142. Diese Richtung läßt sich nun insofern zu Zähler-

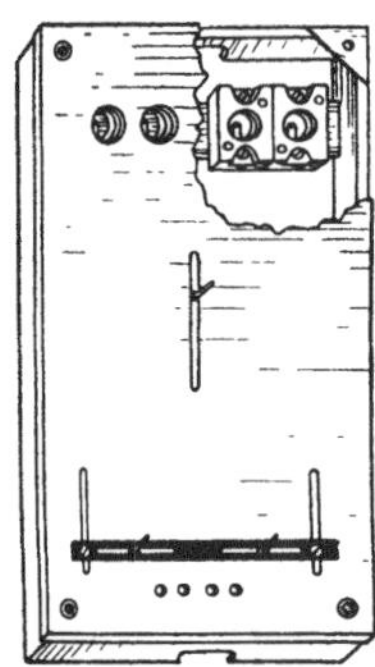 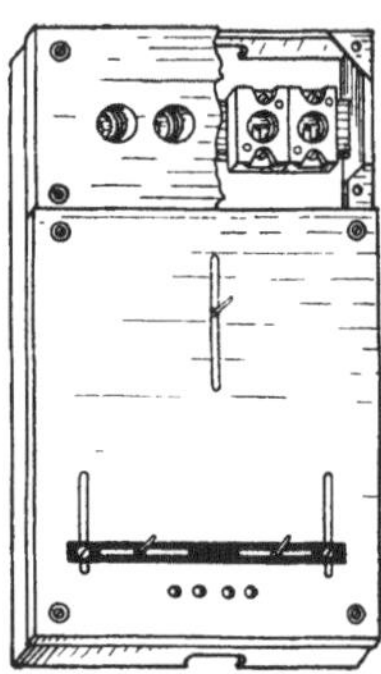

Fig. 286a. Mit einteiliger Platte. Fig. 286b. Mit zweiteiliger Platte.

Fig. 286. Zählertafel mit eingebauten Sicherungselementen hinter der Zahler-tafelplatte.

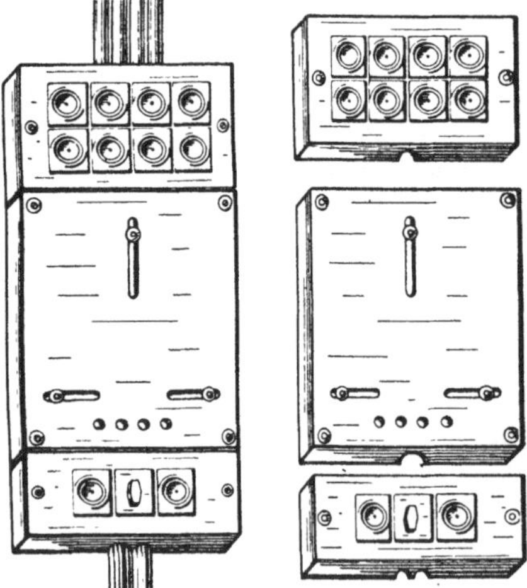

Fig. 287. Zählertafel mit angebauten Gruppen von Sicherungen und Schaltern.

tafeln für „alle" Fälle verwenden, als man hinter der Platte in gewissen Grenzen eine beliebige Anzahl von Sicherungen und Schalter unterbringen kann. Zu bevorzugen sind hierbei jedoch Tafeln nach Fig. 286b mit einer besonderen kleineren Platte zum Abdecken der Sicherungen, da diese die vorgeschriebene Kontrolle der Klemmen ohne Abnahme der Zählertafelplatte gestattet.

b) **Anbautafeln.** Eine andere Möglichkeit zur Schaffung von Ausführungen für „alle" Fälle, mit der die Lagerhaltung zu vereinfachen ist, liegt in der Verwendung von Anbaugliedern. Es ist auch dieser Weg bereits auf S. 85 für **Verteilungstafeln** erwähnt worden. In der gleichen Weise, mit der sich an eine Verteilungstafel nach Fig. 229 eine andere Verteilungstafel anbauen läßt, kann man natürlich auch an eine Zählertafel eine Verteilungstafel anbauen, desgleichen auch eine Tafel mit Hauptsicherungen oder Hauptausschalter. Von solchen An-

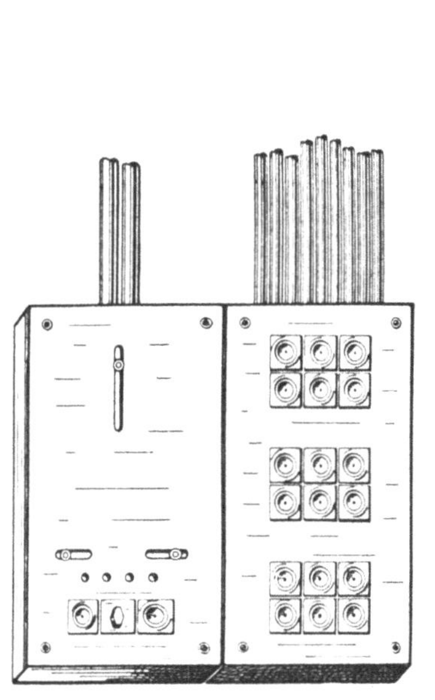

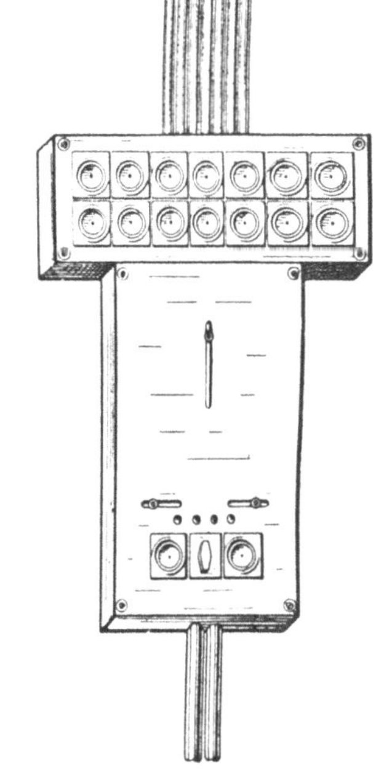

Fig. 288. Zählertafel mit seitlich an-   Fig. 289. Zählertafel mit unmittelbar
gebauter Verteilungstafel.   über diese gesetzter Verteilungstafel.

bautafeln wird, wie aus den Fig. 287—298 ersichtlich, bereits Gebrauch gemacht, insbesondere von denjenigen Werken, denen die Ortsvorschriften vorschreiben, die Zählertafeln zu liefern, während die Installateure die Verteilungssicherungen zu beschaffen haben (vgl. S. 141).

c) **Zählertafeln mit abnehmbarer Platte.** Im allgemeinen wird man die Tafeln so einrichten, daß die Zähler von vorn, ohne die Platte abnehmen zu müssen, aufgesetzt bzw. ausgewechselt werden können. Zu dem Zweck müssen die Einstellvorrichtungen auf der Platte entsprechend gestaltet sein. Trotzdem besteht auch das Verlangen nach abnehmbaren Platten etwa nach Fig. 286a und b und 301 und 302. Und zwar dies vornehmlich aus folgenden Gründen:

Da viele Elektrizitätswerke infolge ihrer Ortsvorschriften genötigt sind, selber die Grundplatte für den Zähler zu liefern, und womöglich auch an der Wand zu befestigen, verwendeten diese Werke bisher eine einfache Holzplatte, die auf Porzellanrollen gesetzt wird. Abseits von dieser setzt alsdann der Installateur seine Verteilungssicherungen. Um sich nun die Vorteile der zu einem Stück vereinigten modernen Zählerverteilungstafeln zu schaffen, ohne gegen die Ortsvorschriften zu verstoßen, schreibt nunmehr das Elektrizitätswerk einen Rahmen vor, der für Aufnahme der Verteilungssicherungen dient, zugleich aber auch gestattet, die Zählertafelplatte nach erfolgter Montage der Sicherungen von seiten des Installateurs aufzusetzen. Auf diese Weise wird der Installateur genötigt, zugleich mit den ihm sonst zustehenden Arbeiten die Befestigungsmittel für die Zählertafelplatte zu montieren. Das Elektrizitätswerk kann alsdann wie bisher seiner Verpflichtung nachkommen, d. h. die Zählertafelplatte liefern und mitsamt dem Zähler installieren. Schließlich erhält der Abnehmer auf diesem Umwege trotz der hemmenden Vorschrift eine moderne Zählerverteilungstafel.

(E. W. Offenbach.)

Bei den Anbautafeln verfolgt man eine ähnliche Richtung. Hier setzt das Elektrizitätswerk die Zählertafeln ohne Sicherungen gemäß der bestehenden Ortsvorschrift, während der Installateur genötigt wird, an diese Tafel unmittelbar eine hierzu passende Verteilungstafel anzubauen.

In beiden Fällen ist freilich eine dementsprechende Änderung der Vorschriften nicht zu vermeiden und liegt es nahe, aus wirtschaftlichen Gründen alsdann die Vorschriften doch gleich so zu ändern, daß auf jeden Fall Zählerverteilungstafeln überall da vorgeschrieben werden, wo sich die Vereinigung von Zähler und Verteilungssicherungen als durchführbar und zweckmäßig erweist. — Es würde dies nicht zum Nachteil des Abnehmers geschehen, da die fertig bezogene Zählerverteilungstafel billiger ist als die aus einzelnen Teilen zusammengesetzte.

2. Zählertafeln für besondere Fälle. Die in der Systemeinteilung S. 114 dargestellten Zählertafeln genügen den allgemeinen Bedürfnissen und enthalten diejenigen Ausführungsformen, die sich unmittelbar zur Massenfabrikation eignen, da große Stückzahlen von ihnen fortlaufend gebraucht werden. Neben diesen Tafeln sind indessen noch andere Ausführungsformen erforderlich, die seltener verlangt werden. Sie müssen demzufolge von Fall zu Fall angefertigt werden. Da genannte Tafeln trotz selteneren Bedarfes nicht zu entbehren sind, bietet bei deren Anfertigung diejenige Bauart Vorteile, die es gestattet, auch zu den selteneren Tafeln die normalen Teile aus der Reihe der gängigen Ausführungen zu verwenden. Es gehören zu diesen Tafeln solche für mehrere Zähler und solche für Strombegrenzer und Zähler zugleich, ferner Tafeln mit Hebelschaltern und Streifensicherungen, außerdem Tafeln mit sehr vielen Verteilungselementen und schließlich Münzzählertafeln für Licht und Kraft usw.

Zu den bisher seltener verlangten Tafeln gehören auch diejenigen, die zur Aufnahme der Umschaltuhr nebst Sicherungen dienen, und desgleichen Tafeln, die als gemeinsame Unterlage für alle im Hausflur untergebrachten Apparate Verwendung finden, wie beispielsweise die Treppenhausuhr, der Klingeltransformator etc. Im allgemeinen werden alle diese Apparate zur Zeit noch einzeln installiert; moderne Werke bevorzugen jedoch schon jetzt die zu-

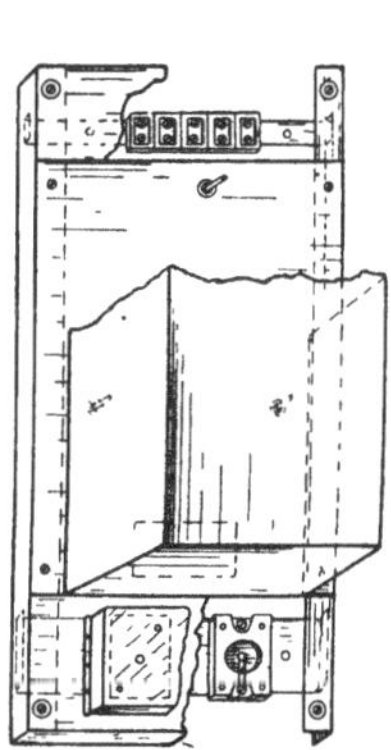

Fig. 290. Tafel mit Treppenhaus-Be-
leuchtungsuhr.

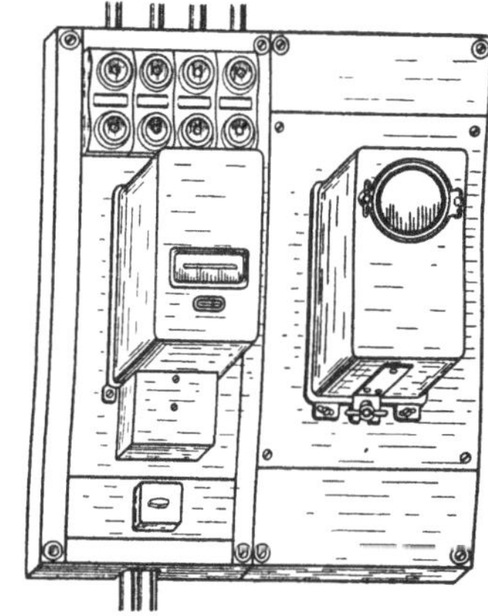

Fig. 291. Tafeln mit Umschaltuhr.

sammenhängende Anordnung auf normalisierten Tafeln, z. B. nach Fig. 290 und 291.

Es ist nicht unwahrscheinlich, daß die weitere Entwicklung des jungen Gebietes der Zählertafeln unter Mitwirkung derjenigen Kreise, die an dem fortschrittlichen Ausbau der Installationsapparate größeres Gefallen haben, auch die zur Zeit noch selten in Frage kommenden Ausführungen so weit in den Vordergrund stellt und verbessert, daß auch sie zu den gängigen Tafeln gezählt werden können.

3. Tafeln für Strombegrenzer und kleinste Zähler. Da Strombegrenzer eine wesentlich kleinere Grundfläche haben als Zähler, ist eine besondere Tafel für erstere gerechtfertigt, falls nicht die Forderung gestellt wird, auf der gleichen Tafel entweder einen Strombegrenzer oder Zähler größerer Abmessungen zu setzen. Die Platte der Tafel kann hierfür aus Eisen bestehen, und zwar ohne besondere Isolierung gegen die Wand. Da die Aufhängepunkte der bisher bekannt gewordenen Strombegrenzer leider, wie bei Zählern, untereinander sehr verschieden sind, muß die Platte für Strombegrenzer gleich derjenigen für Zähler mit entsprechend einstellbaren Aufhängevorrichtungen versehen sein, solange man sich nicht zu normalen Abmessungen für die Aufhängepunkte der Strombegrenzer geeinigt hat. — Für die Frage der Einführungsöffnungen ist bei Strombegrenzertafeln natürlich auch maßgebend, in welcher Lage und an welcher Stelle der Strombegrenzer angeordnet wird. Wie aus Fig. 292 ersichtlich, erfordert die Verschiedenheit der Anordnung Einführungslöcher an beiden Querseiten. — Gleich notwendig sind Strombegrenzertafeln mit und ohne Sicherungen, und zwar scheint es ratsam, eine Hauptsicherung vor den Strombegrenzer zu setzen, obwohl letzterer im allgemeinen als kurzschlußsicher gilt. Sie ist trotzdem nötig, weil leicht bei Kurzschluß in der Leitung die Hausanschlußsicherung abschmelzen könnte, insbesondere, wenn bei noch bestehendem Kurzschluß der Strom-

Fig. 292. Tafel mit Strombegrenzer.

Fig. 293. Tafel mit Stiazähler.

begrenzer fortgesetzt wieder eingeschaltet wird. Bei Gleichstromanlagen wird man unter Umständen eine doppelpolige Hauptsicherung vorsehen müssen. — Verteilungssicherungen werden für Strombegrenzertafeln nur vereinzelt verlangt, solche für einen Stromkreis sind zweifellos überflüssig, wenn der Strombegrenzer kurzschlußsicher ist, und zwar selbst bei Anwendung einer Hauptsicherung, vorausgesetzt, daß der Strombegrenzer gegen Kurzschluß weniger träge ist, als die davorliegende Hauptsicherung. Andernfalls würden bei Kurzschluß im Stromkreis die plombierten Sicherungen abschmelzen. — Fraglich ist, ob in bezug auf Verteilungen der Strombegrenzer auf jeden Fall entsprechend § 14e 7 der Errichtungsvorschriften als Sicherung gelten kann. Möglich ist natürlich auch für kleinste Zähler, beispielsweise bei kleinen Stiazählern, die soeben beschriebene Strombegrenzertafel zu verwenden, wie aus Fig. 293 ersichtlich. Die Abdeckung der seitlichen Zählerleitungen bereitet hier große Schwierigkeiten.

Um der Absicht zu genügen, in einer Wohnungsanlage Strombegrenzer und Zähler zugleich verwenden zu können, sind Tafeln nötig, die mit Platz und Befestigungsmitteln für beide ausgestattet sind. Einige Werke lassen die Entscheidung zwischen Strombegrenzer und Zähler frei. Für diesen Fall muß die Tafel so eingerichtet sein, daß entweder der Zähler oder der Strombegrenzer aufgehängt werden kann und ferner so, daß der eine gegen den andern ausgetauscht werden kann (siehe S. 197, Fig. 388 und 389).

B. Wichtige Anforderungen an Zählertafeln im allgemeinen.

1. Falls neben dem Zähler auch Prüfklemmen, Schalter oder Sicherungen erforderlich sind, soll die Tafel zur Aufnahme sämtlicher Apparate geeignet sein, zum mindesten aber sollen sich alle zugehörigen Apparate an die Tafel angliedern.

2. Mit oder ohne Nebenapparate muß die Tafel umrahmt sein, um das Einfallen von Fremdkörpern zu verhindern.

3. Die Klemmen müssen so beschaffen und angeordnet sein, daß der Anschluß der Leitungen nach Befestigung der Tafel an der Wand erfolgen kann und daß die Anschlußstellen von vorn kontrolliert werden können.

4. Als Baustoff für die Platte ist Holz nicht zu empfehlen. Platten aus feuer- und wärmesicherem Isolierstoff müssen mechanisch fest sein und dürfen sich nicht werfen oder verziehen, weder durch Wärme oder Feuchtigkeit, noch durch Belastung.

5. Platten aus Eisen sind für Strombegrenzer und Wechselstromzähler ohne weiteres zulässig, insbesondere, wenn sie gegen die Wand isoliert sind, desgleichen für Gleichstrom-Ampere-Stundenzähler. Dasselbe gilt für Platten aus nicht magnetischem Metall, beispielsweise Zink. Für alle anderen Gleichstromzähler sind ebenfalls Platten aus nicht magnetischem Metall zulässig, sie müssen aber auf jeden Fall gegen Wand besonders isoliert sein.

6. Der Zählertafelrahmen bzw. dessen Gestell kann für Wechselstromzähler aus Eisen bestehen, desgleichen für Ampere-Stundenzähler. Für Gleichstrom-Wattstundenzähler ist Eisen nur in einiger Entfernung vom Zähler zulässig.

7. Erdungseinrichtungen sind an dem metallenen Rahmen oder Gestell zweckmäßig, obwohl nach § 3 c 2 der Errichtungsvorschriften nur selten hiervon Gebrauch zu machen ist. Da unter Umständen auch das Zählergehäuse geerdet werden muß, scheint es zweckmäßig, die metallenen Teile der Tafel sowohl, als auch diejenigen des Zählergehäuses mit gemeinschaftlichen Erdungseinrichtungen zu versehen. — Bei Zählertafeln für Wechselstrom und Amperestunden-Zählern ist in diesem Falle die eiserne nichtisolierte Platte das Gegebene.

8. Im allgemeinen muß die Zählertafel verstellbare Zähleraufhängevorrichtungen haben, vorsorglich auch für Zähler mit 2 Aufhängeösen,

insbesondere für Elektrizitätswerke, in deren Bereich viele verschiedene Zähler vorhanden sind. Diese müssen auch Verstellbarkeit des ganzen Zählers in der Vertikalen ermöglichen. Fig. 247.

9. Anzustreben sind normale Größen von Zählertafelplatten entsprechend den gängigen kleinen und größeren Zählern, und zwar auch bei etwaiger Normalisierung der Zählergrundrisse. Fig. 246a, b, c, d und e und Fig. 266a und b.

10. Die Anschlußleitungen für den Zähler erfordern Einrichtungen, die auch deren Anschlußenden verdecken, um diese sowohl vor Verletzung zu schützen, als auch widerrechtliche Stromentnahme an dieser Stelle zu verhindern. Hierbei ist Rücksicht zu nehmen auf die Verschiedenartigkeit der Zählerpolkästen und deren Stellung. Zu fordern ist Verwendung sogenannter verlängerter Polkästen, die eine rückwärtige Einführung gestatten und mit ihrer Ausladung die Einführungsöffnung der Zählertafelplatte verdecken. Siehe S. 103 und Fig. 250.

11. Die Zählertafeln müssen gleich den Verteilungstafeln so beschaffen sein, daß deren Befestigung an der Wand erfolgen kann, nachdem die Rohre verlegt sind.

12. Zweckmäßig ist es, hinter der Platte so viel Raum zu lassen, daß Rohre auch hinter dieser verlaufen können, andernfalls muß dafür Sorge getragen werden, daß wenigstens ordnungsgemäße Verlegung der Leitungen hinter der Platte erfolgen kann. Siehe S. 139 und Fig. 299a—e.

13. Im allgemeinen ist es notwendig, Leitungs- bzw. Rohreinführungen oberhalb und unterhalb der Tafel vorsehen zu können, da Zu- und Ableitungen sowohl nur von einer Seite, als auch von beiden Seiten möglich sein müssen (siehe S. 138 u. Fig. 297—299).

14. Die Einführungswände der Zählertafel sowohl, als auch die Zähleraufhängung müssen plombierbar sein.

15. Wünschenswert ist es zuweilen, die Anschlußräume der Klemmen vor dem Zähler von denen hinter dem Zähler für sich plombierbar zu machen. Siehe S. 151—152, Fig. 323—324.

16. Die Tafeln müssen Leitungsanschluß auch bei Verlegung der Tafel und der Rohre in der Wand ermöglichen, desgleichen bei Befestigung der Tafel auf der Wand und Verlegung der Rohre in die Wand.

17. Anschlußklemmen sind insbesondere für starke Leitungen erwünscht — weniger dagegen Prüfklemmen. Sie sind vorteilhaft innerhalb der Umrahmung, aber nicht auf der Zählertafelplatte zu montieren Fig. 258 u 258a.

18. Um die Zählertafeln von der Wand entfernen zu können, ohne zugleich die Zuleitungen abnehmen zu müssen, sind Klemmengehäuse

unterhalb der Zählerplatte oder hinter dieser anzuwenden, die als plombierbares End- oder Zwischenstück für die Leitungen wirken (Fig. 261 bis 263).

C. Offene Fragen in bezug auf Zählertafeln.

Die steigende Anteilnahme an zweckmäßiger Durchbildung der Zählertafeln führt neben den in vorgehender Aufstellung erwähnten wichtigsten Anforderungen zu einer Reihe von Fragen, von denen einige mehr oder weniger befriedigend bereits im vorstehenden Beantwortung fanden. Andere bedürfen noch recht eingehender Überlegung. Zusammenfassend handelt es sich im allgemeinen um folgende (mehr oder weniger) strittige Punkte:

1. Welchen Zweck hat die Hauptsicherung vor dem Zähler?

2. Ist diese Hauptsicherung außer der Hausanschlußsicherung nötig?

3. Schützt die Hauptsicherung den Zähler gegen Kurzschluß oder Überlastung oder gegen beides?

4. Wie stark ist die Hauptsicherung zu bemessen? Und genügen hierfür die verbandsnormalen Stromstufen der Sicherungsstöpsel?

5. Ist es nötig oder zweckmäßig, bei einem einzigen Stromkreis eine Sicherung vor den Zähler und eine hinter den Zähler zu setzen, insbesondere, wenn beide Sicherungen gleichstarke Stöpsel haben?

6. Genügt der kleinste verbandsnormale Sicherungsstöpsel (6 Ampere) für die kleinsten Zähler für 3 und 5 Ampere?

7. Genügen die verbandsnormalen Sicherungsstöpsel für 6 und 10 Ampere für Strombegrenzer bis zu 8 Ampere und welche Stromstufen kommen für solche Strombegrenzer vor oder hinter diesem in Frage?

8. Welchen Zweck hat der Hauptschalter vor dem Zähler?

9. Ist der Hauptschalter zweckmäßiger hinter den Zähler zu setzen oder vor diesen?

10. Soll der Schalter zugleich auch den Nebenschluß abschaltbar machen?

11. Genügt es, Drehstromzähler zweipolig abzuschalten?

Eine Klärung dieser und anderer Fragen wäre zu dem Zwecke der Vereinheitlichung recht erwünscht und würde zugleich manche Ausführung von Zählertafeltypen als überflüssig erscheinen lassen.

XI. Die verschiedenen Zählertafelkonstruktionen.

A. Die Umrahmung.

1. Die Bauart des Rahmens. Wie bei Verteilungstafeln die Umrahmung ein der Neuzeit entsprechendes besonderes Merkmal darstellt,

so ist auch bei Zählertafeln diese Umrahmung von grundlegender
Bedeutung. — Sie bildet einen der vielen Vorzüge gegenüber den bisherigen Zähleraufhängevorrichtungen. — Mit Recht wird deswegen auf
zweckmäßigste Bauart der Umrahmung größter Wert gelegt.

Die bisher bekannt gewordenen Ausführungen lassen sich wie folgt
unterscheiden in:

      a) Rahmen als Umkleidung,
      b) Rahmen als Teil der Platte und
      c) Rahmen als Träger der Platte und der Apparate.

a) **Rahmen als Umkleidung** (Fig. 294) führt man gern nach Art
der Bilderrahmen aus und verwendet hierfür winkelförmige Holz- oder
Blechleisten. Der so in sich geschlossene Rahmen wird nach erfolgtem

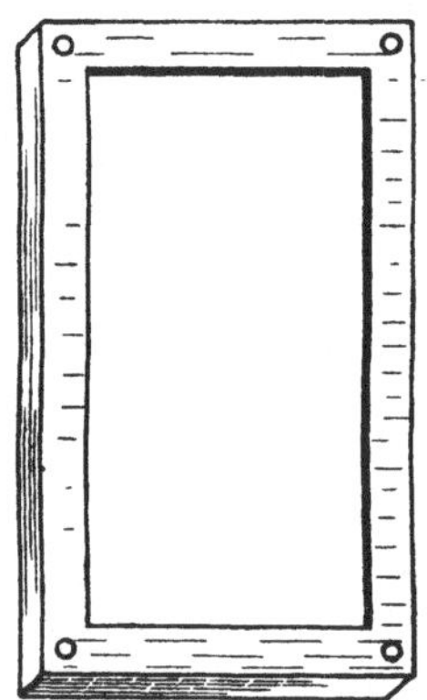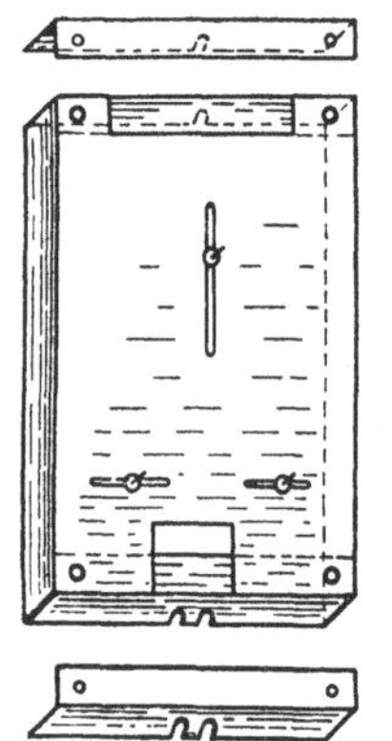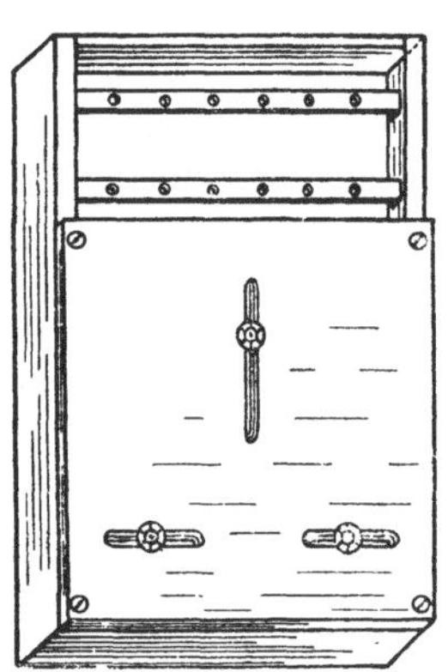

Fig. 294. Rahmen als
Umkleidung.

Fig. 295. Rahmen als
Teil der Platte.

Fig. 296. Rahmen als Träger
der Platte und der Apparate.

Leitungsanschluß über die fertig an der Wand befestigte Tafel und die
zugehörigen Apparate gesetzt. — Seltener besteht der Verkleidungs-
rahmen aus vier einzelnen Wänden, die für sich seitlich gegen die Tafel
gesetzt werden.

b) **Rahmen als Teil der Platte** (Fig. 295) findet man besonders
bei Zählertafeln, die ganz aus Isolierstoff gepreßt sind. Bei diesem
bildet der Rahmen mitsamt der Platte ein Stück; er umgibt die vier
Seiten der Platte bis zur Wand und ist mit Rohreinführungsöffnungen
versehen, die zuweilen mit Schiebern zu verengen sind, oder von Fall
zu Fall ausgebrochen werden können. — Bei Blechtafeln bilden zuweilen die umgebogenen Ränder der Platte die Rahmenleisten, von
denen vorteilhaft die obere und untere Einführungswand abnehmbar
ist (Fig. 295).

c) Rahmen als Träger der Platte und der Apparate (Fig. 296) sind so gebaut, daß die senkrechten Wände sowohl zum Tragen der Platte dienen, als auch als Stützen für die, beide verbindenden Querschienen zur Befestigung der Apparate.

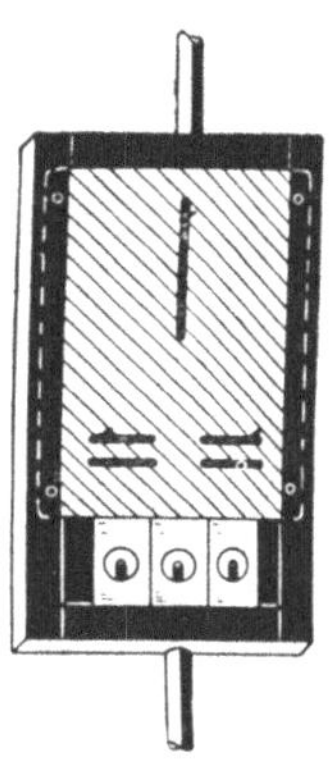

Fig. 297. Tafel mit Haupt-Sicherungselementen unten.

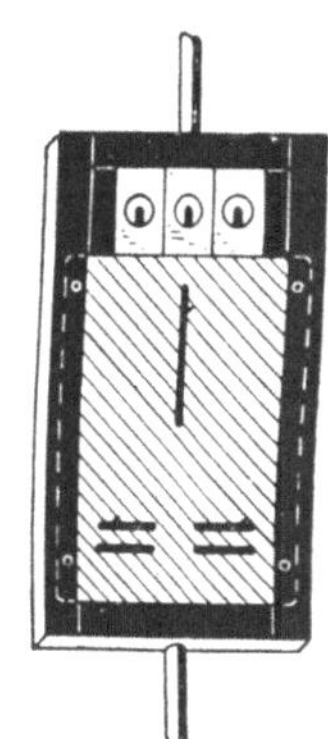

Fig. 298. Tafel mit Haupt-Sicherungselementen oben.

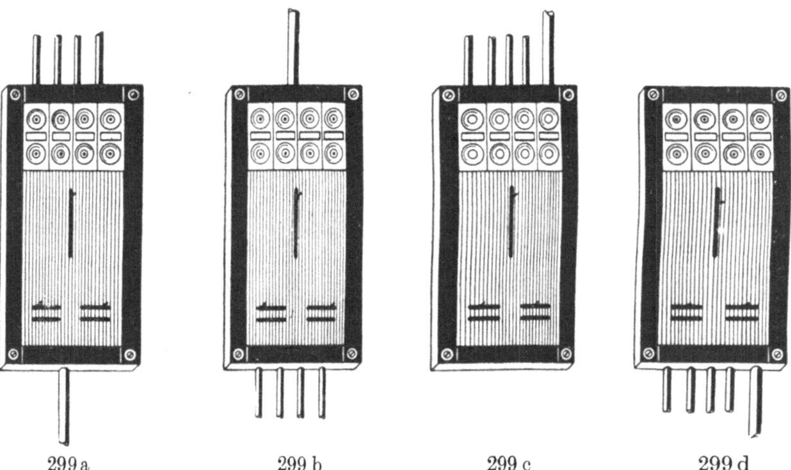

299 a   299 b   299 c   299 d

Fig. 299 a, b, c und d. Notwendige Zu- und Ableitungen von oben, unten oder beiden Richtungen zugleich.

Es verdient der Rahmen als Träger der Platte und der Apparate entschieden vor dem Rahmen als Teil der Platte den Vorzug, und zwar insofern, als diese Ausführung gestattet, die Apparate unabhängig von der Platte auf dem Rahmengestell zu befestigen. — Hierdurch entsteht der große Vorteil, nach Bedarf verschiedenartige oder verschieden gruppierte Apparate neben ein und dieselbe Platte zu montieren, und zwar, wie aus Fig. 297 und 298 ersichtlich, sowohl über der Platte als auch unter dieser. — Zu dem Zwecke ist es alsdann nur nötig, den Rahmen und die Sicherungselemente für sich um 180° zu drehen.

2. Die Rahmenhöhe. Recht wichtig ist, die Rahmenwände im allgemeinen so hoch bzw. den Abstand zwischen Wandfläche und Rückseite der Platte und der Apparate so groß zu halten, daß Rohre hinter diesen entlang geführt werden können. Wie aus der Fig. 299a—d ersichtlich, müssen nämlich die Zu- und Ableitungen sowohl beiderseits von oben oder unten, als auch teils von oben und teils von unten zu ihren Klemmen

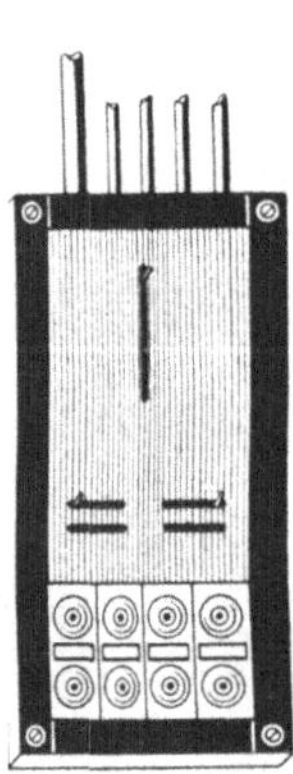

Fig. 299e. Zu- u. Ableitungsrohre oben, Verteilungselemente unten.

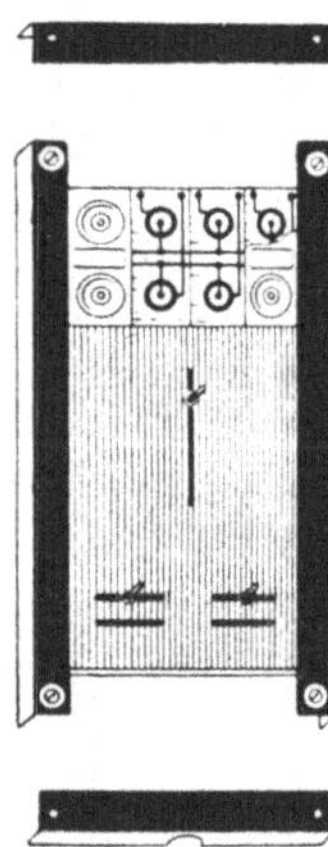

Fig. 300. Zählertafel mit lösbaren Rahmen - Querleisten als Einführungswände.

geführt werden. — Zum mindesten muß der Raum zwischen Wandfläche und Rückseite so groß gehalten werden, daß Platz genug für die unverkleideten Leitungen verbleibt. — Für diesen Fall wird von einigen Werken eine isolierende Wandverkleidung verlangt. Die Leitungen über die Platte hinwegzuführen erscheint recht verlockend, führt aber wegen der alsdann notwendigen Leitungsabdeckungen zu großen Umständlichkeiten.

3. Die Befestigung der Tafel an der Wand. Als recht erwünscht wird es bezeichnet, die Befestigung der Tafel so zu ermöglichen, daß die Befestigungsschrauben der Sicht entzogen sind. — Bei Tafeln mit Rahmen als Teil der Platte ist das zumeist nicht durchführbar, es durchdringen hier vielmehr die Befestigungslöcher in sichtbarer Weise die Tafelplatte von vorn. — Bei Tafeln mit „Umkleidungsrahmen" lassen sich die Löcher durch diese verdecken. — Bei Tafeln mit „Rahmen als

Träger der Platte" lassen sich bequem im Innern des Rahmens Befestigungslappen anbringen, die dann sehr einfach von den übrigen (lösbaren) Rahmenteilen verdeckt werden können (Fig. 301 und 302). Nicht empfehlenswert sind an Stelle dieser Lappen durchgehende Querschienen, da hier durchgehende Rohre, über die unter Umständen die Tafel gesetzt werden muß, sehr hinderlich sind. — Unbefugtes Entfernen der Zählertafel von der Wand wird hierdurch unmöglich gemacht, wenn die lösbaren Teile plombiert sind.

4. **Die Lösbarkeit der Einführungswände.** Rahmen mit untrennbar zu einem Ganzen zusammengefügten Wänden sind bestenfalls nur als Umkleidungsrahmen empfehlenswert. — Sowohl der Rahmen als Teil der Platte, als auch als Träger der Platte und der Apparate sollte stets mit lösbaren Einführungswänden versehen sein. — Es wird hierdurch der Leitungsanschluß wesentlich bequemer; auch lassen sich lösbare Einführungswände viel einfacher mit Leitungseinführungsöffnungen versehen, oder durch andere ersetzen. — Solche lösbaren Einführungswände können in handlichster Art nach beendeten Montagearbeiten den Rohrdurchmessern und Abständen angepaßt, aufgesetzt und plombiert werden (Fig. 300, 302, 314, 323 und 329).

5. **Die Rohr- und Manteldrahteinführungen.** Wie bei Verteilungstafeln muß auch bei Zählertafeln Vorsorge getroffen werden für gelegentliche Leitungseinführung von der Rückseite. — Ein richtig ausgeführter Rahmen gestattet diese Einführung ohne weiteres. — Schwieriger ist die Ausführung bei Verlegung von Rohren und Manteldrähten auf der Wand. — Im allgemeinen genügen bei Zählertafeln (wie bei Verteilungstafeln siehe S. 84, Fig. 223, 224) Einführungsöffnungen in den Horizontal-Seiten, und zwar wie aus den obigen Fig. 297—300 ersichtlich, für Zu- und Ableitung. — Die jeweils erforderliche Weite der Rohr- und Manteldraht-Einführungsöffnungen ist hierbei natürlich wie bei anderen Installationsapparaten, beispielsweise Flurdosen recht verschieden. — Man könnte deswegen geneigt sein, auch hierfür die auf S. 59, Fig. 172 empfohlenen Universalschieber zu verwenden. Diese wären in der Tat auch für Zählertafeln geeignet, wenn nicht auch die jeweilige Anzahl der Rohre oder Manteldrähte und deren Abstände untereinander verschieden wären. — Dieser Umstand führt zu verstellbaren oder bearbeitungsfähigen Einführungswänden, bei denen Einführungsöffnungen von Fall zu Fall eingestellt, oder am Montageplatze eingefeilt, ausgebrochen oder ausgebogen werden. Siehe S. 150, Fig. 322 a und b.

6. **Zählertafeln mit abnehmbarer Platte.** Im allgemeinen wird man die Tafeln so einrichten, daß die Zähler von vorn, ohne die Platte abnehmen zu müssen, aufgesetzt bzw. ausgewechselt werden können. Zu dem Zweck müssen die Einstellvorrichtungen auf der Platte entsprechend gestaltet sein. Trotzdem besteht auch das Verlangen nach

abnehmbaren Platten. Und zwar dies vornehmlich aus folgenden Gründen:

Da viele Elektrizitätswerke infolge ihrer Ortsvorschriften genötigt sind, selber die Grundplatte für den Zähler zu liefern, und womöglich auch an der Wand zu befestigen, verwenden diese Werke eine einfache Holzplatte, die auf Porzellanrollen gesetzt wird. Abseits von dieser setzt alsdann der Installateur die Verteilungssicherungen. Um sich nun die Vorteile der zu einem Stück vereinigten modernen Zählerverteilungstafel zu schaffen, ohne gegen die Ortsvorschriften zu verstoßen, schreibt das Elektrizitätswerk einen Rahmen vor, der zur Aufnahme der Verteilungssicherungen dient, zugleich aber auch gestattet, die Zählertafelplatte nach erfolgter Montage der Sicherungen von seiten des Installateurs aufzusetzen. Auf diese Weise wird der Installateur

Fig. 301. Umrahmte Zählertafel mit abnehmbarer Platte, versehen mit Durchtrittsöffnungen für die Stöpsel.

genötigt, zugleich mit den ihm sonst zustehenden Arbeiten die Befestigungsmittel für die Zählertafelplatte zu montieren. Das Elektrizitätswerk kann alsdann wie bisher seiner Verpflichtung nachkommen, d. h. die Zählertafelplatte liefern und mitsamt dem Zähler installieren. Schließlich erhält der Abnehmer auf diesem Umwege trotz der hemmenden Vorschrift eine moderne Zählerverteilungstafel.

Die abnehmbare Platte ist besonders geeignet für Tafeln, bei denen die Elemente in den Rahmen, etwa in der auf S. 129 behandelten Art, eingebaut sind. Die Platte kann hierbei nach Fig. 301 u. 302 den ganzen Rahmen überdecken, wobei in Ausführung nach Fig. 301 nur Aussparungen zum Durchtritt der Stöpselköpfe vorgesehen sind, während die Platte nach Fig. 302 solche für die Sicherungsdeckel enthält.

Es bietet diese Ausführung gegenüber der erstgenannten den Vorteil, die Anschlußstellen nach Abnahme der Deckel den Verbandsvorschriften gemäß nachsehen zu können. — Der gleiche Vorteil läßt sich bei Abdeckungen mit Durchtrittsöffnungen für die Stöpselköpfe nur dann

Fig. 302. Umrahmte Zählertafel mit abnehmbarer Platte, versehen mit Durchtrittsöffnungen für die Sicherungsdeckel.

erreichen, wenn die genannte Abdeckplatte unabhängig von der Zählerplatte als Teil für sich aufgesetzt wird (vgl. S. 129, Fig. 286 b).

B. Die Bauarten der Zählertafeln je nach Art der Apparate.

Zählertafeln ohne Apparate sind von einfachster Bauart, wenn nicht Anforderungen in bezug auf Anpassung an anzubauende Apparategruppen an sie gestellt werden. Sie bestehen zumeist aus einer Isolierstoffplatte mit angepreßtem Rahmen etwa nach Fig. 303, oder besser aus einer ebenen Platte mit gegen die Rückseite geschraubten Holzleisten und abnehmbaren Einführungswänden nach Fig. 304 a, b und c.

Fig. 303. Einfache, aus einem Stück gepreßte Zählertafel für Verwendung ohne Apparate (Rückseite).

Wesentlich größere Überlegungen sind nötig für den Bau von Zählertafeln mit Apparaten. Zu unterscheiden sind hierbei, entsprechend den Verteilungstafeln im wesentlichen zwei Arten:

Zählertafeln mit Platten aus Isolierstoff und Apparaten für rückwärtigen Anschluß mit Schalttafelklemmen und

Zählertafeln mit Unterlagen aus Metall und Apparaten für vorderseitigen Anschluß ohne Schalttafelklemmen.

Ausführungen von Tafeln dieser beiden Systeme finden sich in mannigfaltigen Abarten und zwar verschieden sowohl in bezug auf die

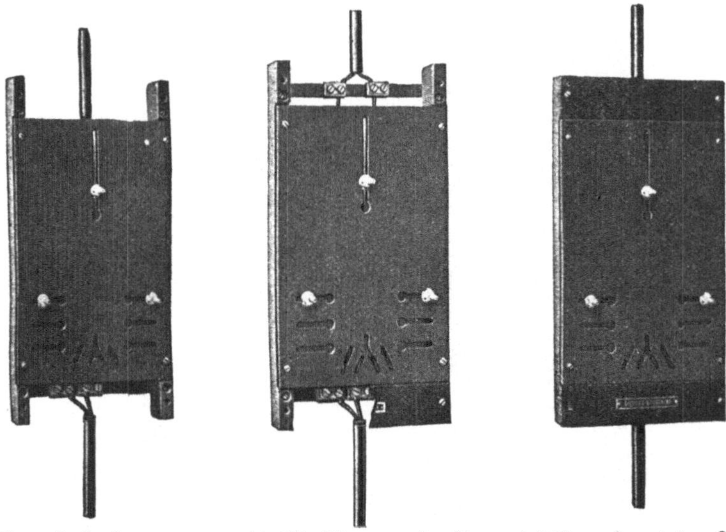

a) Querwände abgenommen.   b) Mit Klemmen für Zu- und Ableitung.   c) Mit aufgesetzten Querwänden.

Fig. 304a, b und c. Einfache Zählertafel für Verwendung ohne Apparate mit zwei Holzleisten auf der Rückseite und lösbaren Querwänden oben und unten.

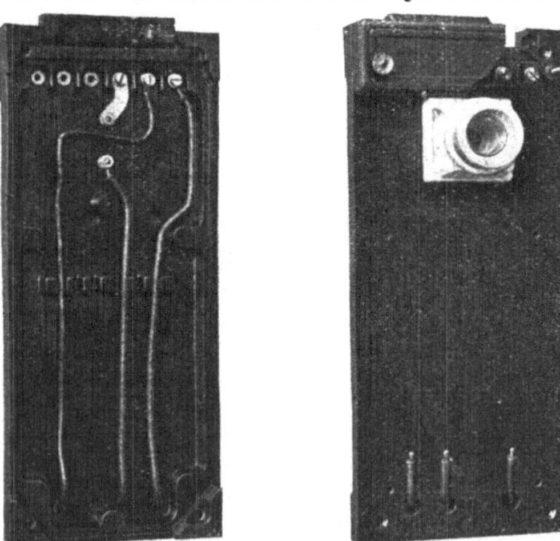

Fig. 305a und b. Zählerverteilungstafel mit Isolierstoffplatte. Schalttafelelemente für rückwärtigen Anschluß und Schalttafel-Einlaßklemmen.

Rahmen, als auch hinsichtlich der Klemmen und deren Anordnung, und den Zu- und Ableitungen und schließlich hinsichtlich der Ausführung der Sicherungselemente und Schalter.

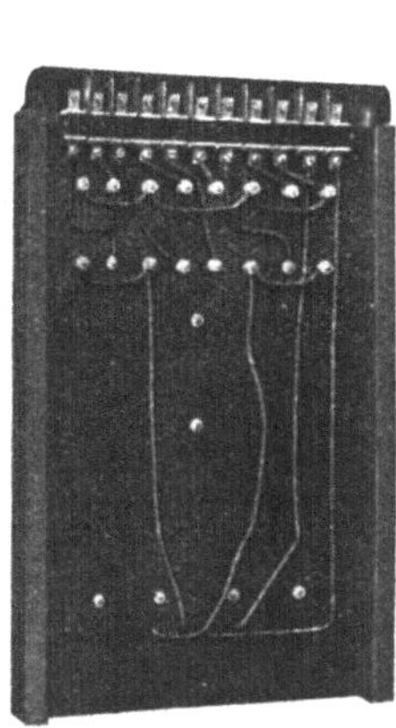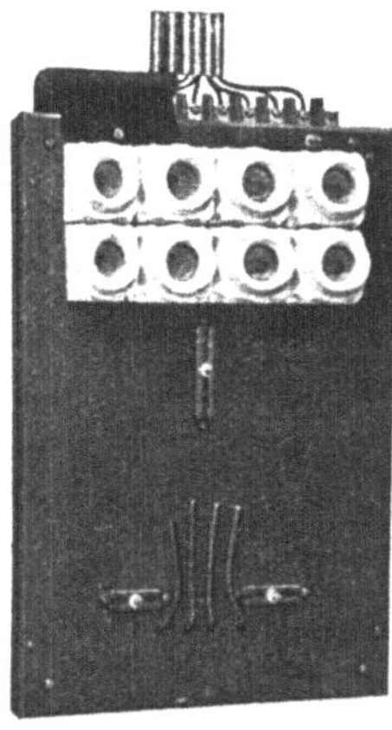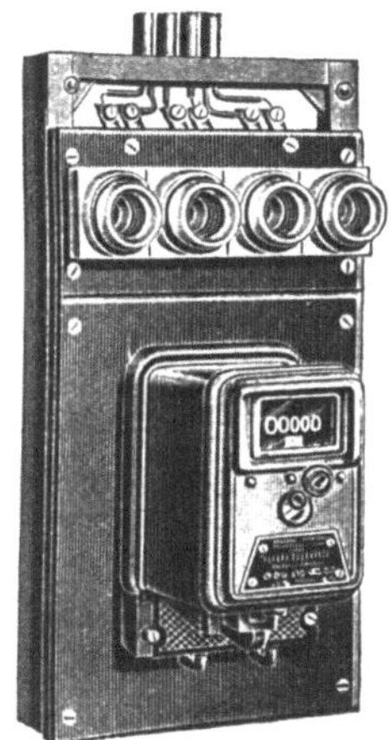

a   b

Fig. 306a und b. Zählertafel mit Isolierstoffplatte; rückwärtigen Holzleisten; Schalttafelelementen für rückwärtigen Anschluß und Schalttafel-Randklemmen.

Fig. 307. Zählertafel mit Isolierplatte auf Holzrahmenge-
stell unter Verwendung von
Schalttafelelementen für rückwärtigen Anschluß und Schalttafel-Randklemmen.

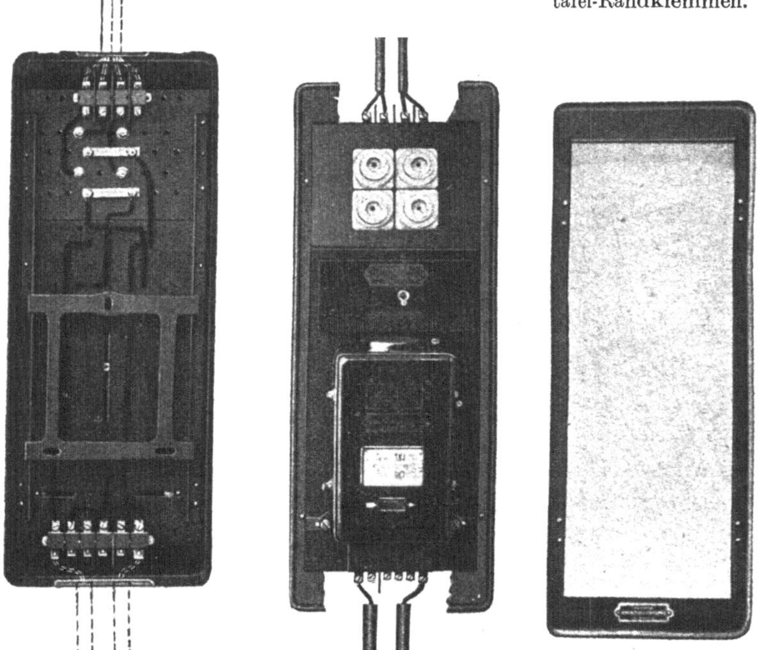

Fig. 308a, b und c. Zählertafel mit Isolierstoffplatte auf besonderem Eisen-
gestell mit Schalttafelelementen und Randklemmen. Das Ganze überdeckt von
einem besonders aufsetzbaren Umkleidungsrahmen.

1. Zählertafeln mit Isolierstoffplatte und Apparaten für rückwärtigen Anschluß mit Schalttafelklemmen. Diese Tafeln haben große Ähnlichkeit mit den entsprechenden Verteilungstafeln auf S. 72. — Man macht indessen bei diesen Tafeln wenig Gebrauch von den Einlaßklemmen für rückwärtigen Anschluß und verwendet nur solche mit

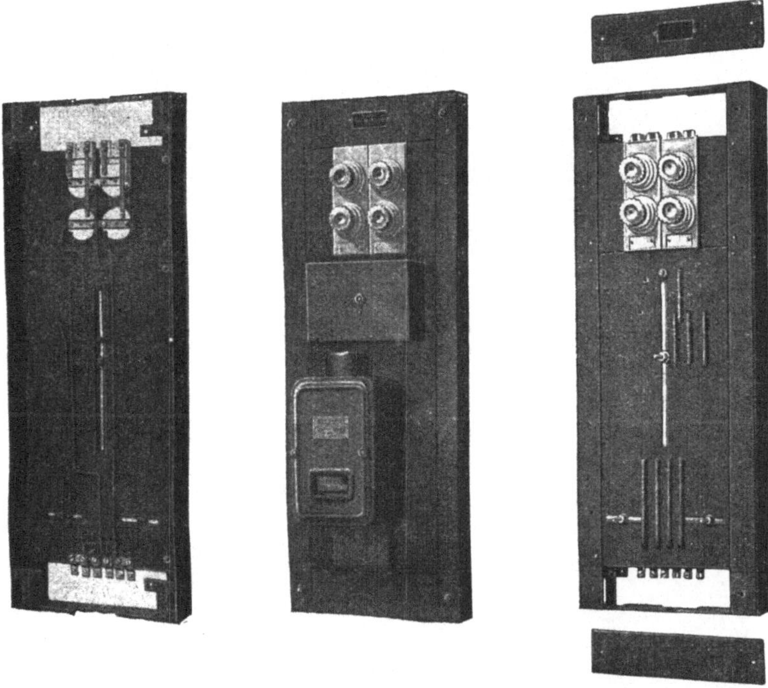

Fig. 309 a, b und c. Zahlertafel mit Elementen für rückwärtigen Anschluß eingelassen in eine Metallplatte und versehen mit Randklemmen. Der Rahmen besitzt feststehende Längsleisten aus Winkelblech, aber nicht lösbare Querwände.

vorderem Anschluß nach Art der in Fig. 198 auf S. 74 dargestellten Klemmen. — Sie werden gemäß der Fig. 305 a und b durch eine Schutzkappe verdeckt, die zugleich mit Leitungseinführungen versehen ist.

Mehr bevorzugt werden bei Zahlertafeln die auf S. 74 erwähnten Rand- oder Vorstehklemmen, wie aus den Fig. 306—308 ersichtlich. Zur Abdeckung dieser Klemmen bedient man sich hierbei entweder besonderer Abdeckkappen aus Blech mit Rohreinführungen oder der aus S. 74 bekannten Abdeckplatte, die auf dem Rahmen aufliegt, der seinerseits die Rohreinführungen besitzt. Bei Tafeln nach Fig. 308 werden die Klemmen von den oberen Seiten des Rahmens überdeckt, hierbei besitzt dieser Rohreinführungen in Form von Schiebern.

Die Tafeln nach Fig. 309a, b und c gehören zwar nicht zu der Klasse der Tafeln mit Isolierstoffplatte, wohl aber sind sie dieser sehr ähnlich, und zwar durch die bei ihnen zur Verwendung kommenden Sicherungselemente mit rückwärtigen Verbindungen. Wie bei den Schalttafelelementen sind bei diesen Sonderausführungen rückwärtige Anschlußbolzen vorgesehen, die einerseits mit den Sammelschienen in Verbindung stehen, andererseits mit Laschen, die in Klemmen enden, die nach Art der Randklemmen den Sockel überragen. — An Stelle der Isolierstoffplatte wird hierbei eine Blechplatte verwendet, die von den Elementen durchdrungen wird. Je zwei zusammengehörige einpolige Elemente werden von einem gemeinsamen Porzellandeckel überdeckt. Der Rahmen dient als Träger der Zählerplatte und derjenigen für die Elemente nach Art der auf S. 142 beschriebenen, ist aber oben und unten durch eine Blechwand mit Einführungsschiebern verschlossen. Die Klemmenräume werden nach Art der Tafeln Fig. 307 durch besondere Platten verdeckt.

2. **Zählertafeln mit Unterlagen aus Metall und Apparaten für vorderseitigen Anschluß ohne rückwärtige Schienen und ohne Schalttafelklemmen.** Rückwärtige blanke Schienen und rückwärtige Verbindungsstellen erscheinen vielen seit langem recht unerwünscht und bemüht man sich nach baulichen Ausführungen, die es ermöglichen, nicht nur alle Leitungsklemmen, sondern auch alle Verbindungsstellen und blanken Schienen zugänglich auf der Vorderseite anzuordnen. — Diese Richtung wird besonders eingehend auf S. 78—81 für Verteilungstafeln behandelt. — Sie auch auf Zählertafeln zu übertragen, wird verstandlich erscheinen. — In der Tat läßt sich, wenn die Aufgabe gestellt ist, diese Richtung ganz allgemein bei Installationsapparaten durchführen, wie beispielsweise aus den Abhandlungen über Flurdosen ersichtlich. — Ein Weg in dieser Richtung ist mit den Ausführungen von Zählertafeln nach Fig. 310a und 310b gegeben. Bei diesen werden gewöhnliche Durchgangselemente als Sicherungen verwendet, also solche mit vorderseitigen Leitungsklemmen. Da rückwärtige nackte Schienen und Laschen hierbei nicht notwendig sind, konnten diese Elemente unmittelbar auf eine metallene Unterlage gesetzt werden. Es ist diese in beiden Fällen als Blechplatte mit gegen die Wand gerichteten Rahmenwänden ausgebildet. — Die Elemente sind dem Charakter der Platte samt Rahmen entsprechend mit Blechhauben versehen. — An Stelle der samt Rahmen aus einem Stück gepreßten Zählertafelplatte wird bei den Zählertafeln nach Fig. 311a, b und c ein Rahmengestell mit aufgelegter abnehmbarer Eisenplatte für den Zähler und Abdeckwinkelblechen für den oberen und unteren Raum der Tafel verwendet. Als Träger der in das Rahmengestell versenkt einzubauenden Sicherungselemente und sonstigen Apparate sind Bandeisen zwischen den beiden festen Längsseiten des Rahmens ausgespannt. — Es wird also bei diesen Tafeln ein „Rahmen als Träger der Platte und der Apparate" verwendet.

Fig. 310 a und b. Zählertafeln mit Eisenblechplatte und umgebogenem Rahmen als Teil der Platte. Zur Verwendung kommen (gekapselte) Sicherungselemente mit vorderseitigen Anschlußklemmen.

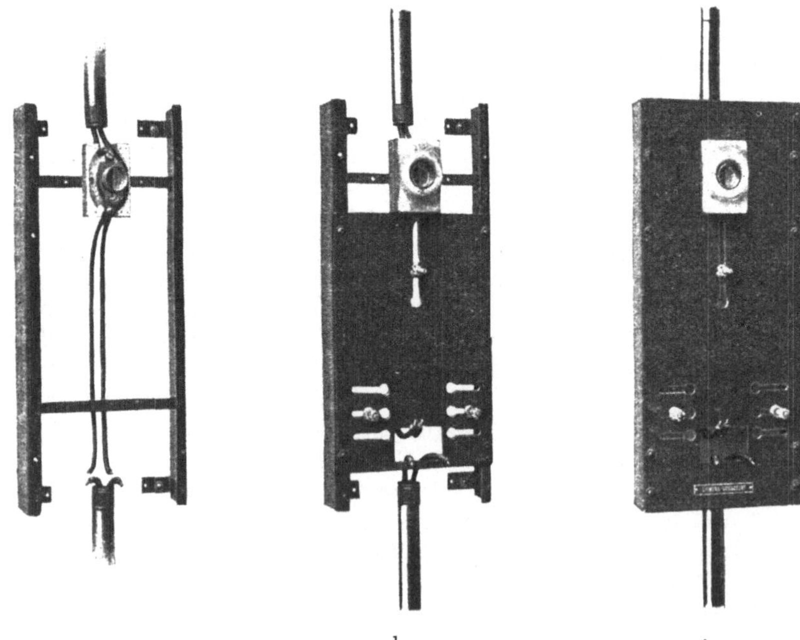

Fig. 311a, b und c. Zählertafel mit einem Rahmengestell als Träger der Platte und einer Querschiene als Träger der Elemente. Beide Querwände des Rahmens sind abnehmbar.

Zu der obigen Klasse von Tafeln ohne rückwärtige Klemmen, Verbindungsstellen, nackte Laschen und Schienen gehören auch die be-

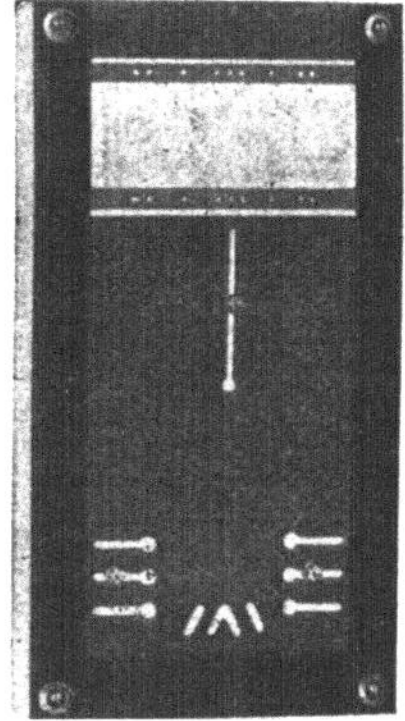

Fig. 312. Zählertafelgestell mit Platte und noch nicht eingesetzten Apparaten.

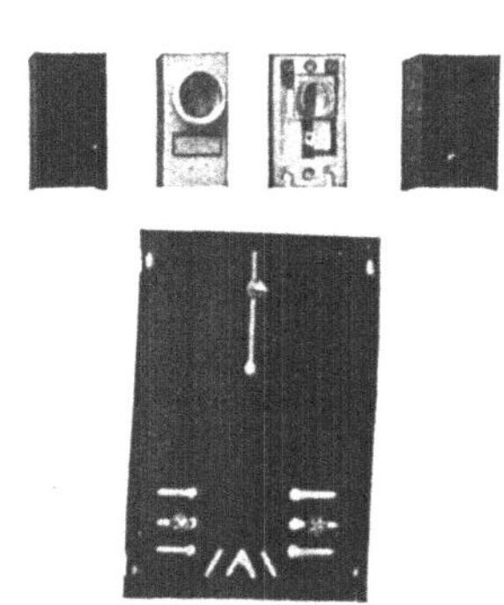

Fig. 313. Zählertafelplatte, Verteilungselemente und Füllstücke zur Verwendung in Rahmengestellen nach Fig. 312.

Fig. 314. Rahmengestell mit festen durch Querschienen verbundenen Längsleisten und lösbaren Querleisten.

kannten festumrahmten Zählertafeln des in folgendem beschriebenen viel verbreiteten Systems. Von den übrigen Tafeln außer der letztgenannten dieser Art unterscheiden sich diese Tafeln vornehmlich durch das eigenartige metallene Rahmengestell. Dieses besteht nach Fig. 314 aus festen Längsrahmenleisten, verbunden durch Querstege als Träger der Apparate und durch die, beide Längsleisten überbrückende Zählertafelplatte. Die Apparate sind bei diesen Tafeln in die Umrahmung eingelassen, ihre Grundfläche befindet sich also nicht, wie bei sonstigen Tafeln in gleicher Ebene mit der Vorderfläche der Zählertafelplatte, sondern gegen diese tief zurückstehend. Hierdurch wird der Leitungsanschluß recht wesentlich erleichtert, da die Leitungen den Sockel der Apparate nicht zu durchqueren brauchen. Um die Apparate in dieser Weise unterbringen zu können, wird gemäß Fig. 312 über oder unter der Platte ein freier Raum gelassen, dieser entspricht der einfachen Länge und der vielfachen Breite der zu verwendenden Sicherungen und Schalter bzw. Füllstücke nach Fig. 313. Diese Füllstücke sind zu verwenden, wenn nur ein Apparat oder einige wenige solcher nötig sind; sollen mehrere von diesen eingebaut werden, so können die Füllstücke entweder seitlich unter den Rahmen etwas verschoben oder gänzlich entfernt bzw. fortgelassen werden. Diese Einrichtung ermöglicht es, die Zählertafeln durch nachträgliches Hinzusetzen von Apparaten für zusätzliche Stromkreise zu erweitern. Es wird hierdurch aber auch die Möglichkeit gegeben, Tafeln

Fig. 315. Einpoliges Durchgangselement.

Fig. 316. Zweipoliges Verteilungselement einpolig sichernd.

Fig. 317. Zweipoliges Verteilungselement zweipolig sichernd.

Fig. 315—317. Sicherungselemente zum Einbauen in Rahmen nach Art der in Fig. 312—334 dargestellten.

gemäß den Ausführungen auf S. 128 ohne Apparate auf Lager zu halten und besonders von Fall zu Fall für einen oder mehrere Stromkreise einzurichten. Als Sicherungselemente kommen zwei Arten zur Verwendung (vgl. S. 114), und zwar Elemente für durchgehende Leitungen und solche für abzweigende Leitungen, erstere sind vor-

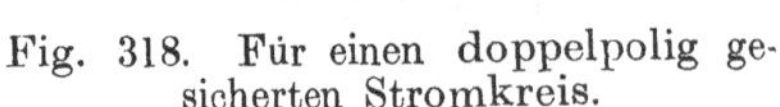

Fig. 318. Für einen doppelpolig gesicherten Stromkreis.

Fig. 319. Für drei einpolig gesicherte Stromkreise.

nehmlich als Haupt- oder Durchgangssicherungen nach Fig. 315 ausgebildet. — Die Elemente für abzweigende Leitungen nach Fig. 316 und 317 sind ausschließlich für Verteilungen eingerichtet und besitzen zu dem Zweck vorderseitig angeordnete Klemmen für die Sammelschienen und solche für die Abzweige. Letztere sitzen paarweise in unmittelbarer Nähe der oberen Schmalseite des Sicherungssockels und werden von einer Kappe mit Stromkreisschildchen überdeckt. Beide

Arten von Klemmen sitzen unmittelbar auf der Vorderseite des Elementes zwischen Sockel und Kappe. Ihre Verwendung zu Zählertafeln erläutern die Fig. 318—334.

Fig. 320. Für drei zweipolig gesicherte   Fig. 321. Einfache Zählertafel mit zwei
          Stromkreise.   poliger Hauptsicherung.

Fig. 318—321. Zählerverteilungstafeln.

Das Rahmengestell ist gemäß der Forderung auf S. 139 so hoch gehalten, daß Rohre zwischen Wand und Tafel hindurchgeführt werden können, auch ist es so eingerichtet, daß die Tafel nach Verlegung der Rohre an der Wand befestigt werden kann. Der Leitungsanschluß erfolgt, nachdem die Tafel fertig montiert ist. — Die Querwände der Tafeln sind deswegen lösbar eingerichtet, um beim Anschließen der Leitungen unbeengt arbeiten zu können, und ferner, um das Einfeilen der Einführungsöffnungen bequem vornehmen zu können. Zu dem Zweck besitzen die Wände übrigens nach Fig. 322a leicht zu bearbeitende

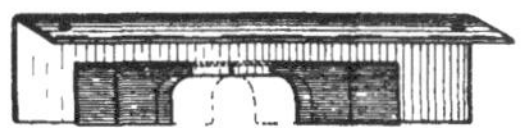

Fig. 322 a. Rahmen - Querleiste mit   Fig. 322 b. Rahmenquerleiste mit einbearbeitungsfähiger Einführungswand.   stellbaren Schiebern.

Holzbrettchen, während sie nach Fig. 322b mit einstellbaren zweiteiligen Schiebern versehen sind. Die lösbaren Einführungswände dienen aber auch einem andern, nicht weniger wichtigen Zwecke. Sie machen es möglich, der Forderung auf S. 135 zu genügen, gestatten also Plombierung des Anschlußraumes unabhängig von den Abzweigräumen. Die Vorteile dieser Art erläutern die Fig. 323 und 324.

Die Plombierung der Einführungswände ist aus diesen Figuren ersichtlich, desgleichen die Plombierung der Zählerbefestigungsmuttern.

Für diese werden geschlitzte Bolzen mit Kronenmuttern verwendet. Diese ermöglichen besonders müheloses Plombieren und vollständiges Festbinden der Muttern, so daß der Zähler nicht mutwillig verstellt werden kann.

Als einstellbares Befestigungsmittel wird bei diesen Tafeln die Platte mit einem Längsschlitz und 3 Paar Parallelschlitzen verwendet. Sie er-

<table>
<tr><td align="center">a</td><td align="center">b</td><td align="center">c</td></tr>
<tr><td>Untere Einführungswand abgenommen, Hauptleitungen durch die Tafelplatte gefuhrt.</td><td>Zähler aufgesetzt, angeschlossen, aber Polkasten noch unverdeckt.</td><td>Zähler fertig angeschlossen und plombiert, Einführungswand wieder aufgesetzt und ebenfalls plombiert.</td></tr>
</table>

Fig. 323. Zählertafel während der Anschlußarbeiten von seiten des Elektrizitätswerkes.

fordert verlängerte Zählerpolkästen. Ausgeführt werden genannte Tafeln in zwei Plattengrößen, die eine mit einer nutzbaren Plattenfläche von 165×280, die andere von 220×430 mm. Die kleinen Zählertafeln sind vornehmlich für kleine Wechselstrom- und Gleichstrom-Amperestundenzähler bestimmt (Fig. 324), die größeren für die übrigen Zähler.

Das ganze System enthält alle auf S. 114 in der Tabelle der Systemeinteilung für Zählertafeln aufgeführten Arten von Zählertafeln, also auch solche ohne Apparate und Tafeln mit Hauptsicherungen und Schaltern (siehe Fig. 325—328).

In unmittelbarem Zusammenhange mit diesen Zählertafeln stehen die Verteilungsgruppen der S. 79—81. Diese sind mit jenen nicht nur

a) Kappen der Elemente und obere Einführungswand abgenommen.

b) Stromkreisleitungen angeschlossen.

c) Kappen der Elemente und obere Einführungswand wieder aufgesetzt.

Fig. 324. Die vorgenannte Zählertafel während der Anschlußarbeiten der Stromkreise von seiten des Installateurs.

Fig. 325. Zählerverteilungstafel mit Hauptausschalter.

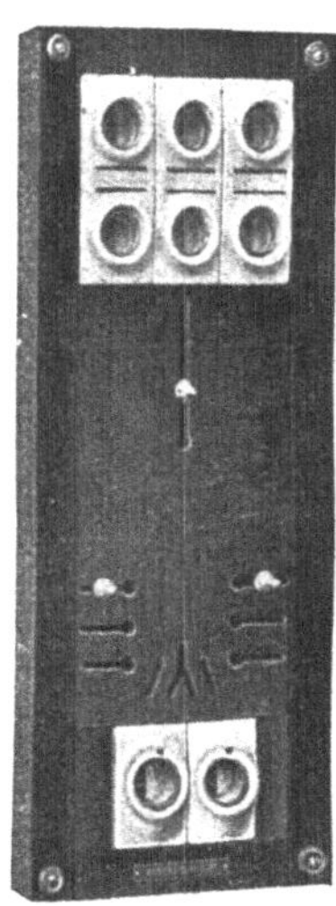

Fig. 326. Zählerverteilungstafel mit Hauptsicherung.

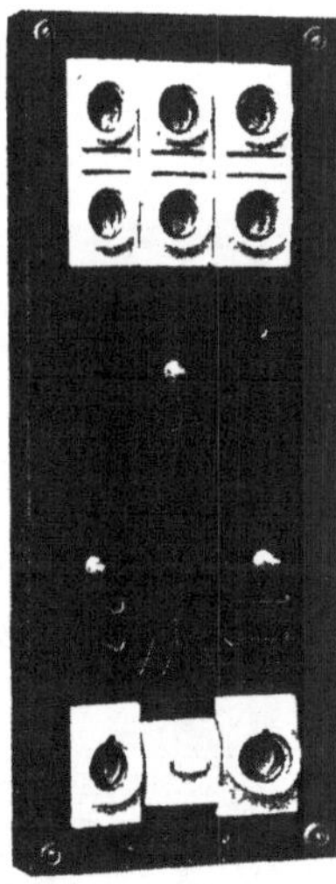

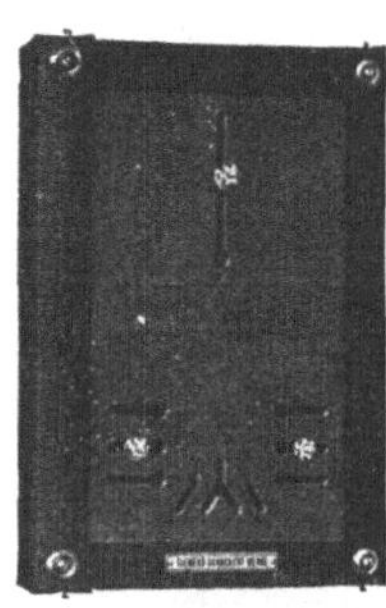

Fig. 327. Zählerverteilungstafel mit Hauptsicherung und Hauptausschalter.

Fig. 328. Einfache Zahlertafel ohne Apparate.

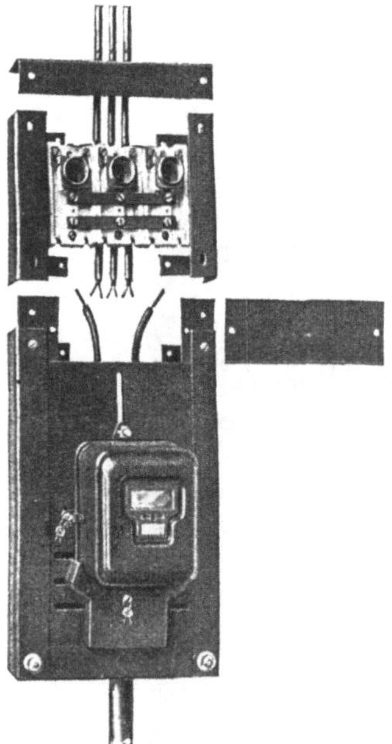

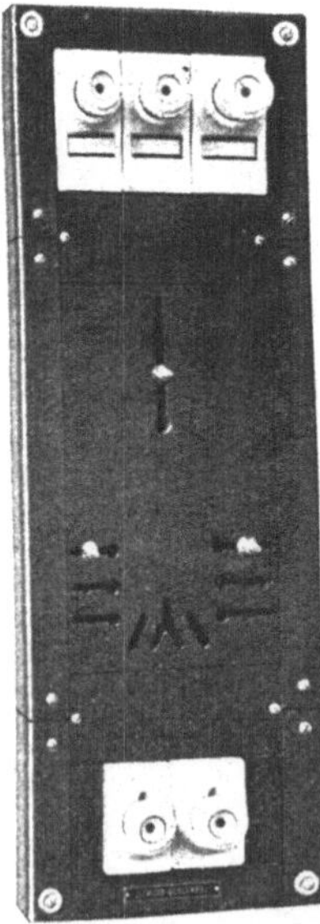

Fig. 329. Anbau einer Verteilungstafel an eine einfache Zählertafel.

Fig. 330. Einfache Zählertafel mit angebauter Hauptsicherungstafel und einer Verteilungstafel.

Fig. 331. Einfache Zählertafel ohne Sicherung mit angebauter Hauptsicherungstafel.

in bezug auf die Art der Apparate, sondern auch hinsichtlich der
Rahmengestelle übereinstimmend. Diese Übereinstimmung ermöglicht
es, Verteilungstafeln und Zählertafeln unmittelbar aneinanderzusetzen
(Fig. 329—331). Bei gleichen Breiten kann dieser Zusammenbau in
einfachster Weise durch Verwendung von Laschen und Abdeckblechen
geschehen. Es kann somit aus einer Zählertafel ohne Sicherungen nachträglich ohne Abnahme der bereits montierten Tafel eine Zählertafel
mit Verteilungssicherungen hergerichtet werden (Fig. 329), was unter
Umständen Sache des Installateurs sein kann, ebenso können unter

Fig. 332 a und b. Zählerverteilungstafeln mit Füllstücken an Stelle von spater
nach Bedarf einsetzbaren Sicherungselementen.

Verwendung von entsprechenden Anbautafeln auch beliebige andere
Zusammenstellungen, wie beispielsweise solche mit Hauptsicherung nach
Fig. 330 und 331 oder mit Schaltern hergestellt werden.

Die gleichen Vorteile bietet das System auch hinsichtlich nachträglich notwendiger Ergänzungen der Stromkreissicherungen nach
Fig. 332a u. b.

Die genannten Zahlertafeln werden sowohl mit Isolierstoffschlitz-
platten, als auch Eisenschlitzplatten geführt. — Für Ausführungen aus
neuester Zeit werden Platten verwendet, die mit sogenannten Stellschlitten versehen sind. Wie die Fig. 333 erkennen läßt, gehört diese
Einrichtung zu der Gruppe e der Zählerbefestigungseinrichtungen nach
Fig. 247 der S. 99. — Die Zählerschlitten ermöglichen Einstellung
der unteren Ösenabstände und alsdann Vertikalverstellung des ganzen
Zählers. Die Feststellung in gewünschter Höhenlage erfolgt durch die

drei Zählerbolzenmitten, also ohne Abnahme des Zählers. Die Schlitten werden vorher festgeklemmt.

Die Fig. 334 stellt zum Schluß eine Zählertafel dar mit an deren unterer Einführungsseite befestigtem Patronenvorratskästchen. — Es ist ein derartiges Patronenkästchen in unmittelbarer Nähe der Sicherungen

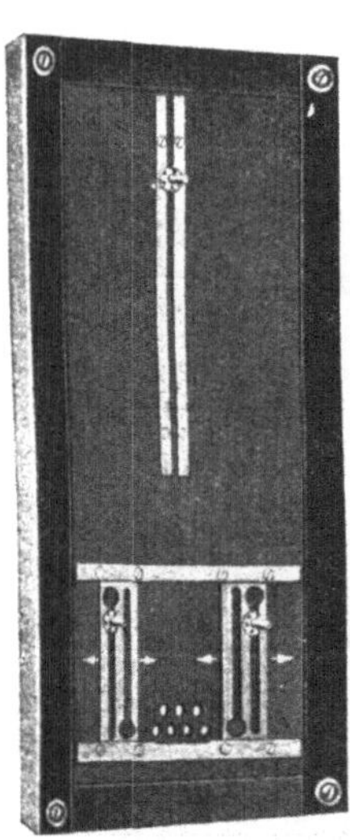

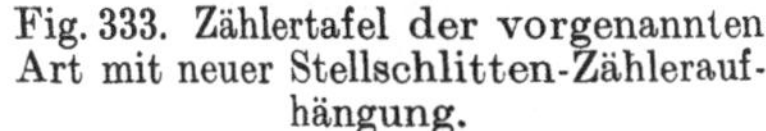

Fig. 333. Zählertafel der vorgenannten Art mit neuer Stellschlitten-Zähleraufhängung.

Fig. 334. Zähler-Verteilungstafel mit Patronenvorratskästchen.

außerordentlich praktisch. Neue Patronen im Bedarfsfalle stets zur Hand zu haben, schützt am besten vor der Verwendung unerlaubter und gefährlicher Notbehelfe anstelle ordnungsgemäßer Sicherungspatronen.

XII. Die Einführung einheitlicher Sicherungen.

Die im Vorwort Seite IV erwähnte Entschließung der Vereinigung der Elektrizitätswerke, zum Zwecke der Vereinheitlichung der Installationssicherungen ein wohl erprobtes System allen anderen gegenüber zu bevorzugen, brachte in einem Zeitraum von etwa 10 Jahren dem sogenannten D-Stöpsel weiteste Verbreitung. Mehr oder weniger bestimmt ausgedrückte Vorschriften oder auch nur ausgesprochene Hinweise und Empfehlungen von seiten der Werke im Sinne dieser Entschließung schafften für die betreffenden neuen Anschlußbezirke ohne besonderen Nachdruck auf dem Sicherungsgebiete dasjenige Maß von Ordnung, das zu erreichen vordem unmöglich erschien. — Man sollte auf diesem Wege weiter fortschreiten und sich auch in den älteren Ortschaften dem Fortschritt nicht verschließen, der den neuen Anlagen aus der Vereinheitlichung der Sicherungen in dem bisherigen Umfang bereits erwuchs. Die wenigen großen Städte, die bisher unentschlossen blieben, werden sicher zum eigenen späteren Vorteil und zur Unterstützung der Vereinheitlichungsidee nicht für alle Zeiten zurückstehen können und die kleinen Übergangsschwierigkeiten in Kauf nehmen, die andere Werke schon überwunden haben.

Inzwischen wird man noch weitere Vereinheitlichung der Sicherungen schaffen müssen und vielleicht auch der längst gehegten Absicht mit Vorsicht näher treten, nunmehr auch gewisse Klassifizierungen der Sicherungselemente und am Ende auch bestimmte Konstruktionen zum mindesten aber Grundrisse und Befestigungsabstandsmaße festzulegen versuchen. Zu dieser umfangreichen und verantwortungsvollen Arbeit wird das Studium der Anwendungsgebiete der Sicherungssockel, das in den Abschnitten über Hausanschlußsicherungen, Verteilungs- und Zählertafeln behandelt wurde, recht lehrreich sein und wahrscheinlich zu der Erkenntnis führen, daß hierfür Vereinheitlichungen jedenfalls vorläufig nur in beschränktem Maße durchführbar erscheinen. — Siehe S. 46, 76 und 88. Wie sich zur Zeit übersehen läßt, könnten Vereinheitlichungen jedenfalls für Schalttafelelemente und solche für Hauptsicherungssockel wohl in Frage kommen. — Ob und wieweit ein Bedürfnis hierfür vorliegt, ist schwer zu entscheiden. — Wie auf vielen Gebieten der Installationsmaterialien gilt sicher aber auch für Sicherungselemente die Festlegung einer bestimmten Gruppeneinteilung der Typen nach Verwendungszweck (eine Typisierung) als dringend geboten und durchführbar, um somit zum mindesten doch beim Veranschlagen von Anlagen passende Vergleiche aufstellen zu können und den Monteur an bestimmte Grundtypen zu gewöhnen.

Aber auch in anderer Hinsicht bleibt auf dem Sicherungsgebiete zu vereinheitlichen mancherlei übrig. — So Stöpsel-Sicherungen für große Stromstärken und gewisse Merkmale an Schraubstöpseln überhaupt[1]).

Zu weiteren Arbeiten in dieser Richtung mögen die nachfolgenden Unterlagen dienen, die neben den Schraubstöpseln auch die übrigen z. Z. noch verwendeten Sicherungen darstellen. — Sie werden auch im übrigen gute Dienste leisten.

1. Patronen-Sicherungen mit Kontakten nach Art der Streifensicherungen für 10—400 Amp. (Fig. 335—337). Diese Sicherungen sind vornehmlich als Ersatz für Streifensicherungen bestimmt und hinter den Schalttafeln, in Schaltschränken, Schaltkästen und Hausanschluß-

---

[1]) Auf Antrag der Vereinigung der Elektrizitätswerke beschlossen im Frühjahr 1919 nun auch die zuständigen Kommissionen des Verbandes deutscher Elektrotechniker und des Zentralverbandes der deutschen Elektrotechnischen Industrie, D-Stöpsel bis 25 Amp. 500 Volt als Einheits-System festzulegen. Siehe E. T. Z. Aug. 1919.

sicherungen vielfach in Verwendung. Ihre Kontaktstücke und Klemmen sind unverdeckt, und zwar in Ausführung nach Fig. 335 als Messer- und federnde Gabelkontakte, in Ausführung nach Fig. 336 und 337 als Ösen-schraubkontakte ausgebildet. Unverwechselbarkeits-Einrichtungen sind bei diesen Patronensicherungen nicht vorgesehen, wohl aber Unter-brechungsmelder. Im Verkehr sind sie seit etwa 1904. (Auswechseln unter Spannung nicht ungefährlich).

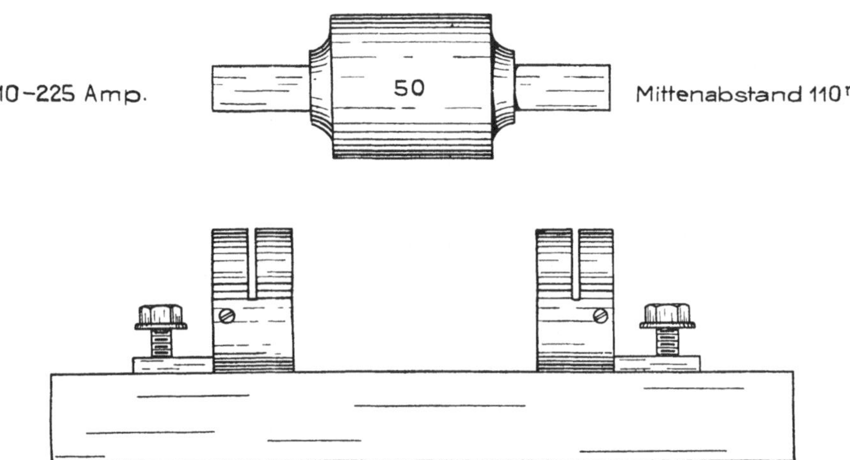

Fig. 335. Patronensicherung mit Messer- und Federgabelkontakten. Patronen-körper aus Porzellan. 500 Volt.

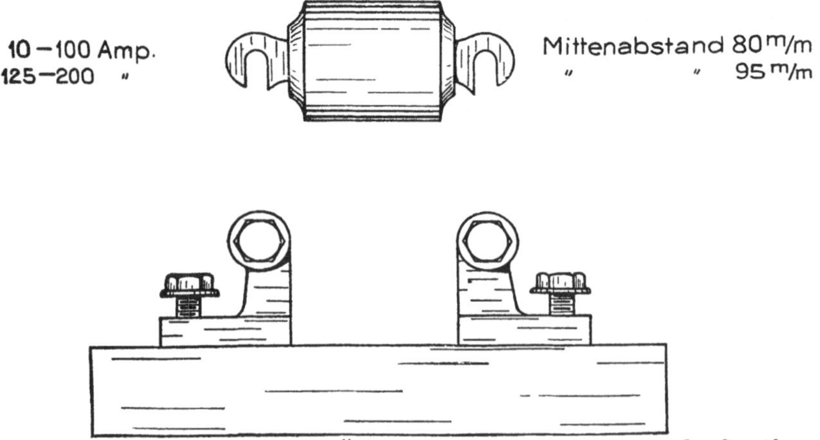

Fig. 336. Patronensicherung mit Ösen-Schraubkontakten nach Art der Streifen-sicherungen. Patronenkörper aus Porzellan. 500 Volt.

2. Patronensicherungen mit Keilkontakten für 4—100 Amp.
(Fig. 338). Sicherungen dieser Art sind seit 1903 als Hausanschluß-,
Schalttafel- und Schaltkästensicherungen in Verwendung. Hierfür
gebaute Elemente mit gußeisernem Gestell sind sowohl für vorderseitigen,
als auch rückwärtigen Anschluß gebaut und besitzen verdeckte Klemmen,
so daß diese Sicherungen auch auf der Vorderseite der Schalttafeln
verwendet werden können. Als Unverwechselbarkeitsorgane sind flache
Metallschieber mit profilierten Aussparungen, die zu den entsprechend
geformten, aus der einen Stirnseite der Patrone hervorragenden Zapfen

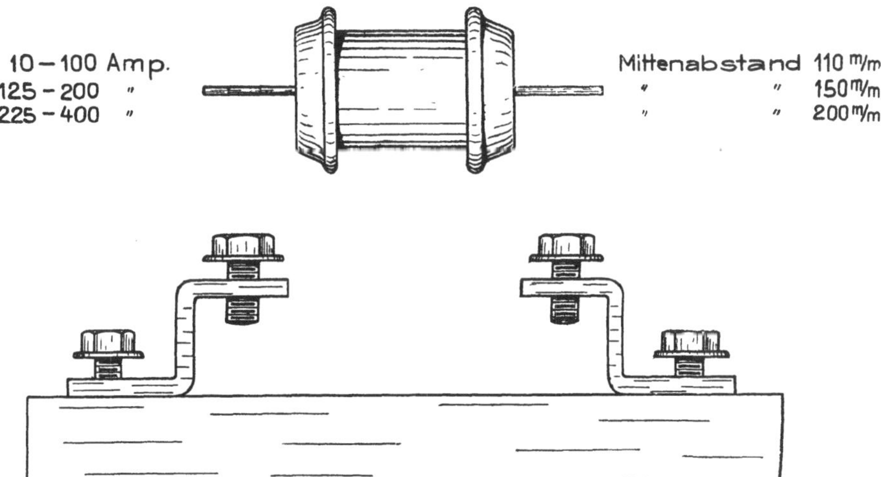

Fig. 337. Patronensicherung mit Ösen-Schraubkontakten nach Art der Streifensicherungen. Patronenkörper aus Glas. 500 Volt.

passen. — Die Keilkontakte verdanken ihre Entstehung der Erkenntnis,
daß zur Explosionssicherheit von Patronen durchaus nötig ist, die beiden
Endverschlußklappen von außen besonders fest gegen den Patronenkörper zu pressen und hierbei die Gegenlager so widerstandsfähig zu
halten, daß der Innendruck bei Kurzschluß die Verschlüsse nicht zu
lockern vermag. — Die Wirkung der Keilflächen erweist sich im übrigen
auch auf die Kontaktgebung recht vorteilhaft und kommt den Kontakten
mit feingängigem Gewinde in bezug auf geringen Übergangswiderstand
ziemlich nahe, besitzt aber den Vorteil bequemer Bedienbarkeit ohne
Zuhilfenahme von Werkzeugen. Die Patronen sind mit Unterbrechungsmeldern versehen und sowohl in bezug auf Spannung, als auch Stromstärke unverwechselbar. (Für Neuanlagen nicht mehr zu empfehlen).

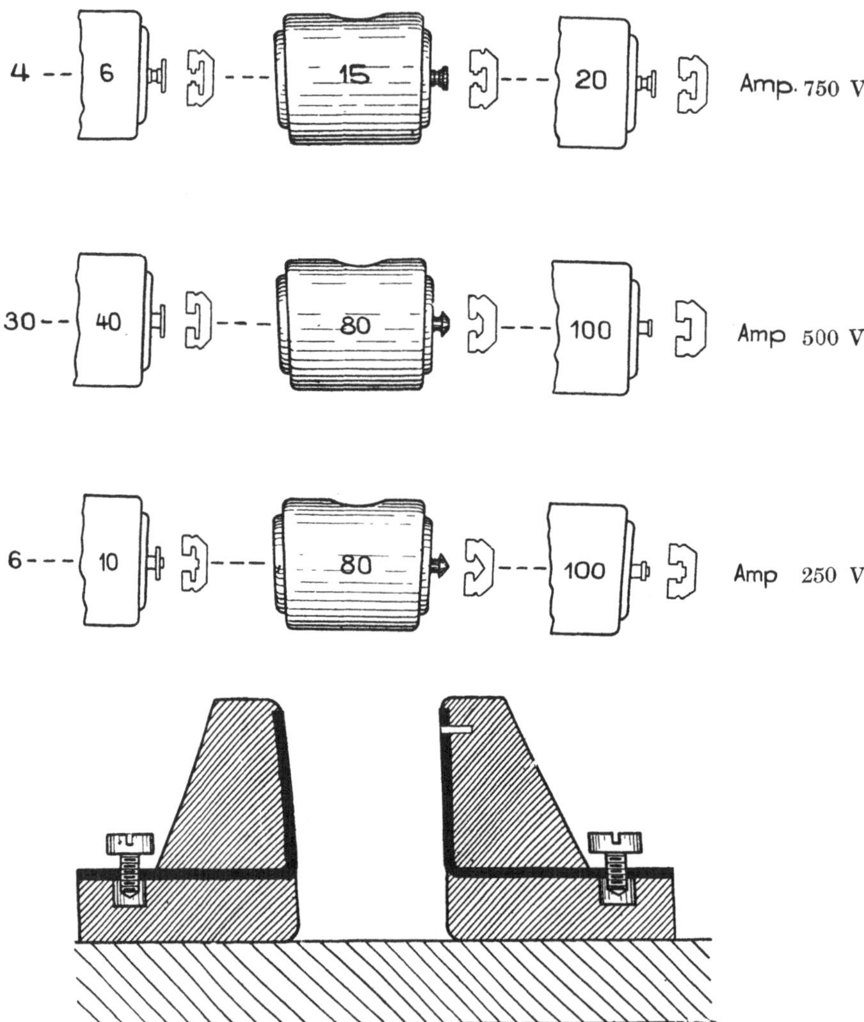

Fig. 338. Keilkontakt-Patronensicherung mit auf Strom und Spannung unver-
wechselbaren Porzellanpatronen.

3. Die Borg-Stöpselsicherungen für 2—25 Amp. (Fig. 339). Sicherungen dieser Art, seit 1901 auf dem Markt, haben keine große
Verbreitung gefunden. Sie besitzen eine sehr sichere Unverwechselbarkeit in bezug auf Stromstärke durch Verwendung auswechselbarer
Gewindebüchsen, sind sicher gegen Lockerung, haben aber eine unerwünscht große Patronenlänge und sind zu allgemeiner Verwendung
für die sie bestimmt waren, nicht gekommen, obwohl Elemente und

Verteilungstafeln in wohl durchgebildeter Ausführung für dieses System vorgesehen sind.

4. **Die Ringbolzensicherungen für 2—40 Amp. 250 Volt und 2—30 Amp. für höhere Spannungen (Fig. 340).** Dieses System besteht in ältester, nur noch ganz vereinzelt anzutreffender Bauart mit Zementpatronen seit 1898, in der in Fig. 340 c dargestellten Art mit walzen-

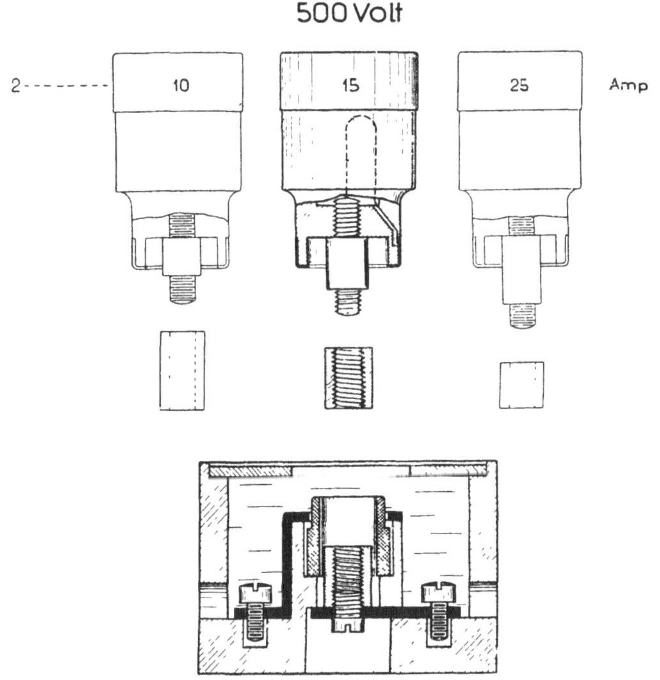

Fig. 339. Borgstöpselsicherung mit Stöpseln, deren Gewindezapfen unter Verwendung verschieden langer Gewindehülsen als Mittel zur Herstellung der Stromstärken Unverwechselbarkeit dienen.

förmigen Patronen seit 1900, als Flachpatronensystem nach Fig. 340 b seit 1910 und als System ohne Patronendeckel (also in Stöpselform) nach Fig. 340 a seit 1900. Die Ursprungsform dieser Sicherung entstammt etwa dem Jahre 1896 (siehe E. T. Z. Jahrgang 1897, Aufsatz Hundhausen).

Es gilt als erstes System, dessen Patronen Unterbrechungsmelder und Spannungsunverwechselbarkeitseinrichtungen besitzen. Zu dem Zwecke der Unverwechselbarkeit werden sogenannte Stellmuttern auf die Kontaktbolzen des Elementes geschraubt. Für größere Stromstärken werden mehr Stellmuttern aufgeschraubt als für kleinere, für größere Spannungen aber eine unterste Stellmutter mit größerem Durch-

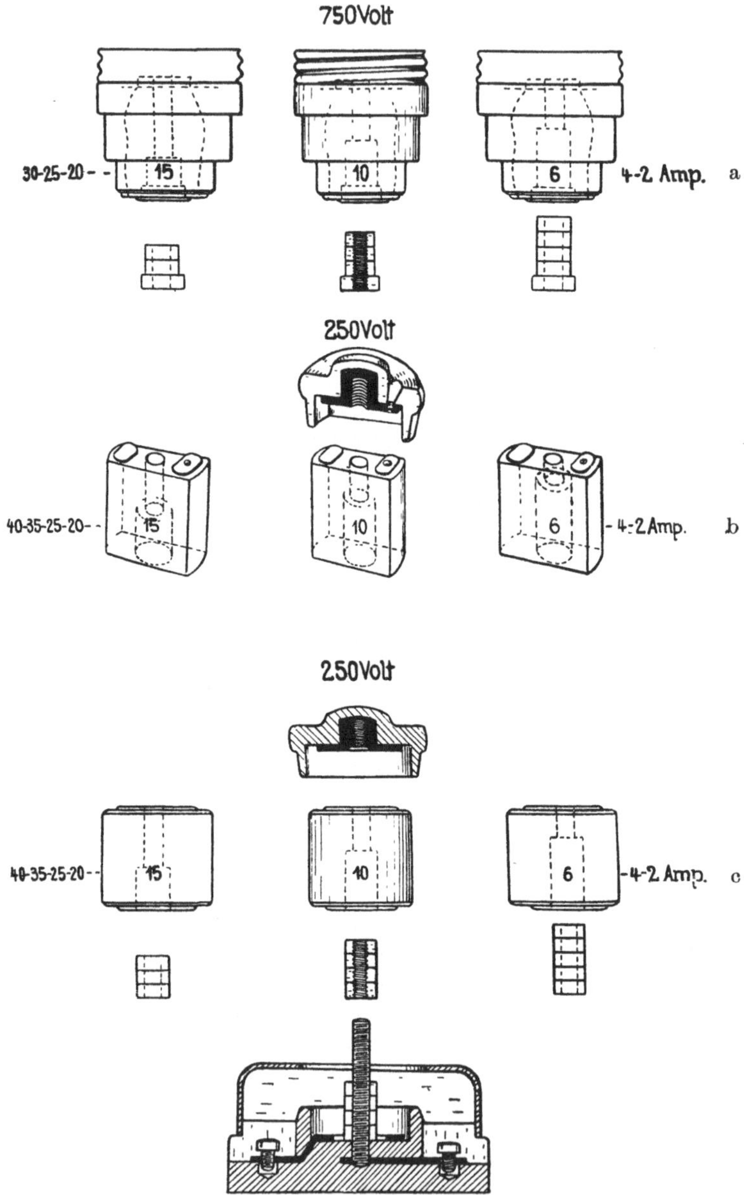

Fig. 340. Ringbolzensicherungen mit Patronen für max. 250 Volt und Stöpseln für max. 750 Volt mit Stellmuttern als Unverwechselbarkeitsorgane für Stromstärke und Spannung.

messer (vergl. Fig. 340 a mit c). — Den Abmessungen der Stellmuttern entsprechen mehr oder weniger tiefe Erweiterungen der Patronenbohrung, die es ermöglicht, die Patronen auf den Gewindebolzen zu stecken und alsdann Stromschluß zwischen Bolzen und vorderem Patronenring durch den aufzuschraubenden Patronendeckel zu vermitteln. — Bei den sogenannten Flachpatronen Fig. 340 b ist dieser Deckel in Anlehnung an die früher entstandenen zweiteiligen Schraubstöpsel als über die Patrone zu steckende Handhabe ausgebildet. Die flache Form der Patronen entstand, als man erkannt hatte, daß weder gewundene lange Schmelzdrähte, noch große Schmelzräume nötig sind, um die Kurzschluß- und Überlastungs-Sicherheit der Patronen zu gewährleisten. Die gleichfalls zu dem System der Ringbolzensicherungen passenden Schraubstöpsel nach Fig. 340 a sind für höhere Spannungen bestimmt.

Das System der Ringbolzensicherungen widerspricht den jetzigen Errichtungsvorschriften, da der hervorragende Bolzen leicht unter Spannung stehen kann und gegen zufällige Berührung nicht geschützt ist. Die zugehörigen Patronen mit Patronendeckel widersprechen den jetzigen Vorschriften, da sie nur bis zu 250 Volt verwendbar sind.

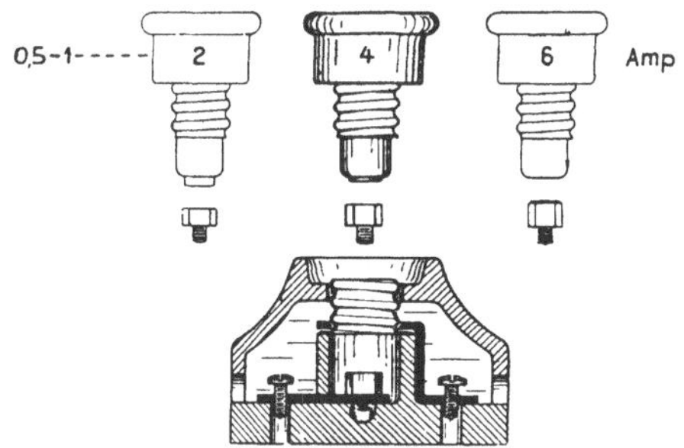

Fig. 341. Schraubstöpselsicherung mit einteiligen Stöpseln bis 10 Amp. 250 Volt, sogenannte Mignonsicherungen. 250 Volt.

5. Die Schraubstöpselsicherungen mit gedrücktem Gewinde. a) Für kleine Stromstärken (Fig. 341—345). Der Schraubstöpsel ist in Deutschland etwa seit dem Jahre 1883 bekannt und hat die weiteste Verbreitung gefunden. Seine Handhabung entspricht derjenigen der jetzt in Deutschland normalerweise verwendeten Glühlampen mit Gewindefuß [1]).

Man unterscheidet Schraubstöpselsicherungen mit gedrücktem rundem Profil und großer Steigung und solche mit gedrücktem, etwas schärferem Profil und kleinerer Steigung.

Schraubstöpselsicherungen mit gedrücktem rundem Profil werden in drei Unterteilungen geführt und zwar

---

[1]) Siehe **ETZ**, Jahrgang 1909, Heft 4, **5,** 11 u 51.

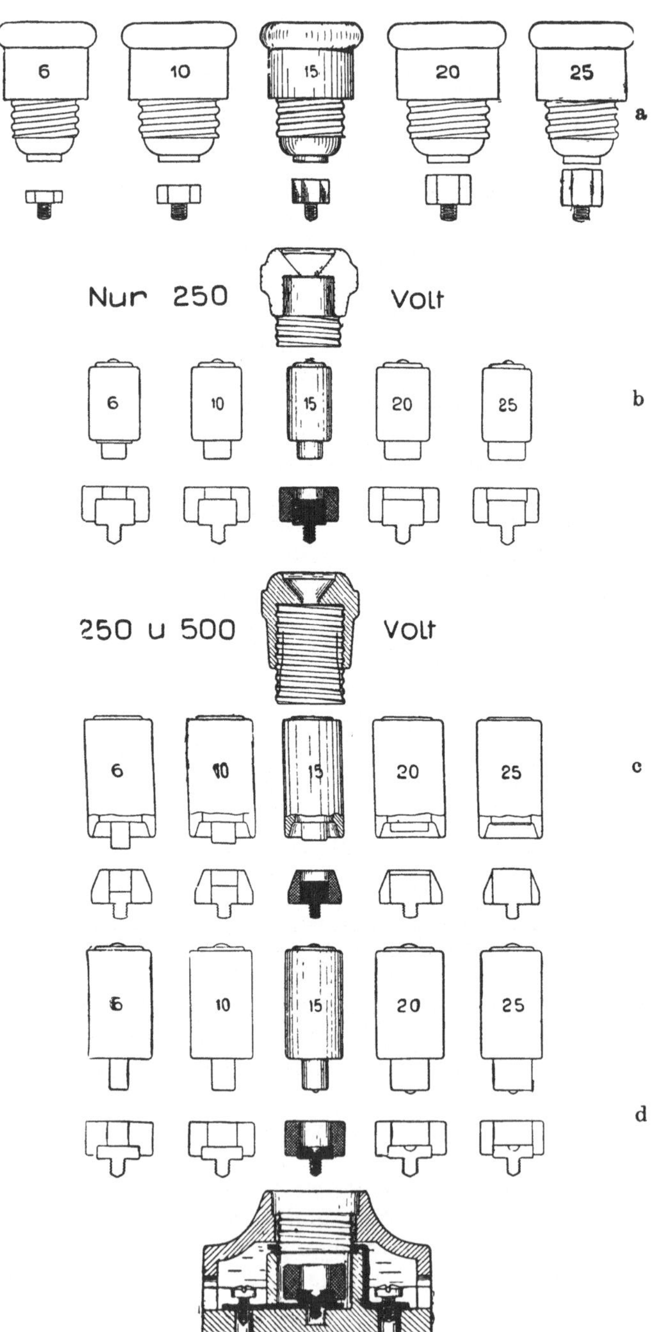

Fig. 342 a, b, c und d.   Schraubstöpselsicherungs-Element mit sogenanntem ,,Normal"-Edison-Gewinde für max. 25 Amp. 500 Volt mit in diesem verwendbaren verschiedenen einteiligen und zweiteiligen Stöpseln und jeweils zugehörigen Unverwechselbarkeitsschrauben.   Zu d vergleiche die Fig. der Einleitung.

a) als Schraubstöpselsicherungen mit Mignongewinde für 2 bis 10 Amp. 250 Volt nach Fig. 341;

b) als Schraubstöpselsicherungen mit Edisongewinde für 2 bis 25 Amp. 250 und 500 Volt nach Fig. 342;

c) als Schraubstöpselsicherungen mit Groß-Gewinde für 2—60 Amp. max. 500 Volt und max. 750 Volt nach Fig. 343 und 344.

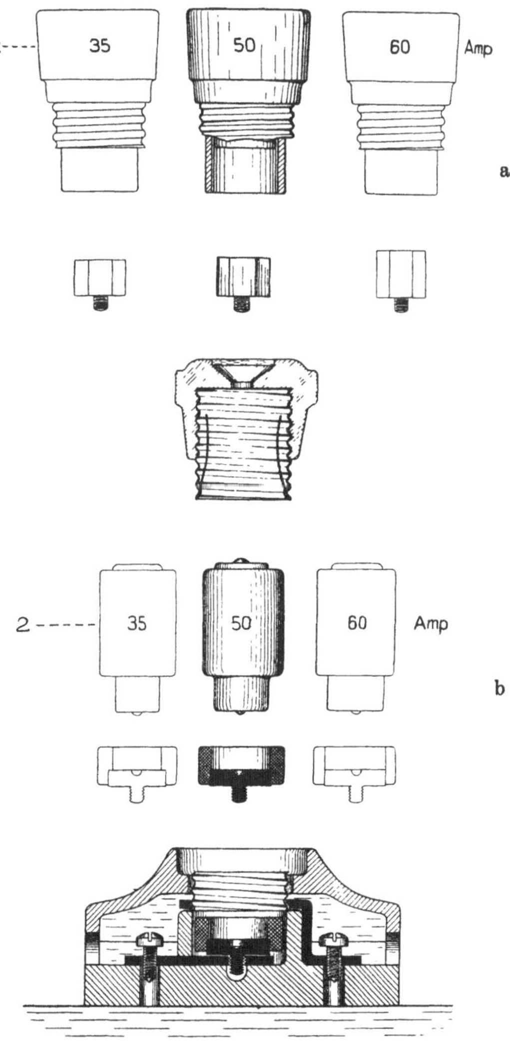

Fig. 343 a und b. Schraubstöpselsicherungs-Element mit sogenanntem „großen" Edisongewinde für max. 60 Amp. 500 Volt mit in diesem verwendbaren verschiedenen einteiligen und zweiteiligen Stöpseln und jeweils zugehörigen Unverwechselbarkeits-schrauben.   500 Volt.   Zu b vergleiche Fig. 346 auf Seite 167.

Die Größenverhältnisse der Gewinde für die Gruppen b und c sind verbandsmäßig normalisiert[1]), die sogenannten Mignonsicherungen gelten als nicht verbandsmäßig, zumal sie nur bis zu 250 Volt verwendbar sind.

Schraubstöpselsicherungen mit gedrücktem schärferen Profil werden zur Zeit nur in einer Größe gemäß Fig. 345 fabriziert und zwar für Stromstärken von 0,5—15 Amp. Sie entsprechen nicht den V.D.E.-Vorschriften.

Ausführungen mit Gewinde von noch geringerer Steigung, die der dargestellten Art vorausgingen, haben sich nicht bewährt, da sich die Gewinde bei geringster Abweichung von den fabrikationsmäßig notwendigen Toleranzmaßen leicht überschraubten.

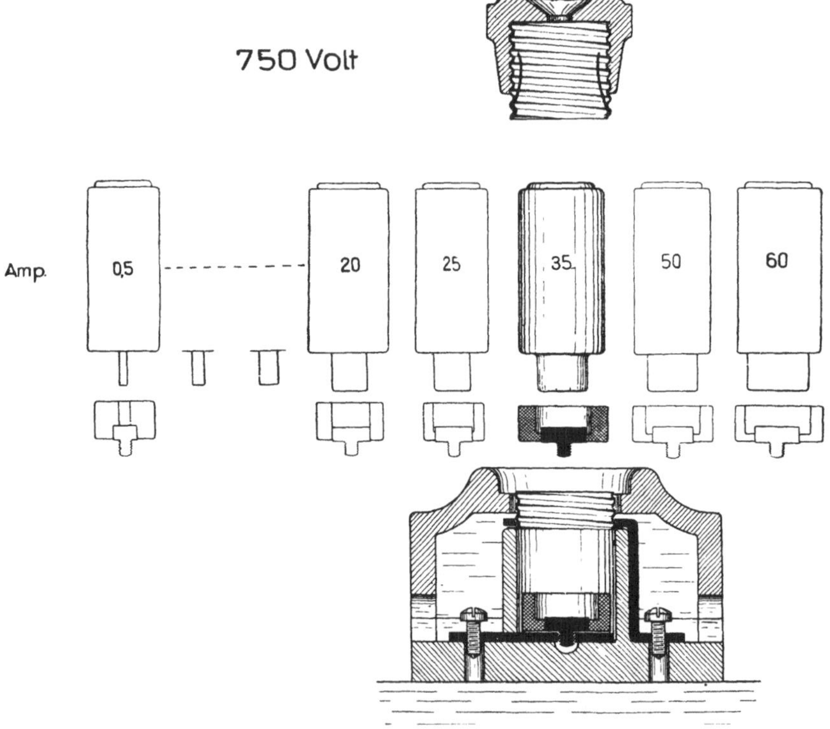

Fig. 344. Schraubstöpselsicherungs-Element ähnlich Fig. 343 mit zweiteiligen Stöpseln für max. 60 Amp. 750 Volt (20 mm höher als dasjenige nach Fig. 343).

b) Für große Stromstärken. Es lag nahe, die Reihe der Sicherungsgrößen bis zu 60 Amp. auch für Sicherungen bis zu 200 Amp. fortzusetzen, zumal das Bedürfnis nach Schraubstöpselsicherungen für diese Stromstärken insbesondere zum Gebrauch auf der Vorderseite von Schalttafeln sich recht fühlbar machte und zwar nicht zum wenigsten

[1]) Siehe Normalien der V. D. E.. Seite 230—236.

durch die den Schraubstöpseln eigene bequeme und gefahrlose Bedienbarkeit. — Man übertrug daher die Gewindeabmessungen der Schraubstöpselsicherungen bis 60 Amp. einfach ins Große und schuf so in verhältnismäßigen Abstufungen für große Stromstärken Schraubstöpsel-

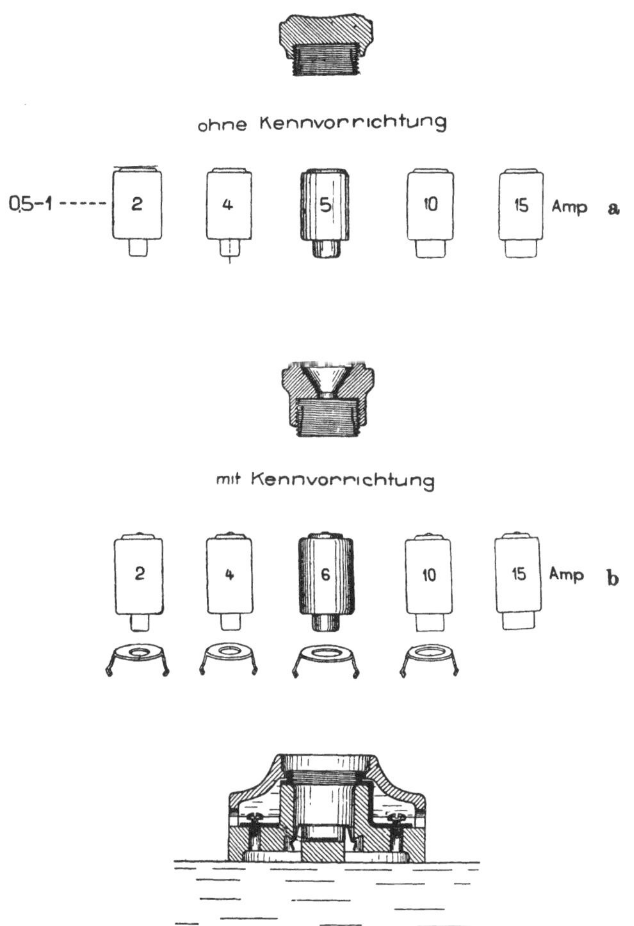

Fig. 345 a und b.   Schraubstöpselsicherungs-Element mit gedrücktem feingängigem Gewinde mit zweiteiligen Stöpseln max. 15 Amp. 250 Volt und Paßringen mit Durchmesser Unverwechselbarkeit.   250 Volt.

sicherungen für max. 100 Amp. nach Fig. 346 und 347 und Sicherungen mit noch größerem Gewinde für max. 200 Amp. nach Fig. 348 und 349. — Man übernahm hierbei die runde Profilform der Gewinde und deren Steigung ohne Befürchtung, da vorangegangene Versuche und sonstige

Überlegungen in bezug auf Preis und Herstellung nicht dagegen sprachen. — Wie aus weiterem ersichtlich, ist hiermit das endgültig Befriedigende jedoch noch keineswegs getroffen worden.

In der gleichen Richtung wurde übrigens auch ein anderes System mit einteiligen Stöpseln durchgebildet, das in Fig. 350 zur Darstellung gebracht wird. Sein Gewinde weicht von den vorgenannten erheblich ab.

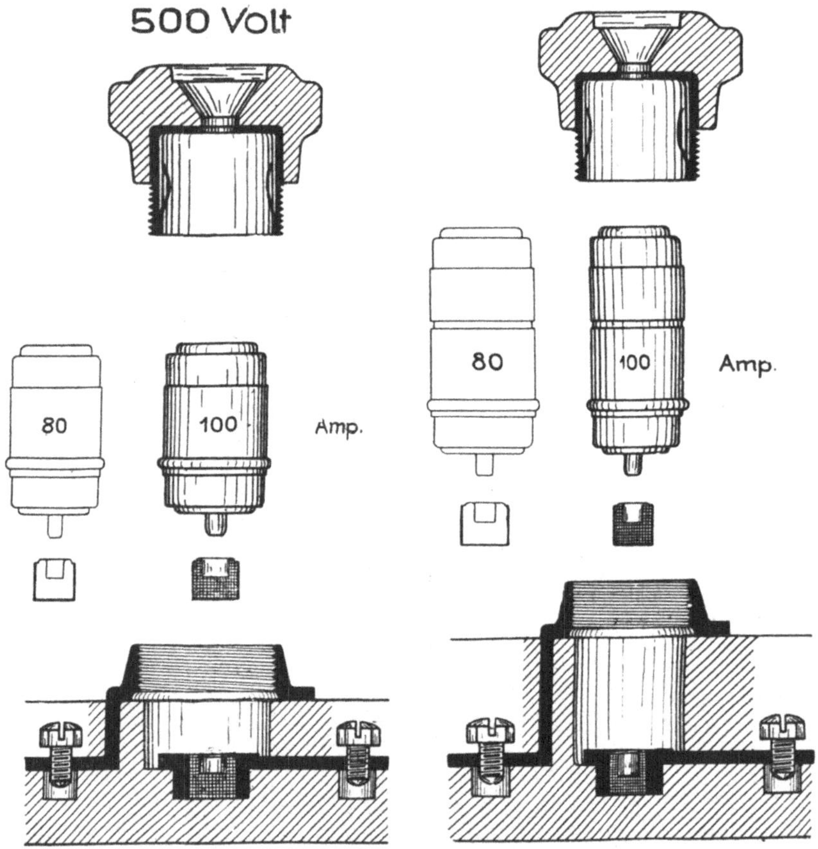

Fig. 346. Schraubstöpselsicherungs-Element und zweiteilige Stöpsel mit gedrücktem grobgängigem Gewinde für max. 100 Amp. 500 Volt mit Paßschrauben.

Fig. 347. Schraubstöpselsicherungs-Element und Stöpsel ähnlich Fig. 345, jedoch 20 mm höher als dieses für max. 100 Amp. 750 Volt.

c) Die Unverwechselbarkeitseinrichtungen bei Schraubstöpselsicherungen mit gedrücktem Gewinde. Die älteste Art der Unverwechselbarkeit in bezug auf Stromstärke ist bei diesen Sicherungen diejenige nach Fig. 342 a (seit etwa 1894), bei der als Unverwechselbarkeitsorgan sogenannte (Längen-) Ergänzungsschrauben ver-

wendet werden, welche die verschiedenen Längen der Stöpsel auf die gesamte
Sockeltiefe ergänzen, wobei die Stöpsellängen unvorteilhafterweise mit
wachsender Stromstärke kleiner werden. — Die Unverwechselbarkeit
der zweiteiligen Schraubstöpsel mit Durchmesserabstufungen (Fig.
342 d und b) zeigen diese grundsätzlichen Fehler nicht, bei ihnen entsprechen größere Längen größeren Spannungen und größere Durchmesser

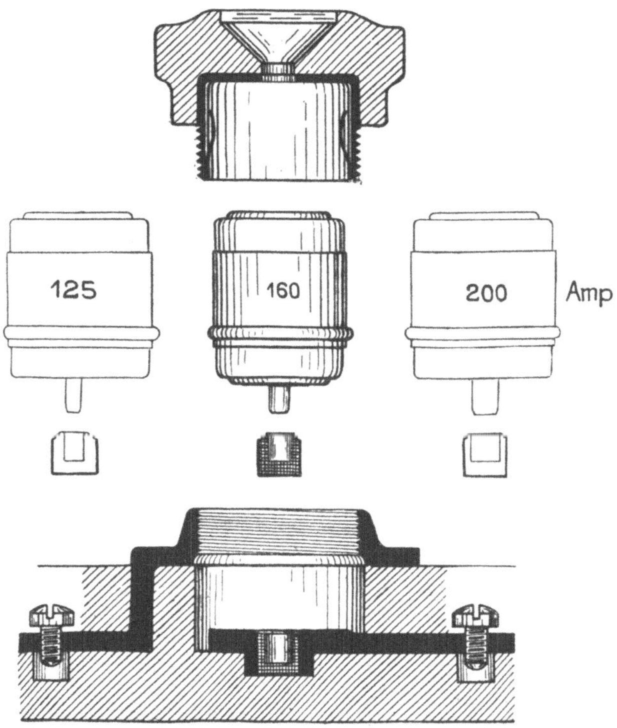

Fig. 348. Schraubstöpselsicherungs-Element und Stöpsel gemäß Fig. 431, jedoch
für max. 200 Amp. 500 Volt.

größeren Stromstärken. — Als Unverwechselbarkeitsorgane werden
hier sogenannte Paßschrauben verwendet, die mit einem Isolierkragen
versehen sind, deren Weite für größere Stromstärken größer ist als
für kleinere. Den verschiedenen Kragenweiten entsprechen verschieden
starke Durchmesser der Stöpselfußkontaktzapfen. — Siehe hierzu
Seite IV.

Nach dem gleichen Grundsatz sind auch die Sicherungen nach
Fig. 342 b gebaut. Bei ihnen sind jedoch die Paßschrauben höher und

die Patronen kürzer, als diejenigen nach 342 d, da sie nur für max. 250 Volt eingerichtet sind. Gegenüber den vorher genannten Stöpseln für 500 sind sie demzufolge auch in bezug auf Spannung unverwechselbar. — Hinsichtlich der Unverwechselbarkeit entsprechen diesem System auch die älteren Sicherungen nach Fig. 345. An Stelle der Paßschrauben

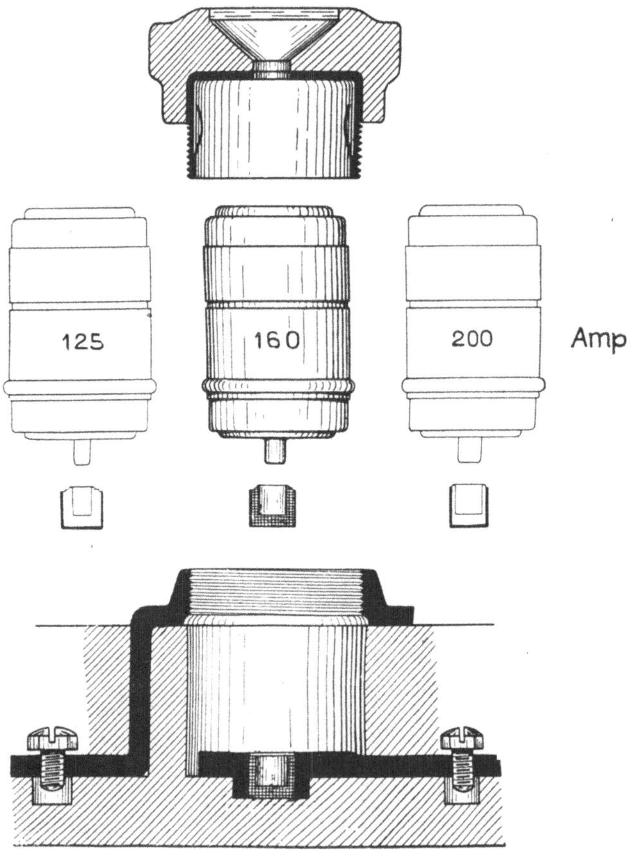

Fig. 349. Schraubstöpselsicherungs-Element und Stöpsel gemäß Fig. 433, jedoch für max. 200 Amp. 750 Volt.

werden hier jedoch sogenannte Paßringe verwendet. — Da bei letztgenannten Systemen, wie ersichtlich, die Durchmesser für die Unverwechselbarkeit nach Stromstärke ausschließlich benutzt werden, wählte man für sie die Bezeichnung D-Stöpsel.

Als Übergangssystem wurde neben diesem noch ein zweites geschaffen, das wenig Bedeutung erlangt hat. — Es ist nach Fig. 342 c

gekennzeichnet durch Paßschrauben, die nach Art der Ergänzungsschrauben der Fig. 342a noch in der Länge verschieden sind. Zugehörige Stöpsel müssen deswegen ebenfalls nach alter Art in der
Länge abgestuft sein. Man gab ihnen die Bezeichnung L-Stöpsel.

Die Betrachtungen über die Verschiedenartigkeiten der Unverwechselbarkeitseinrichtungen drängen am allermeisten dazu, den begonnenen Vereinheitlichungen auf dem Gebiete der Installationssicherungen weiter zu folgen. — Allein die Darstellungen der Fig. 342 müssen

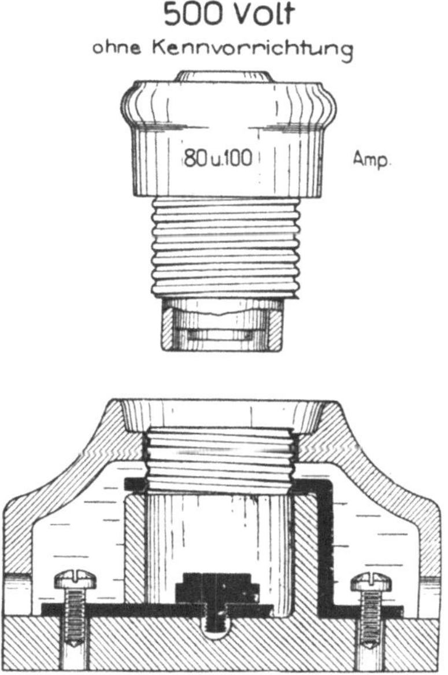

Fig. 350. Schraubstöpselsicherungs-Element und einteiliger Stöpsel mit besonderem gedrücktem Gewinde für max. 100 Amp. 500 Volt.

unbedingt zu der Erkenntnis führen, daß hier unnütze Belastungen der
Installationstechnik vorliegen, die allmählich beseitigt werden müssen. —
(Siehe Abhandlung Ely. in den Mitteilungen der Vereinigung der
El-W. März 1918.

6. Einteilige und zweiteilige Schraubstöpsel. Die älteste Form des
Schraubstöpsels ist der einteilige Stöpsel. Mit diesem auch nur annähernd die Abschaltsicherheit zu erreichen, die vom V. D. E. gefordert
werden mußte, hat jahrelange Anstrengungen gekostet. Die letzte
Ausführung dieser Art ist diejenige nach Fig. 351. Wesentlich größere
Sicherheiten lassen sich mit zweiteiligen Stöpseln erzielen. Vielfache
Erprobungen von seiten maßgebender Körperschaften, insbesondere

Prüfungen durch die Vereinigung der Elektrizitätswerke haben den Beweis erbracht, daß die Zerlegung des Stöpsels nach Fig. 352 in

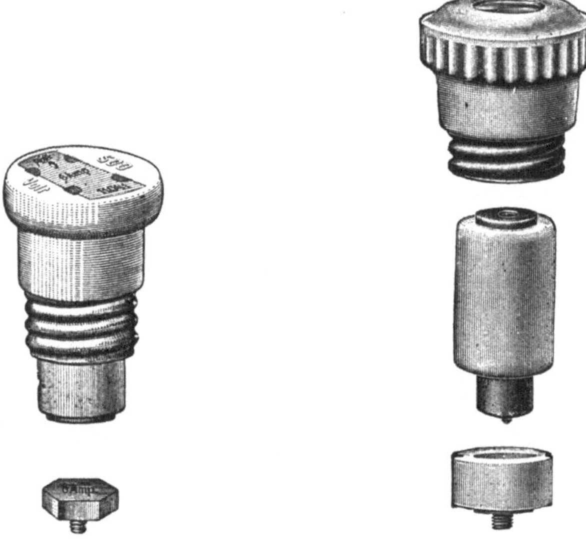

Fig. 351. Einteiliger Sicherungsschraubstöpsel nebst Ergänzungsschraube.

Fig. 352. Zweiteiliger Sicherungsschraubstöpsel nebst Paßschraube.

Stöpselkopf und Patrone in jeder Hinsicht zu bevorzugen ist. — Von seiten der V. d. E. sind deswegen auch nur für diese zweiteiligen

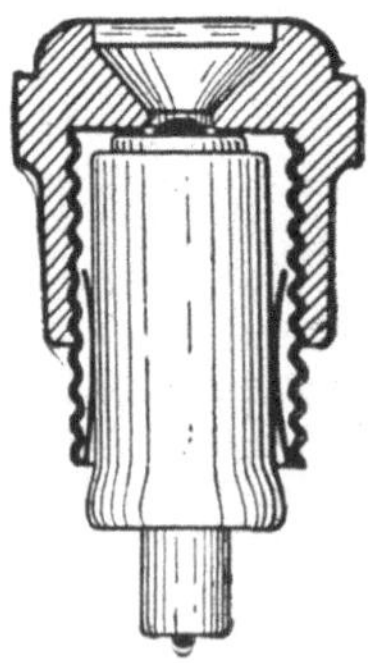

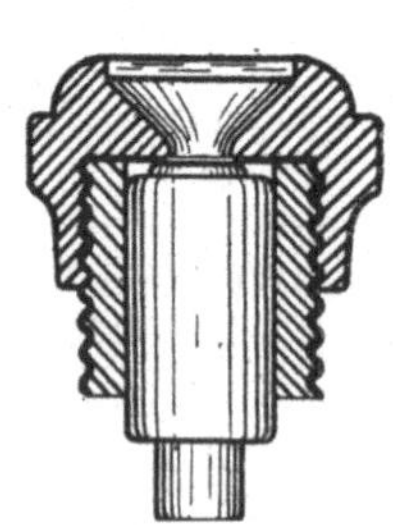

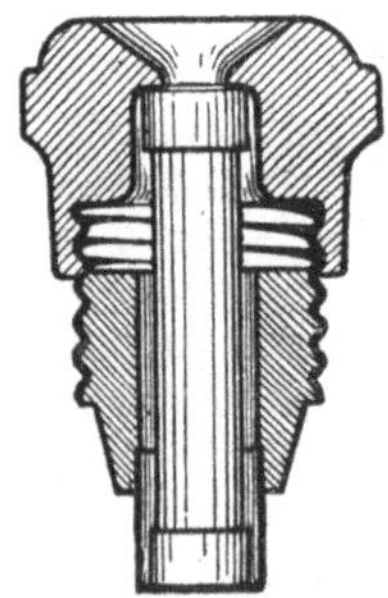

Fig. 353. Zweiteiliger Sicherungsschraubstöpsel, sogenannter „D"-Stöpsel für max. 25 Amp. 500 Volt, entsprechend dem Beschluß der Vereinigung der Elektrizitätswerke. Patrone in den Stöpselkopf eingesetzt.

Fig. 354. Zweiteiliger Sicherungsschraubstöpsel für max. 25 Amp. 250 Volt, weder dem Beschluß der Vereinigung der Elektrizitätswerke noch den Verbandsvorschriften entsprechend, da nur für max. 250 Volt.

Fig. 355. Dreiteiliger, dem Beschluß der Vereinigung der Elektrizitätswerke widersprechender Stöpsel.

Stöpsel Normalien ausgearbeitet worden, und zwar bis zu 25 Amp. max. 500 Volt nach Fig. 353. Stöpsel für max. 250 Volt wurden jedoch nicht anerkannt, gleichgültig ob sie den vorgenannten Abmessungen der 500 Volt-Stöpsel entsprechen oder denjenigen nach Fig. 354. — Das gleiche gilt für Stöpsel mit ganz wilden Abmessungen, wie etwa diejenigen nach Fig. 355.

Nicht den Verbandsvorschriften entsprechen Stöpsel mit auswechselbaren Einsätzen, beispielsweise mit auswechselbaren Füßen nach Fig. 356 oder auswechselbaren Lamellen nach Fig. 357. Zum Aus-

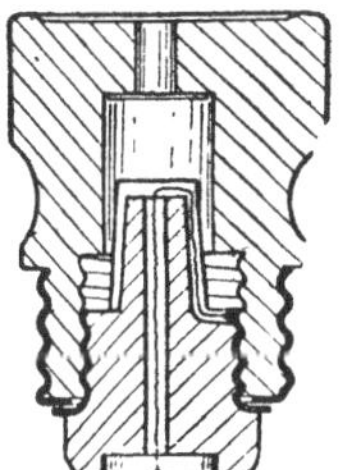
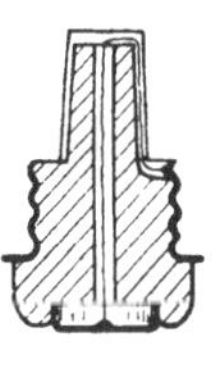
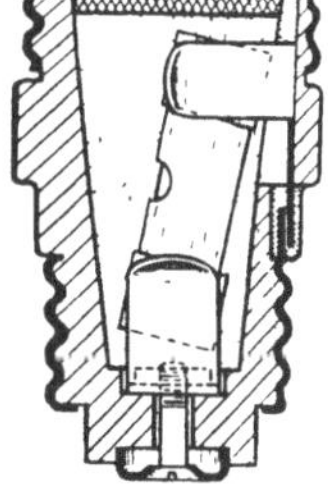
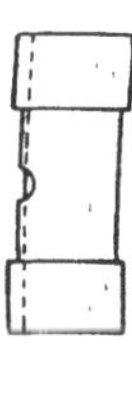

Fig. 356. Schraubstöpsel mit auswechselbarem Fuß, den Verbandsvorschriften widersprechend, da der Schmelzraum ohne Werkzeug geöffnet werden kann.

Fig. 357. Schraubstöpsel mit auswechselbarer Lamelle, den Verbandsvorschriften aus dem gleichen Grunde widersprechend wie Stöpsel nach Fig. 356.

wechseln dieser Einsätze müssen die Patronenkörper von Laienhand ohne weiteres geöffnet werden. — Den Vorschriften der V. D. E. widersprechen solche Stöpsel aber, da der Schmelzraum so verschlossen sein muß, daß er nur mit Hilfe eines Werkzeuges geöffnet werden kann[1]).

7. Mehrfach-Stöpsel (Fig. 358). In der Absicht, den Stöpselkörper besser auszunutzen, sind vielfach Konstruktionen geschaffen worden, die gleichsam ein Magazin von Schmelzfäden darstellen, die nacheinander in den Stromkreis eingeschaltet werden können. Durch irgendwelche Einstellung läßt sich diese wiederholte Einschaltung bewirken. — Hat der Stöpsel einmal unterbrochen, so kann er das zweite, dritte, vierte oder fünfte Mal in versetzter Stellung von neuem benutzt werden (siehe Fig. 358). — Diese mehrfache Verwendungsmöglichkeit hat zweifellos Verlockendes, da Störungen durch Abschmelzen der Sicherung sofort behoben werden können. — Es bestehen hierbei aber mancherlei Nachteile, der eine in dem Umstand, daß die Bequemlichkeit der Neueinschaltung ganz außerordentlich dazu verleitet, ohne Beseitigung der Störung in der Leitung alle Schmelzleiter nacheinander durchzuschmelzen, andererseits ist es recht schwierig, Mehrfachstöpsel sicher genug herzustellen und drittens ist es so gut wie ausgeschlossen, für jeden Schmelz-

---

leiter einen Unterbrechungsmelder vorzusehen. — Ein weiterer Nachteil liegt auf wirtschaftlichem Gebiete. Mehrfachstöpsel sind natürlich trotz Fehlens des Unterbrechungsmelders teurer als Einfachstöpsel, insbesondere auswechselbare Stöpselpatronen. Die weitaus meisten Stöpsel kommen aber erfahrungsgemäß niemals zum Abschmelzen. — In allen diesen Fällen aber trotzdem Mehrfachstöpsel zu verwenden, würde die Anlage ganz überflüssig verteuern.

Auf jeden Fall liegen keinerlei Gründe vor, den Mehrfachstöpseln zur Einführung zu verhelfen, zumal auch diese Konstruktion die Schar der bestehenden Ausführungen nur vergrößert und der Vereinheitlichung der Installationssicherungen im Wege ist. Vom V. D. E. werden Mehrfachstöpsel nicht gut geheißen.

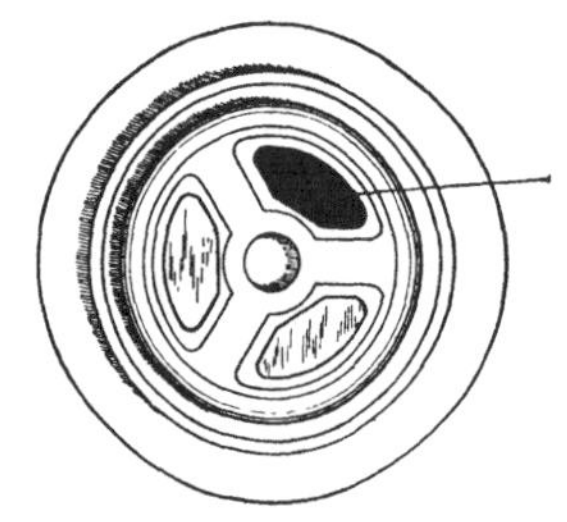

8. Die Unterbrechungsmelder. Das Wesen der geschlossenen Schmelzeinsätze besteht, wie es die Verbandsvorschriften fordern, darin, daß die Schmelzleiter vollkommen eingeschlossen sind. — Ausführungen, bei denen die Schmelzleiter ganz oder teilweise frei liegen, widersprechen demnach den Vorschriften und gelten nicht als geschlossene Schmelzeinsätze. — Da der Zustand der Schmelzleiter nicht erkennbar ist, besitzen Sicherungsstöpsel und Patronen fast ausnahmslos sogenannte Kenn- oder Anzeigevorrichtungen, richtiger nach E l y Unterbrechungsmelder genannt. — Bekanntlich dient als solcher gewöhnlich ein feiner, zu den Hauptschmelzleitern parallel geschalteter Widerstandsdraht, von dem ein kleiner Teil aus dem Körper heraustritt, um hier der Beobachtung zugänglich zu sein. Nach Abschmelzen des Hauptleiters schmilzt der Kenndraht und verschwindet dann auch an der aus dem Körper herausgeführten Stelle.

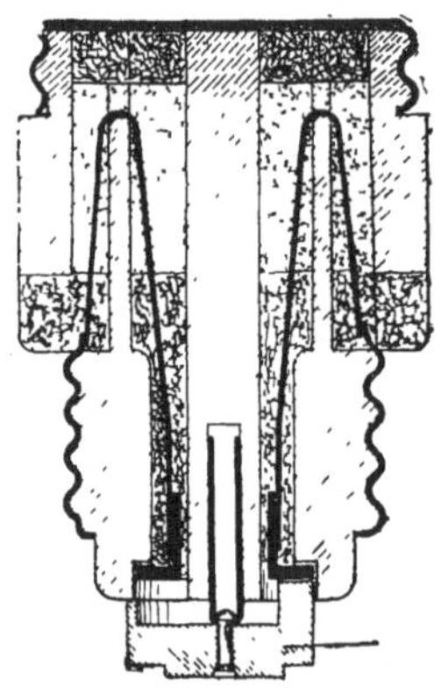

Fig. 358. Mehrfach-Stöpsel für dreimaliges Abschmelzen. Das Umschalten der Kammern geschieht durch Versetzen des unteren Kontaktstückes.

— Besonders deutlich anzeigende Unterbrechungsmelder tragen an der Kennstelle einen Kennkörper, dessen Lagenveränderung den veränderten Zustand des Schmelzleiters anzeigt (Fig. 359).

Es bestehen nun leider auch hinsichtlich der Unterbrechungsmelder mehrere Ausführungen, deren Verschiedenheit in Ansehen und Wirkung leicht zu Irrtümern führen, insbesondere wenn sich Stöpsel mit verschiedenartigen Unterbrechungsmeldern in einer Anlage befinden, was wohl selten durch Vorschriften oder Hinweise verhindert wird. — Es lassen sich unterscheiden:

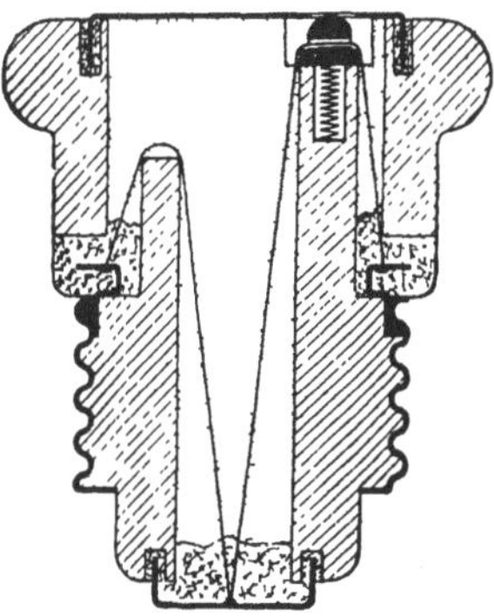

Fig. 359. Darstellung von Schmelzleiter und Kenndraht mit Kennkörper beim einteiligen Stöpsel.

1. Unterbrechungsmelder mit nacktem Kenndraht, der beim Unterbrechen verschwindet.
2. Unterbrechungsmelder mit Kennkörper, der beim Unterbrechen etwas hervortritt.
3. Unterbrechungsmelder mit Kennkörper, der von der Stirnseite der Patrone beim Unterbrechen abspringt und zwar

in Ausführung a derart, daß er von dem Fenster des Stöpselkopfes aufgefangen wird und

in Ausführung b, bei der der Kennkörper von einem Glimmerfenster an der Patrone selbst aufgefangen wird.

Beispiele der vorgenannten Ausführungen zeigen die Fig. 360—363. Sie lassen ohne weiteres erkennen, wie augenscheinlich verschieden die

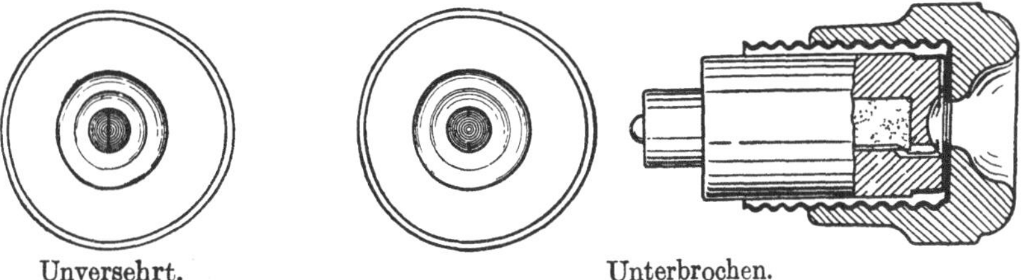

Fig. 360. Stöpsel mit Unterbrechungsmelder, bestehend aus einem nackten Kenndraht.

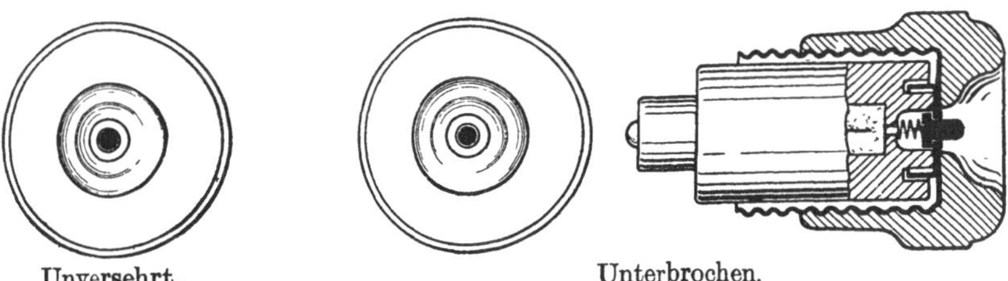

Fig. 361. Stöpsel mit Unterbrechungsmelder, bestehend aus einem Kenndraht mit beim Abschmelzen hervortretendem Kennkörper.

Unterbrechungsmelder das Unterbrechen anzeigen. — Auch ermöglichen
sie bei Vergleich der einzelnen Vorderansichten der mittleren Reihe
ohne weiteres, der am deutlichsten wirkenden Vorrichtung den Vorzug
zu geben.

Es erscheint hiernach der Wunsch berechtigt, auch die Unterbrechungsmelder (die zweckmäßigerweise verbandsmäßig vorzuschreiben
wären) einer Vereinheitlichung zu unterziehen, die von vielen Seiten
bereits mehr oder weniger bestimmt zur Durchführung gebracht wurde.
Siehe Aufsatz Ely. in den Mitteilungen der V. d. V. März 1918.

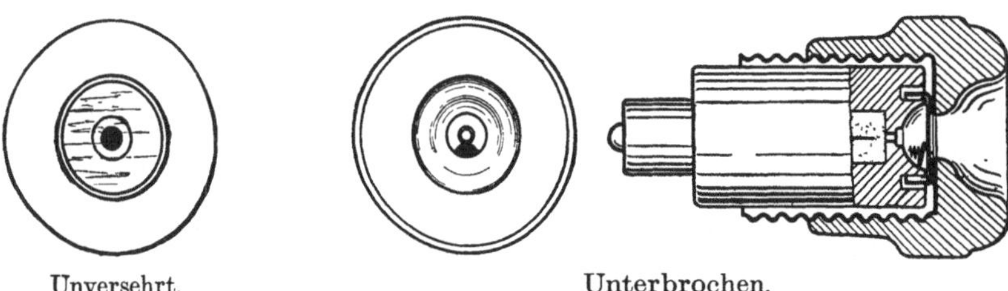

Unversehrt.   Unterbrochen.

Fig. 362. Stöpsel mit Unterbrechungsmelder, bestehend aus einem Kenndraht
gemäß Fig. 360 mit Kennkörper hinter einer Glimmerscheibe der Patrone.

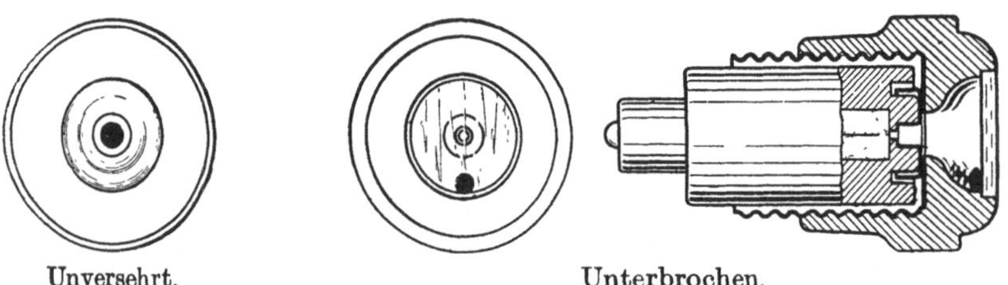

Unversehrt.   Unterbrochen.

Fig. 363. Stöpsel mit Unterbrechungsmelder, bestehend aus einem Kenndraht
mit beim Abschmelzen abfallendem, in dem Fenster des Kopfes sich fangendem
Kennkörper.

Bei dieser Gelegenheit wäre es auch geboten, die gewöhnlich mit
dem Unterbrechungsmelder und der Paßschraube in Zusammenhang
stehenden Kennfarben für die Stromstärken festzulegen, nämlich:

für   6,   10,   15,   20,   25,   35,   60,   80, 100, Amp.
   grün   rot   grau   blau gelb schwarz Kupfer Silber rot

für   125,   160,   200,   225,   260,   300 und 350 Amp.
   rot mit rot mit   blau   blau mit   blau mit   gelb   gelb mit
   gelb Bronce   gelb   Kupfer   weiß.

9. Schraubstöpselsicherungen mit geschnittenem feingängigem Gewinde. Gedrücktes Gewinde hat sich bei schwächeren Schraubstöpseln für allgemeinen Bedarf seit Jahren zweifellos bewährt. An den beiden verbandsmäßig normalisierten Gewinden, insbesondere dem sogenannten Edisongewinde für Stöpsel bis zu 25 (früher 40) Amp.

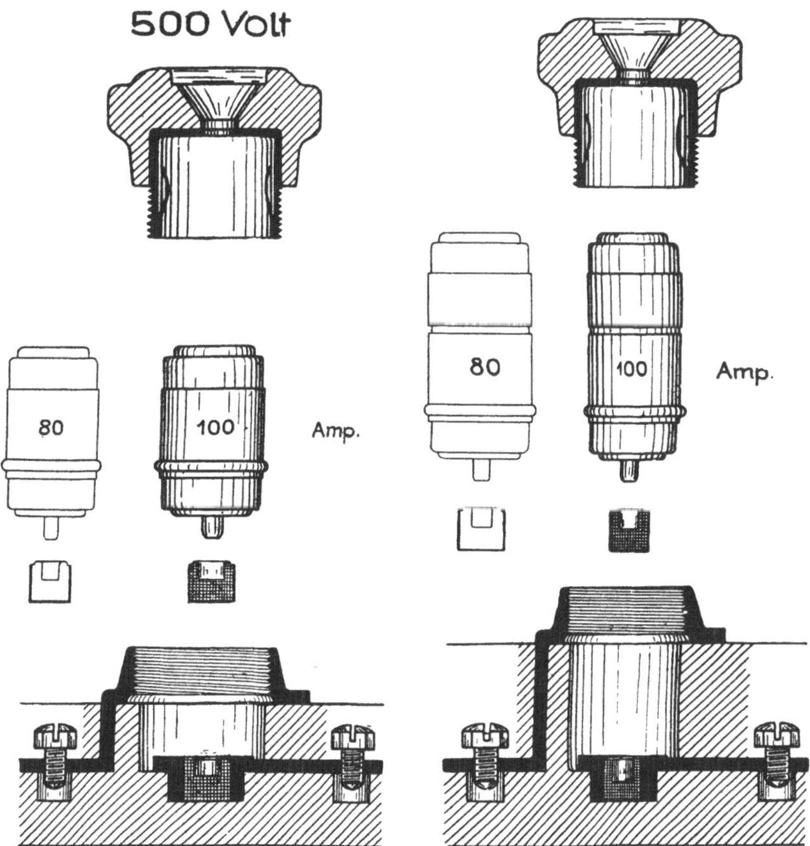

Fig. 364. Schraubstöpselsicherungs-Element nebst Stöpseln mit geschnittenem Gewinde und Paßhülsen jedoch für max. 100 Amp. 500 Volt.

Fig. 365. Wie Fig. 364, jedoch für max. 100 Amp. 750 Volt.

Änderungen vorzunehmen, liegt gewiß keine Veranlassung vor. Bestrebungen, dieses Gewinde durch ein gedrücktes feingängiges (Petroleumlampen-) Gewinde zu verdrängen, waren wohl mit Recht wirkungslos, da gedrucktes feingängiges Gewinde erfahrungsgemäß wegen unvermeidlicher Ungenauigkeiten und geringer Überdeckung leicht zum Überschrauben neigt. Wesentlich anders liegen die Verhältnisse bei

Schraubstöpselsicherungen für größere Stromstärken. — Bei diesen sind Klagen über Lockerungen der Stöpsel doch recht häufig, insbesondere bei Verwendung in Betrieben mit wechselnden Belastungen und dauernden Erschütterungen. — In diesen Fällen tritt häufiger starke Erhitzung der Stöpsel und frühzeitiges Durchschmelzen auf. Wachsender Übergangswiderstand, durch Lockerung bewirkt allmähliche Verschlechterung der Kontakte und somit eine mehr und mehr sich steigernde Erhitzung, die schließlich zum unerwarteten Abschmelzen der Schmelz-

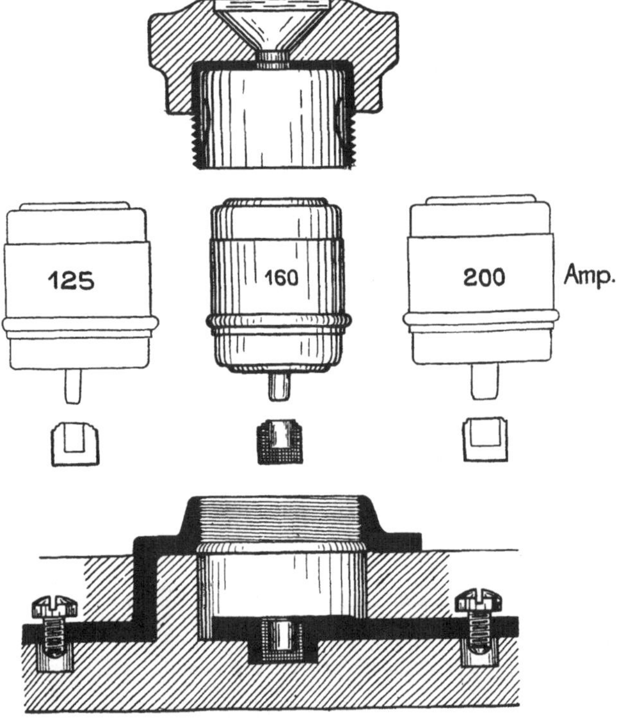

Fig. 366. Schraubstöpselsicherungs-Element nebst Stöpseln mit geschnittenem Gewinde für max. 200 Amp. 500 Volt mit Paßhülsen.

leiter führt, deren Eigenwärme sich mit derjenigen der Übergangswiderstände addierte.

Dauernde Beobachtungen und Versuche dieser Erscheinungen führten zu dem Ergebnis, daß hier durchgreifende Maßnahmen nötig sind, zumal besondere mechanische Hilfsmittel, wie Arretier- und Fest klemmvorrichtungen als zufriedenstellend nicht anerkannt werden konnten. — Da derartige Erscheinungen bei den Schraubkontakten der Streifensicherungen und der als Ersatz für diese geltenden Patronensicherungen mit Ösenschraubkontakten nicht auftreten, lag es nahe, an

Stelle des gedrückten Gewindes beiderseits geschnittenes Gewinde vorzusehen und zwar wählte man, um nicht auf halbem Wege stehen zu bleiben,
feingängiges Gewinde mit winkeligem Profil. — Maßgebend waren hierfür nicht nur Betrachtungen über Verstärkung des Kontaktdruckes
sondern auch Vergrößerung der Gewindedeckflächen. — Wie aus der
Fig. 85—87 der S. 36 ersichtlich, ergeben in dieser Hinsicht beider

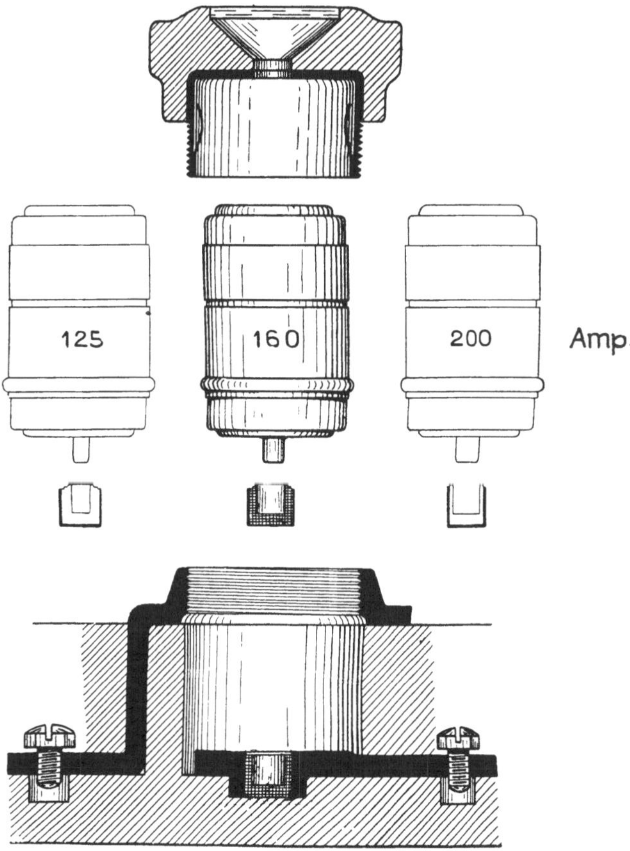

Fig. 367. Wie Fig. 454, jedoch für max. 200 Amp. 750 Volt.

seits geschnittene Gewinde die günstigsten Verhältnisse.   Ausschließlich lineare Berührung ermöglicht demgegenüber grobes Gewinde mit
rundem Profil, ganz gleich ob beide Teile gedrückt oder geschnitten
sind oder ob dies nur für einen der beiden Teile zutrifft.   Nicht anders
verhalten sich gedrückte feingängige Gewinde, lang ausgedehnte
Versuche bestätigten diese Überlegungen in vollem Maße. — Sie
führten endlich zu dem Entschluß, die grobgängigen Kontaktgewinde

mit runden Profilen in Zukunft für Schraubstöpselsicherungen g r o ß e r Stromstärken n i c h t mehr zu empfehlen und für spätere Ausführungen trotz höherer Preise geschnittene feingängige Gewinde vorzusehen.

Nach vorstehenden Überlegungen wurden Sicherungssysteme für max. 100 und max. 200 Amp. bereits durchgearbeitet, mehrere Jahre hindurch im Versuchsfeld und praktischen Betrieben erprobt und während

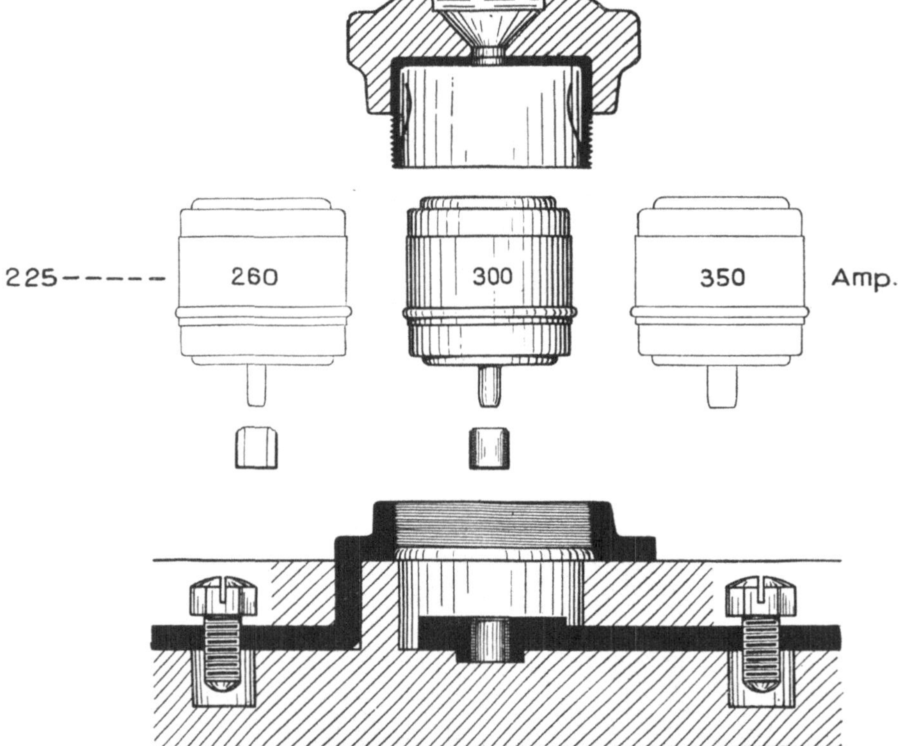

Fig. 368. Schraubstöpselsicherungselement nebst Stöpseln mit geschnittenem Gewinde und Paßhülsen fur max. 350 Amp. 500 Volt.

des Krieges auf den Markt gebracht. — Auch ein System für max. 350 Amp. ist seit längerer Zeit in einzelnen Betrieben in Verwendung. — Wie eine 5 jährige Praxis zeigte, ist dieses Schraubstöpselsystem mit geschnittenem feingängigem Gewinde für Stromstärken über 60 Amp. demjenigen mit gedrücktem grobgängigem Gewinde zweifellos überlegen und wird gewiß, obwohl kostspieliger in seinen Anschaffungskosten, das bisherige Schraubstöpselsystem für große Stromstärken an weiterer Ausbreitung behindern und es schließlich zum Aussterben bringen, so daß nur das letztgenannte System für 80—350 Amp. für etwaige zukünftige Normierung in Frage kommen könnte. Es wird in den nachfolgenden Figuren 364—369 zur Darstellung gebracht.

a) Paßhülsen an Stelle von Paßschrauben. Eine Abweichung gegenüber den bisherigen Schraubstöpselsicherungen wurde bei diesen neuen Sicherungen noch in bezug auf die Unverwechsel-

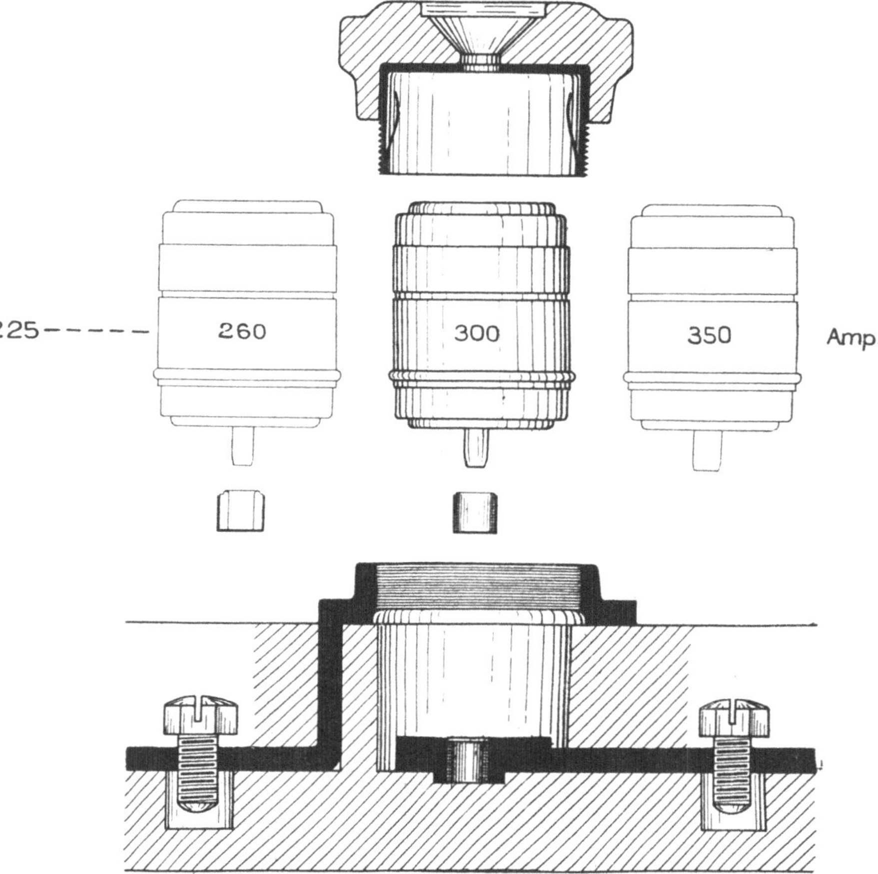

Fig. 369. Wie Fig. 386, jedoch für max. 750 Amp.

barkeitseinrichtungen vorgenommen, die in Zusammenhang mit grundsätzlich anderem Bau der Patronen zu weiteren Erhöhungen der Betriebssicherheit wesentlich beiträgt. — Es wurde nämlich die aus der Abhandlung auf der S. 167 bekannte Paßschraube durch eine Paßhülse ersetzt, und zwar auf Grund der Wahrnehmung, daß die Paßschraube für große Stromstärken eine ebenso große Störungsquelle darstellen kann, als das grobgängige gedrückte Gewinde des Stöpsels.

Auch die Paßschraube neigt zur Lockerung und ist um so gefährlicher, als sich diese Lockerung der Kontrolle entzieht. Im übrigen ver-

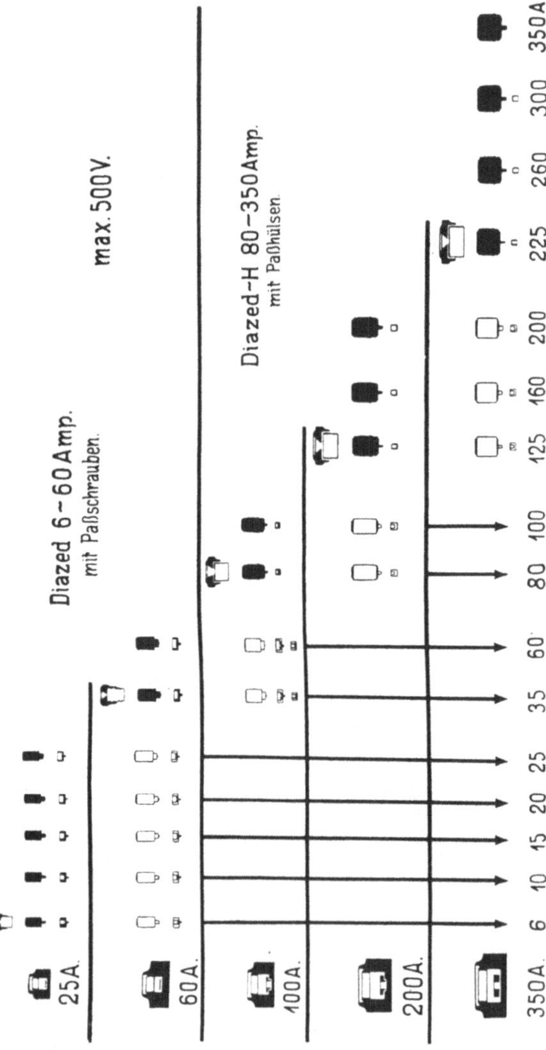

Fig. 370. Das gesamte System der D-Stöpselsicherungen mit grobgängigem gedrucktem Gewinde bis 60 Amp. mit Paßschrauben, mit feingängigem, geschnittenem Gewinde uber 60 Amp. mit Paßhülsen.

mehrt sie die Anzahl der Übergangswiderstände. — Die Paßhülse, die tief in die Fußkontaktschiene des Sicherungssockels eingelassen wird nimmt an der Stromzuführung keinen Anteil. — Sie bewirkt die Unverwechselbarkeit durch eine Bohrung, deren Weite der Stärke eines aus der hinteren Stirnseite der Patrone hervorstehenden, nicht zur Stromzuführung dienenden Zapfens entspricht. — Durch Fortlassen der Paßhülse werden die Patronen verwechselbar, eine Eigenschaft, die bekanntlich bei Verwendung im Betriebsraum zulässig und häufig erwünscht ist. (§ 28 h der Errichtungsvorschriften.)

Die Stöpselpatronen für 750 Volt sind ähnlich denjenigen auf S. 165

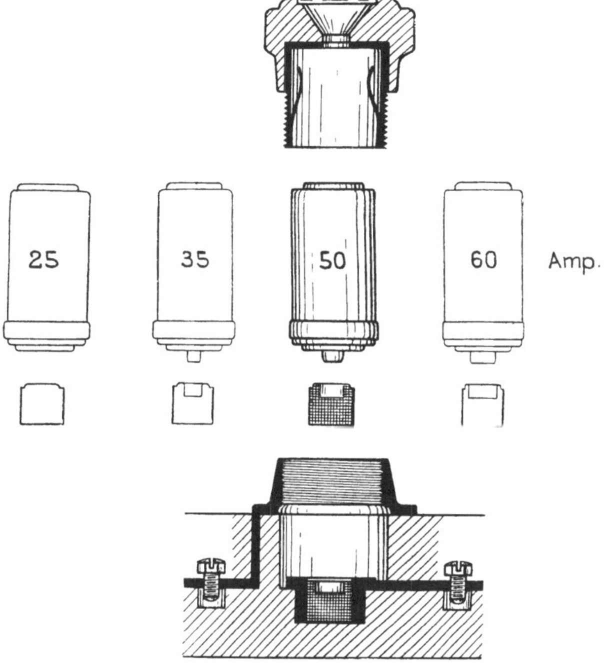

Fig. 371. Entwurf zu einem Schraubstöpselsicherungs-Element nebst Stöpseln für max. 60 Amp. 500 Volt mit geschnittenem feingängigem Gewinde und Paß-hülsen.

beschriebenen um 20 mm länger gehalten als diejenigen für 500 Volt (Siehe Fig. 84 a b c auf Seite 34).

Die vorstehenden umfangreichen Darlegungen der wichtigsten Sicherungssysteme enthalten nur den kleinsten Teil der überhaupt bestehenden Ausführungen. — Es würde deren Anzahl ins Unüberseh-bare wachsen, wenn nicht die Tatsache der im Fluß befindlichen Ver-einheitlichungsbestrebungen der Neigung zu willkürlichen Neuschöpfungen merklichen Einhalt geboten hätte.

Die zu einem einheitlichen System geeigneten Systeme lassen sich in der Fig. 370 übersichtlich zusammenfassen, wobei zu bemerken ist, daß hierbei einigermaßen erprobte und von der V. d. E. anerkannte Normen nur für Stöpsel von 6—25 und 35—60 Amp. vorliegen, während diejenigen für 80—350 Amp. (das sind Stöpsel der neuen Art) zur Normierung noch nicht vorgeschlagen wurden.

b) Geschnittenes Gewinde und Paßhülsen auch für ein System max 60 Amp. Bevor weitere Sicherungs-Normierungen unter-

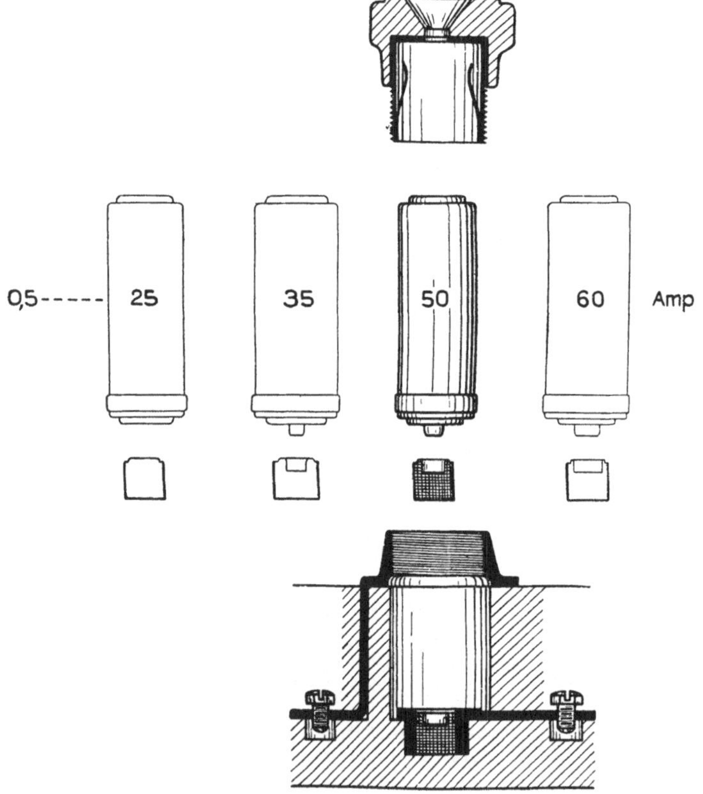

Fig. 372. Wie Fig. 448, jedoch für **max.** 60 Amp. 750 Volt.

nommen werden, erscheint es jedoch notwendig, auch diejenigen Bedenken zu prüfen, die hinsichtlich der Schraubstöpsel für 35 bis 60 Amp. gelegentlich mit Entschiedenheit zum Ausdruck gebracht werden. Man behauptet, daß sich auch diese bei hoher Belastung und wechselndem Betriebe lockern und frühzeitig abschmelzen. Nicht unzweckmäßig mag es deswegen erscheinen, die günstigen Erfahrungen mit dem neuen Gewinde für große Stromstärken auch auf die kleineren Stöpsel der Stromstärken für 35—60 Amp. zu übertragen, zumal bei dem großen

Bedarf an solchen Stöpseln für Motoren durch Lockerung eintretende Störungen außerordentlich unangenehm wirken und viel teurer zu stehen kommen, als der Mehrpreis eines wesentlich betriebssicheren Stöpsels betragen würde. — In dieser Voraussicht wurde deswegen auch für die Schraubstöpselgruppe max. 60 Amp. ein entsprechendes System in Erwägung gezogen und Hauptabmessungen hierfür festgelegt (Fig. 371 und 372).

XIII. Ortsvorschriften und Ortsnormalien der Elektrizitätswerke.

Die einzelnen Elektrizitätswerke geben für die an ihre Leitungsnetze anzuschließenden Anlagen besondere, den jeweiligen örtlichen Verhältnissen entsprechende Anlage-Vorschriften aus. — Um diese auf eine einheitliche Form zu bringen, schuf die Vereinigung der Elektrizitätswerke Leitsätze zu Vorschriften für die Herstellung elektrischer Anlagen, welche an das Leitungsnetz öffentlicher Elektrizitätswerke angeschlossen werden sollen.

Nach diesen Leitsätzen sind hinsichtlich der Installationsarbeiten die jeweiligen Vorschriften für die Errichtung elektrischer Starkstromanlagen nebst Ausführungsregeln und die Normalien des Verbandes Deutscher Elektrotechniker, sowie die im Betriebsinteresse getroffenen Bestimmungen der Vereinigung der Elektrizitätswerke maßgebend.

Es enthalten nun die weitaus meisten Anlage-Vorschriften aber doch, neben den in den genannten Leitsätzen aufgestellten allgemeinen mehr oder weniger genau übernommenen Vorschriften, nach mancherlei Installationsanweisungen und außerdem für gewisse Apparate und Materialien auch besondere Ausführungsbestimmungen, die sich auf Zulässigkeit von Systemen, sowie Abmessungen und Anordnungen gewisser Apparate erstrecken.

Diese Ausführungsbestimmungen über Apparate und Materialien sollen der Kürze wegen in folgendem als Ortsnormalien bezeichnet werden.

Es ist nun bekannt, daß diese Ortsnormalien je nach Auffassung der Werksleitung und den besonderen örtlichen Verhältnissen zum Teil sehr beträchtlich voneinander abweichen.

So sind beispielsweise in dem Betriebe des einen Werkes Peschelrohre verboten, in dem anderen ausschließlich zugelassen, in anderen Bezirken wieder dürfen Peschelrohre nur über Putz verwendet werden. — Manche Werke bestimmen für besondere Fälle Stahlpanzerrohre, einige verbieten Manteldraht, zum mindesten Verwendung des Manteldrahtmantels als „Nulleiter", während die größere Anzahl nichts dagegen einzuwenden hat. — Recht verschieden sind die Vorschriften über Stöpselsicherungen.

Moderne Werke fordern zum mindesten für Neuanlagen und Erweiterungen das D-Stöpselsystem der Vereinigung, deren Ausführung eine größere Anzahl von Firmen übernommen hat. In älteren Werken dagegen glaubt man noch immer, eine einheitliche Durchführung verursache zu großen Kosten und Umstände. Von diesen werden deswegen neben D-Stöpseln auch noch L-Stöpsel zugelassen, zum Teil auch die bisherigen einteiligen Schraubstöpsel. — Sehr häufig findet man noch die früheren, den Vorschriften des V. D. E. widersprechenden 250 Volt-Stöpsel und ebenso das veraltete Ringbolzensystem. Manche dieser Werke fordern fortschrittlicherweise, daß wenigstens schon in neuen Anlagen D-Stöpsel-Sicherungen zur Verwendung kommen.

Es bestehen Ortsnormalien am häufigsten abgesehen von Installationssicherungen überhaupt für Hausanschlußsicherungen, Stockwerksklemmen, also Flurdosen, Zähleraufhängevorrichtungen nebst Prüfklemmen und schließlich für die Verteilungstafeln. — In bezug auf die Wohnungsinstallationen an sich wurden zuweilen Ausführungsbestimmungen für die Schalter und Steckvorrichtungen (für Licht und Kraft, in einzelnen Fällen auch für die Beleuchtungskörper und die Fassungen ausgegeben.

Es haben sich die Ortsnormalien sicher aus rein praktischen Bedürfnissen heraus entwickelt, und zwar wohl in erster Linie, um in einfachster Weise beste Gewähr für einwandfreie Ausführungen der Anlagen zu sichern, zweitens um Einkauf, Lagerhaltung und Montagearbeiten zu vereinfachen und schließlich, um bei Störungen ohne viele Umstände und Nachfragen notwendige Ergänzungs- bzw. Reparaturteile zur Stelle zu haben.

Ortsnormalien dienen somit zweifellos zur Erleichterung der Arbeiten der sogenannten Störungsstelle und hierdurch unmittelbar dem Interesse der Verbraucher und dem Ansehen der Elektrotechnik im Hause. — Da ohne Ortsnormalien in den Anlagen eines Ortes die allerverschiedensten Systeme installiert werden dürfen, muß die Instandhaltung dieser Anlagen ohne Zweifel unnötig großen Aufwand an Zeit und Kosten verursachen.

Die Ortsnormalien bewirken aber auch Erleichterungen bei der Abnahme der Anlagen, da sich gleichartige Ausführungen natürlich viel leichter beurteilen lassen, als ungleichartige. — Ohne Ortsnormalien findet die Verschiedenartigkeit keine Grenzen, das Werk aber keinerlei Mittel, um diesem Übelstand zu begegnen, da alle installierten Apparate in jedem Falle angeblich den Verbandsvorschriften entsprechen.

Wenig gewonnen ist ohne Ortsnormalien mit der Maßnahme, an Stelle einiger bestimmter Systeme nur solche zuzulassen, die eine Prüfung von seiten des Elektrizitätswerkes bestanden haben. — Da bekanntermaßen solche Prüfungen außerordentliche Schwierigkeiten bereiten und im Sinne der Prüfungsvorschriften des V. D. E. nur von besonders hier-

für eingerichteten Prüfstellen einwandfrei ausgeführt werden können,
bleibt den Werken gewöhnlich nur der Ausweg, die Güte der Systeme
rein äußerlich zu beurteilen. — Solche Prüfungen führen dann aber
zu dem Ergebnis, jedes vorgelegte Fabrikat gutzuheißen, d. h. eben
alle Systeme zuzulassen.

Nachteile für das Werk, den Installateur und den Verbraucher
erwachsen somit durch das Fehlen von Ortsnormalien auf alle Fälle,
sie machen sich im übrigen selbst dem Laien gegenüber bemerkbar, und
zwar nicht nur in der eigenen Wohnung und bei Störungsfällen in dieser,
sondern auch durch die große Verschiedenartigkeit der im gleichen
Orte befindlichen übrigen Anlagen.

Das Bedürfnis nach Ortsnormalien und deren Berechtigung wird
niemals schwinden, wohl aber werden diese mit fortschreitender Vereinheitlichung im allgemeinen mancherlei Einschränkungen erfahren können.
Es ist denkbar, daß sie sich in absehbarer Zeit nur noch auf einige wenige
Ausführungen beziehen brauchen und sich auch hierbei im Rahmen
dessen halten können, was grundsätzlich als einheitlich durchführbar
bezeichnet wurde. Zur Zeit genügt der Einfluß der Verbandsvorschriften allein noch keineswegs, um Ortsnormalien
entbehrlich zu machen.

Es dürfte nun nicht gänzlich unfruchtbar erscheinen, auch an einer
Vereinheitlichung der Ortsnormalien an sich zu arbeiten. Es
sollte wohl möglich sein, auch für sie eine größere Übereinstimmung zu
erzielen. Die Leitsätze für die Anlagevorschriften können die Ortsnormalien weder verhindern noch vereinheitlichen. Die gewonnenen
Fortschritte in der Vereinheitlichung der Systeme im allgemeinen dürften
auch die verschiedenen Ortsnormalien nicht lange unbeeinflußt lassen.

Es bieten übrigens gerade die Ortsnormalien das beste Mittel, um
allgemein beschlossenen Vereinheitlichungen baldigste Einführung zu
verschaffen, neue Vereinheitlichungen vorzubereiten und die von den
Verbänden als veraltet erkannten Formen zum Aussterben zu bringen. —
Überhaupt dürfte es sich bei der Aufstellung von Ortsnormalien, noch
mehr aber bei deren Vereinheitlichung darum handeln, aus den bereits
bestehenden allgemeinen Normalien zu schöpfen und nur selten darum,
Neukonstruktionen zu schaffen. Mit größtem Nachdruck sollte man
gerade bei dieser Gelegenheit der Sucht nach Sonderkonstruktionen
entgegenarbeiten, die aus dem Rahmen des allgemein anerkannten
herausfallen, der Fabrikation beträchtliche Schwierigkeiten bereiten
und den Gang der Vereinheitlichungsbestrebungen stören. Die beabsich-
tigte Wirkung aller Vorschriften ist bekanntlich nur dann befriedigend
und von Dauer, wenn auf deren Befolgung ständig geachtet wird und
Vernachlässigungen der Vorschriften nicht ungerügt bleiben. — Auch
Ortsnormalien werden nur durch strengste Überwachung zu voller,
segensreicher Wirkung kommen. — Prüfungen die nur gelegentlich

der Abnahme vorgenommen werden verhindern bekanntlich die Verwendung unvorschriftsmäßiger Materialien häufig nur während der Abnahmezeit. Man sollte deswegen durch gelegentliche Nachkontrollen den Vorschriften über Ortsnormalien größere Kraft verleihen.

Wie auf allen industriellen Gebieten in letzter Zeit (nicht zum mindesten durch die Schäden des Krieges) erkannt wurde, zwingen uns wirtschaftliche Gründe, durch Vereinheitlichungen Ersparnisse zu erzielen und unnötigen Verbrauch von Arbeit zu vermeiden.

Es kann nicht Aufgabe der vorliegenden Abhandlung sein, der etwa möglichen Vereinheitlichung der Ortsnormalien durch Vorschläge im einzelnen vorzugreifen. Immerhin scheint es angebracht, in einigen Beispielen gewisse typische, augenscheinlich wichtige Fälle darzulegen, für die solche bereits geschaffen wurden. Es betreffen diese außer den Hausanschlußsicherungen und den Steigleitungen zumeist die Apparate und deren Anordnung an der Verteilungsstelle, also die Zahlertafeln. Für diese werden neuerdings häufiger als bisher nicht nur bestimmte Forderungen im Verfolg der Vorschriften des V. D. E. über Zentralisierung der Apparate an der Verteilungsstelle, die Art und Weise der Sicherungen und Hauptschalter und die Bauart der Zähleraufhängevorrichtung aufgestellt, sondern auch der Einfachheit und Einheitlichkeit wegen bestimmte Zählertafelsysteme vorgeschrieben. Zu dieser Maßnahme verstanden sich fast alle E.W., die sich mit dieser Aufgabe eingehender befaßten.

Hierfür einige Beispiele.

1. Die Zählertafeln des E.W. München. Das E.W. München ließ es sich insbesondere angelegen sein, neben bereits bestehenden Vorschriften über Verwendung bestimmter Sicherungssysteme usw. Normalien für Zählertafeln einzuführen. — Um diese Absicht zu verwirklichen, wurden hier im Jahre 1912 zuerst Zählertafeln ohne Sicherungen, also „einfache" Zählertafeln geschaffen, die an Stelle der bisherigen, weniger einheitlich durchgebildeten Zähleraufhängevorrichtungen in Zukunft verwendet werden sollten (siehe Mitteilungen der Vereinigung, Nr. 139). Man schuf in dieser Absicht eine einfache umrahmte Normalzählertafel, und verließ somit die bisherigen Holzbretter oder Marmortafeln mit oder ohne Holzbelag und ebenso die auf Isolatoren befestigten, in Fig. 234 b der S. 88 dargestellten Zählerkreuze aus Messing mit verstellbaren Laschen, bei denen eine Trennung zwischen Zählerverteilungssicherungen und Nebenapparaten, wie aus Fig. 373 ersichtlich, vorgesehen war. — Auch bei den neugeschaffenen Normalzählertafeln nach Fig. 374 wurde diese Trennung noch beibehalten, jedoch hierbei schon insofern eine Verbesserung vorgesehen, als die bisher noch abseits von der Tafel vorgesehene Prüfklemme und das

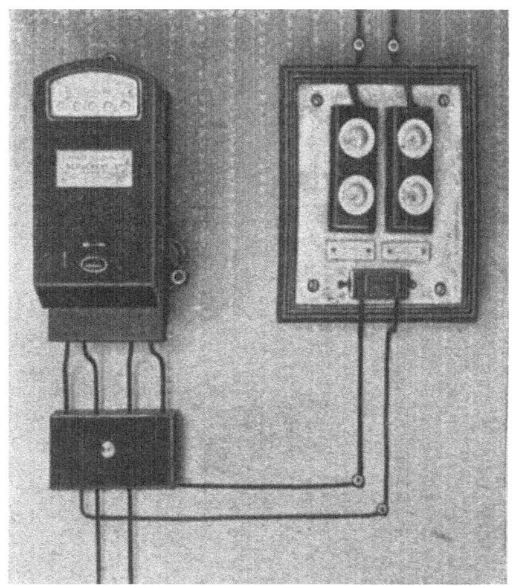

Fig. 373. Getrennte Anordnung des Zählers samt Prüfklemme und Verteilungstafel in München vor Einführung von Normal-Zählertafeln.

Fig. 374. Einfache Münchener Normal-Zählertafel vor Einführung solcher mit Verteilungssicherungen.

a) Vorderseite.

b) Rückseite (mit Tragbügel, deren Befestigungslöcher den Dübellöchern der früheren Zählerkreuze entsprechen).

Fig. 375. Münchener Normal-Zählerverteilungstafel früherer Ausführung mit rückwärtigen Verbindungsstellen und besonderen Anschluß- und Abzweigklemmen.

neuerdings nötige Blocktarifrelais unmittelbar auf der Tafel untergebracht wurde.

Sehr bald erkannte man jedoch gerade in der Vereinigung der Sicherungen mit dem Zähler den besonderen Vorteil der Normalzählertafeln und schritt deshalb schon in den nächsten Monaten zùr Einführung der Zähler-Verteilungstafeln.

a) Vorderseite mit abgenommenen Sicherungsdeckeln, abgenommmener Kappe für das Blockrelais und abgenommenem Rahmen.

b) Vorderseite geschlossen, Rahmen aufgesetzt.

Fig. 376. Münchener Normal-Zählerverteilungstafel neuerer Ausführung mit vorderseitigen Verbindungsstellen, einpoligen Sicherungselementen und besonderen Anschluß- und Abzweigklemmen.

Diese Maßnahme hat sich bestens bewährt und findet sowohl bei den Installateuren, als auch bei den Architekten und Abnehmern ungeteilte Zustimmung. — Die Einführung der Normaltafeln erfolgte zwanglos und lediglich durch Empfehlung von seiten des Elektrizitätswerkes an die Installateure und Architekten. Die Tafeln werden von dem E. W. sowohl käuflich erworben, als auch mietweise von diesem abgegeben.

Ihre konstruktive Durchbildung machte mancherlei Wandlungen
durch. Es wurde hierzu ursprünglich eine Isolierstoffplatte mit Schalttafelelementen und Schalttafel-Randklemmen nach Fig. 375 a und b verwendet, bei der zur Abdeckung und Verkleidung ein geschlossener auf-
setzbarer Rahmen diente. Alsdann wurde eine auf Eisenschienen befestigte Isolierstoffplatte und Verteilungselemente mit vorderseitigen
Anschlüssen und einer ähnlichen Rahmenumkleidung nach Fig. 376 a
und b durchgebildet.

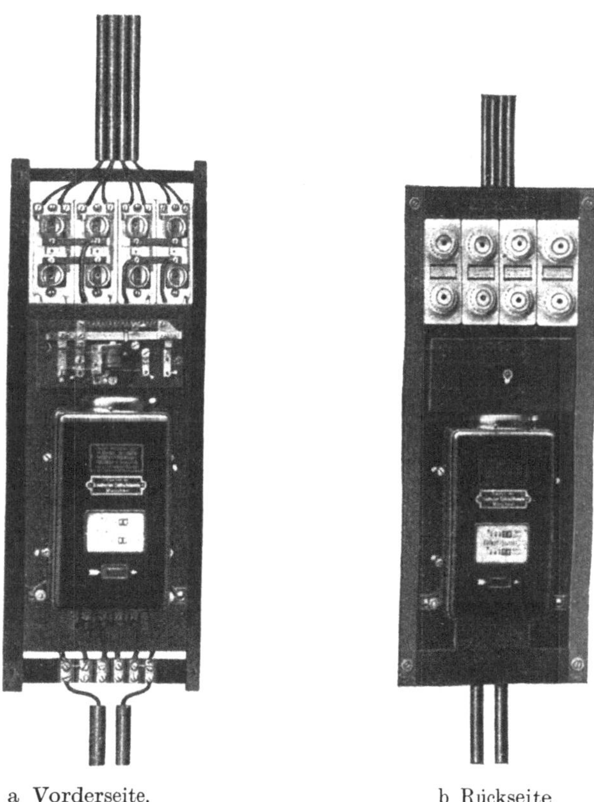

a Vorderseite.   b Rückseite.

Fig. 377. Jetzige Münchener Normal-Zählerverteilungstafel mit doppelseitig
sichernden Verteilungselementen ohne besondere Abzweigklemmen. Rahmen
aus feststehenden Längsleisten und abnehmbaren Querleisten.

Seit Jahren wurde auch diese Konstruktion überholt und nur noch
sogenannte festumrahmte Zählerverteilungstafeln nach Fig. 377 a und b
installiert, die nunmehr allen Anforderungen genügen. — Beachtenswert
ist bei allen diesen Tafeln der Ersatz der Prüfklemmen nach Fig. 254
der S. 106 durch wesentlich einfacher gehaltene Anschlußklemmen.

die nur zur gelegentlichen Prüfung vorgesehen sind, im wesentlichen aber den Anschluß und Austausch des Zählers erleichtern sollen. — Die bei den Tafeln nach Fig. 376a und b noch benötigten Abzweigklemmen wurden bei der letzten Bauart mit doppelpolig sichernden Sicherungselementen für überflüssig erachtet, da die Klemmen der Elemente leicht zugänglich an der Vorderseite liegen.

Die zur Zeit bestehenden Münchener Normalzählerverteilungstafeln waren bei ihrer Einführung nur für Wohnhäuser bestimmt. Es erweckten aber die anerkannt guten Erfahrungen mit diesen Tafeln seit längerer Zeit das Bedürfnis, solche Tafeln auch für alle anderen Zwecke zu normalisieren.

Die Anzahl der in einem Zeitraum von 5 Jahren in München installierten Normalzahlerverteilungstafeln ist ganz außergewöhnlich hoch und deren weitere Einführung in ständigem Wachsen begriffen. Es verwenden die Installateure diese Tafeln übrigens auch gern außerhalb des Bezirkes der Münchener Elektrizitätswerke. — Die Tafeln werden fertig geschaltet, also mit Leitungen versehen, dem Installateur übergeben.

Bis jetzt wurden nur zwei Arten von Tafeln geführt, und zwar

    A. eine Type für Gleichstrom bis zu 3 KW nach Fig. 377 a und b, verwendbar für:

Zweileiter-Zeitdoppeltarifzähler,

    ,,   -Amperestundenzähler,

    ,,   -Wattstundenzähler, mit Blockrelais,

    ferner bis 1,5 KW

Zweileiter-Münzzähler für Licht,

Fig. 378. Münchener Normal-Zählerverteilungstafel für Licht- und Kraft-Münzzähler [1]).

    B. eine zweite Type für Zweileiter-Münzzähler für Licht und Kraft ebenfalls bis 1,5 KW nach Fig. 378.

Die unter A genannte Tafel kann auch für Einphasen-Wechselstromzähler verwendet werden, während eine Tafel für Drehstromzähler noch durchzubilden ist.

Die für die Zähler zur Verfügung stehende Plattenfläche ist für beide Tafeln gleich und entspricht in ihrer nutzbaren Größe der auf S. 113 Fig. 266a dargestellten Platte.

Beachtenswert ist von den verschiedenen Zählertafeln des Münchener Werkes insbesondere die Tatsache, daß die Tafel für zwei Stromkreise die weitaus gängigste Type darstellt.

---

[1]) Dargestellt wurde versehentlich ein Wattstundenzähler.

Die bei Zeitdoppeltarif für jede Anlage benötigte Umschaltuhr wird nach Fig. 379 über die Tafel gesetzt. In Zukunft sollen jedoch Tafeln verwendet werden, bei denen die Uhr seitlich angeordnet wird.

Als Verteilungssicherungen bevorzugt das E. W. München bei seinen Normalzählertafeln zweipolig sichernde Elemente, obwohl einpolig sichernde den dortigen allgemeinen Vorschriften für Gleichstromanlagen nicht widersprechen. Hauptsicherungen und Hauptschalter werden nicht für nötig erachtet. — Zur Verwendung kommen in diesen Elementen ausschließlich Vereinigungs-D-Stöpsel.

2. Die Zählertafeln der Hamburger Elektrizitätswerke. Die Hamburger Elektrizitätswerke schritten im Jahre 1915 zu einer einheitlichen Durchbildung der Verteilungsstellen, indem sie den Installateuren durch eine wohldurchdachte Preisliste alle zu dieser Verteilungsstelle nötigen Apparate in neuartiger Ausführung besonders handgreiflich machen. In augenscheinlichem Gegensatz werden hierbei die früheren Ausführungen zu den neueren durch Fig. 380—381 dargestellt. Unterschieden werden Zählertafeln für Gleichstrom, Drehstrom und Wechselstrom. Es werden sowohl einfache Zählertafeln mit und ohne Hauptsicherungen, als auch Zählerverteilungstafeln geführt.

Vorgeschrieben werden zur Einführung einheitlicher Zähleraufhängung „einfache" Zählertafeln ohne Hauptsicherungen, die auf jeden Fall an Stelle der bisherigen Zählerkreuze aus Aluminium nach Fig. 384 zu verwenden sind, falls den Tafeln mit Sicherungen nicht der Vorzug gegeben wird. Die vorgeschriebenen Hauptsicherungen können an die Zählertafeln angebaut werden, wenn nicht besser Tafeln mit eingebauten Hauptsicherungen verwendet werden. Dasselbe gilt für die Verteilungssicherungen. Auch sie können entweder eingebaut oder angebaut werden. Es wird auf diese Weise, auch ohne einen Zwang auf die Verwendung der Zählerverteilungstafeln auszuüben, für die ganze Verteilungsstelle ein zusammenhängendes Ganze erzielt. Vgl. Fig. 380 mit 381 und 382 mit 383.

Fig. 379. Münchener Normal-Zählerverteilungstafel mit aufgesetzter Umschaltuhr.

Wie vorauszusehen war, wird die Zählerverteilungstafel gegenüber der „einfachen" Zählertafel ohne Sicherung von seiten der Installateure bevorzugt. Gern macht man von den Anbaugruppen zur

Ergänzung der Verteilungstafeln Gebrauch, verwendet sie aber auch gelegentlich ohne Zählertafel. Eine Darstellung des gesamten Hamburger Systems geben die Fig. 385 und 386. Sie sind der von dem H. E. W. ausgegebenen Liste für Installateure entnommen, in der jede Type einschließlich der Zubehörteile bildlich dargestellt wird. Um die Verwendung der Tafeln dem Installateur noch besonders zu erleichtern, sind neben den Abbildungen der Tafeln auch die zugehörigen Schaltungsbilder für die passenden Zähler in der Liste enthalten.

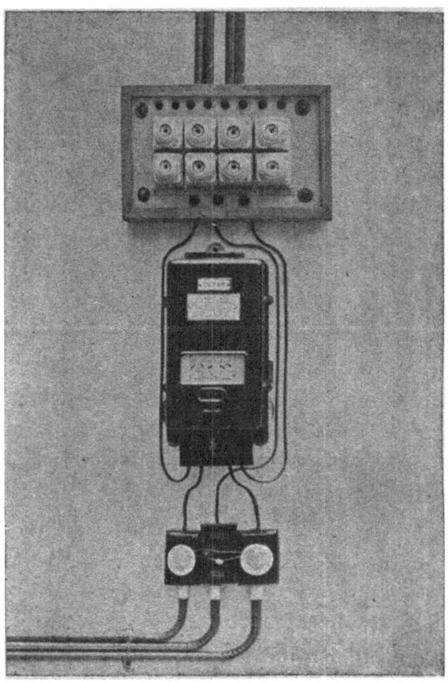

Fig. 380. Anordnung von Zähler und Sicherungen in Hamburg vor Einführung normaler Zählerverteilungstafeln.

Fig. 381. Anordnung von Zähler und Sicherungen in Hamburg bei Normal-Zählerverteilungstafeln.

Die Unterscheidung zwischen Tafeln für Gleichstrom, Drehstrom und Wechselstrom geschieht in folgender Weise: Gleichstromtafeln haben Zinkrahmen und eine nutzbare Plattengröße entsprechend der Fig. 266 a, Drehstromtafeln haben die gleiche Größe, jedoch Eisenrahmen; Wechselstromtafeln sind wesentlich kleiner und entsprechen der Plattengröße Fig. 266 b der S. 113, sie besitzen ebenfalls Eisenrahmen. Alle Tafeln haben Isolierstoffplatten mit drei Schlitzen. — Die Stromkreise werden bei Gleich- und Drehstrom allpolig, bei Wechselstrom einpolig gesichert. Wechselstromzähler werden geerdet. —

Durchweg werden Zähler mit verlängerten Polkästen ver wendet (vgl. Fig. 250 S. 103). Vorgeschrieben sind Hauptsicherungen;

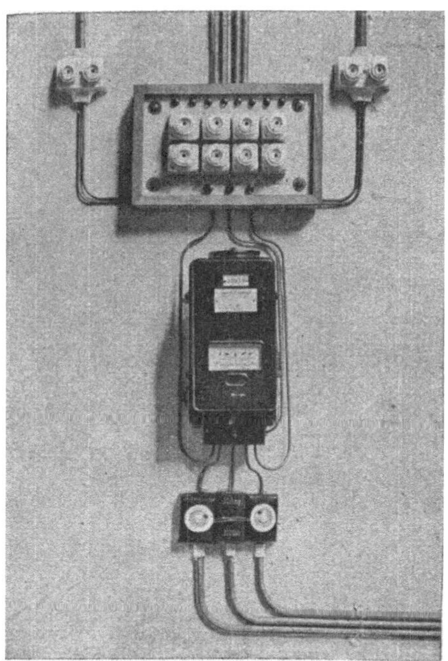

Fig. 382. Ergänzte Verteilungsanlage in Hamburg vor Einführung normaler Zählerverteilungstafeln.

Fig. 383. Ergänzte Verteilungsanlage in Hamburg durch Anbau einer normalen Verteilungsgruppe an eine normale Zählerverteilungstafel.

als überflüssig werden Hauptschalter erachtet, desgleichen Prüf- und Anschlußklemmen. Es werden also die Zuleitungen unmittelbar an den Zähler angeschlossen. Interessant ist ein Vergleich der Hamburger Tafeln mit der auf S. 114 dargestellten Systemeinteilung für Zählertafeln. — Es zeigt sich hierbei, daß alle Tafeln des E. W. Hamburg dieser Aufstellung entnommen werden konnten. Zur ausschließlichen Verwendung kommen auch in den Hamburger Zählertafeln Vereinigungs-D-Stöpsel.

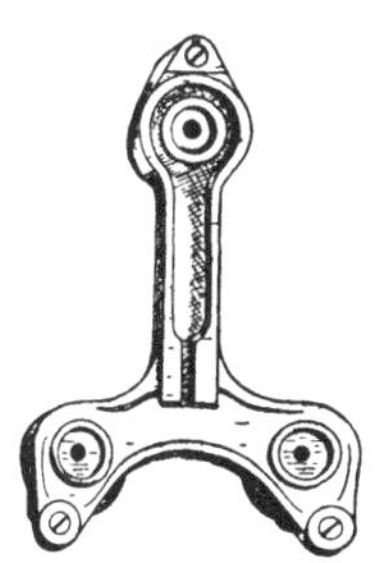

Fig. 384. Früheres Aluminiumkreuz der H. E. W.

3. Die Zählertafeln der Dresdener Elektrizitätswerke. In Dresden wird zumeist von der gruppenweisen Anordnung der Zähler Gebrauch gemacht. Das während des Krieges hier eingeführte System zeigt Fig. 387. Es wird für die Zählertafeln ein einheitlich durchgebildetes Gestell aus Winkeleisen an der Wand und in den einzelnen Feldern dieses

Für Gleichstrom für Drehstrom für Wechselstrom.

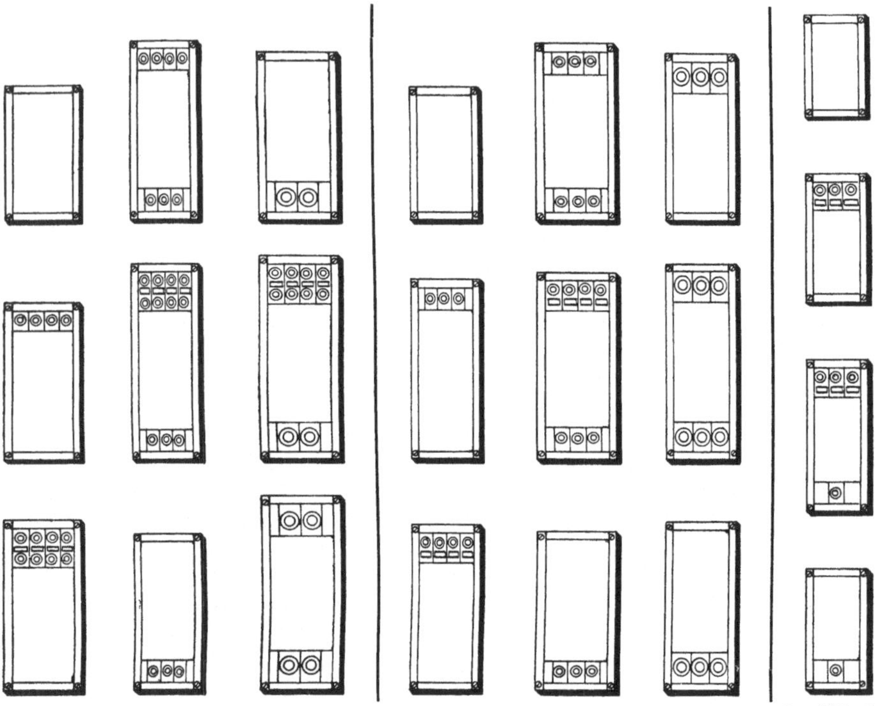

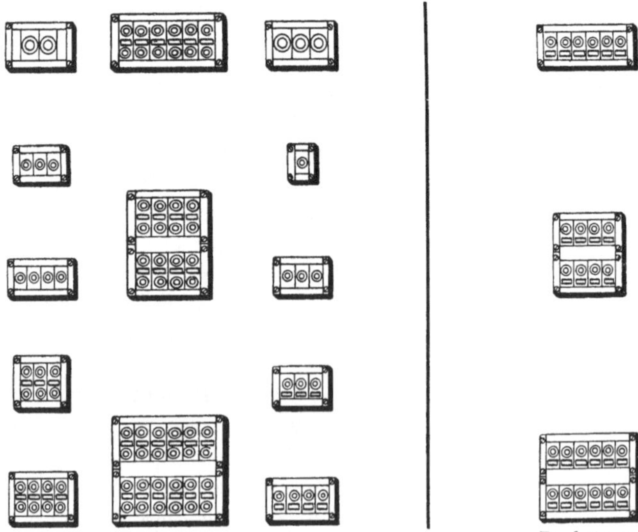

Fig. 385. Umrißdarstellung des Systems der Hamburger Zählertafeln.

Gleichstrom. Drehstrom.

Fig. 386. Umrißdarstellung des Systems der Hamburger Verteilungstafeln. Die sowohl einzeln als auch in unmittelbaren Zusammenhang mit Zählertafeln verwendet werden können.

Gestelles die Einzelteile der Tafeln befestigt, und zwar die durch Rohre verbundenen Abzweigklemmen und Dosen einerseits und die Siche-

rungen für die Hauptleitung andererseits. Die Zählerplatten aus Isolierstoff sind vorn aufsetzbar, und zwar wurde hierbei die Neuerung getroffen, die Zählerplatte samt dem Zähler auswechselbar zu machen. Es wird also von vornherein jeder Zähler auf eine Platte montiert und mit dieser zusammen auf dem Zählertafelgestell befestigt. Hierdurch werden Stelleinrichtungen auf der Platte überflüssig, zugleich wird das Anschließen und Abschalten der Zähler beträchtlich erleichtert. Da nur kleine Zähler zur Verwendung kommen, bereitet der Transport der Zähler samt Grundplatte keine Schwierigkeiten, beides wird zusammen von der Zählerfabrik angeliefert.

Wie aus der Fig. 387 ersichtlich, gestattet diese Bauart die Verwendung verschiedenartigster Zähler. — Sicherungen vor dem Zähler werden nicht vorgesehen (vgl. hierzu München und Hamburg). Auch Hauptschalter werden gespart. Die doppelpolig sichernde Steigleitungssicherung sitzt hinter dem Zähler, und zwar ausgestattet mit Vereinigungs-D-Stöpseln.

Die Zählergehäuse besitzen alle verlängerte Polkästen, deren Vorderseite neuerdings mit einem Kundenschild versehen sind. Normale Zählertafeln für Einzelanordnung wurden bisher für Anlagen an das E. W. Dresden noch nicht vorgesehen.

Fig. 387. Ausführung einer normalisierten Anlage gruppenweise angeordneter Zähler in Dresden mit abnehmbaren Zählertafelplatten.

4. Die Zählertafeln der Anlagen des Elektrizitätswerkes Hof. Wie in Dresden wird auch in Hof von der gruppenweisen Anordnung der Zähler Gebrauch gemacht. Aus den Fig. 388 und 389 ist ersichtlich, daß sich die Ausführung in Hof von der in Dresden jedoch recht erheblich unterscheidet und zwar insofern . als in Hof nur für die Zähler-

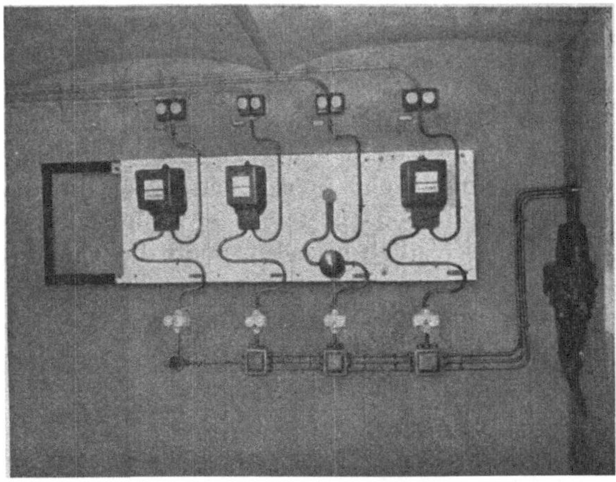

Fig. 388. Ausführung einer normalisierten Anlage gruppenweise angeordneter Zähler und Strombegrenzer in Hof. Hauptsicherungen getrennt von den Tafeln.

Fig. 389. Ausführung einer normalisierten Anlage gruppenweise angeordneter Zähler und Strombegrenzer in Hof. Hauptsicherungen unmittelbar auf der Tafel.

grundplatten aus Marmor oder Schiefer ein Wandgestell vorgesehen wird, während die Abzweigdosen und Sicherungen zum Teil für sich an der Wand befestigt werden. Die Zähler werden nachträglich auf der

Grundplatte befestigt. Diese ist übrigens so eingerichtet, daß nach Bedarf ohne große Mühe auch an Stelle des Zählers ein Strombegrenzer auf der Tafel befestigt werden kann. Entgegen den Dresdener Ausführungen wird bei der Anordnung in Hof vor jeden Zähler oder Strombegrenzer noch eine Sicherung gesetzt und außerdem noch die übliche Steigleitungssicherung vorgesehen. — Die Tafeln bauen hier nebeneinander, während sie in Dresden auch übereinander gesetzt werden.

Zweifellos ist die ganze Anordnung der Zählertafeln in Hof mit größter Sorgfalt vereinheitlicht worden und zwar unter Verwendung normal greifbarer Installationsapparate. — Weniger kostspielig würde die gesamte Anordnung freilich ausfallen, wenn die Tafeln fabrikations-

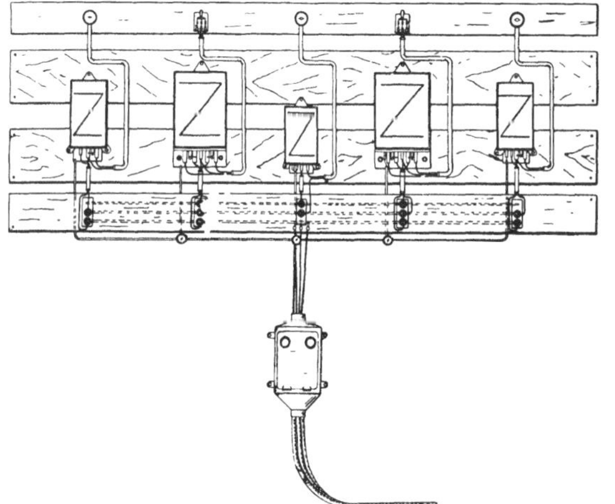

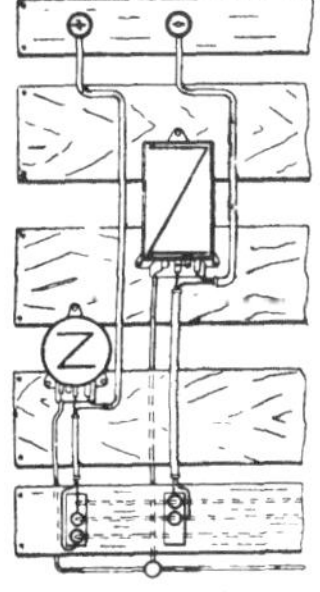

Fig. 390. Gruppenanordnung der Zähler für Anlagen im Anschluß an das E. W. Leipzig bei nebeneinander sitzenden Zählern nebst Hausanschlußsicherungen.

Fig. 391. Gruppenanordnung der Zähler im E. W. Leipzig bei neben- und übereinander sitzenden Zählern.

mäßig hergestellt würden, wobei dann auch die jetzt noch abseits von der Tafel zu setzenden Sicherungen und Nebenapparate mit der Tafel zu einem Ganzen vereinigt werden könnten. Hierdurch würden auch erhebliche Raum- und Montageersparnisse erzielt werden können.

5. Normalien für Anordnung der Haus- und Wohnungsanschlüsse in den Anlagen des E. W. Leipzig. In Leipzig erstrecken sich die dortigen Vorschriften nur wenig auf bestimmte bauliche Ausführungen, wohl aber sind für die Anordnungen der Zähler bestimmte Maßnahmen vorgeschrieben. Es werden hier die Zähler sowohl gruppenweise, als auch einzeln aufgehängt. Die Fig. 390 und 391 zeigen die vorgeschriebenen Arten der gruppenweisen Anordnung. Als gemeinsames Gestell werden hier massive Eichenholzleisten vorgeschrieben. An Stelle der in Dresden üblichen Abzweigdosen werden umschaltbare Hauptsicherungen verlangt, die zugleich. als Sicherungen für die Steigleitungen gelten.   Für diese sind Ausschalter vorgeschrieben. — Die Fig. 392 zeigt bei Einzelanordnung der Zähler den Anschluß der Umschaltuhr, wenn eine solche für jeden Zähler vorgesehen ist, während die Fig. 393 eine Anordnung darstellt, bei der für alle Stockwerke eine einzige Uhr verwendet wird. Zugleich ist aus dieser Abbildung der vor jeder Verteilung mit Umschaltsicherungen vorgeschriebene Ausschalter ersichtlich (ein solcher wird übrigens auffallenderweise von vielen Werken vorgeschrieben). —

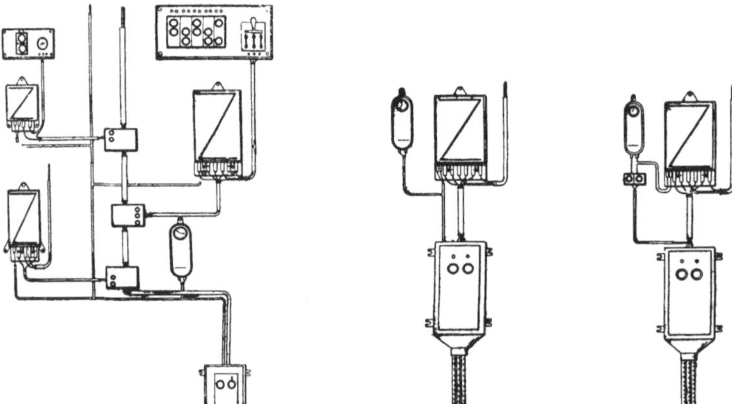

Fig. 392. Einzelanordnung der Zähler- und Verteilungstafeln in Leipzig bei gemeinsamer Umschaltuhr.

Fig. 393 a und b. Ein Zähler mit Umschaltuhr und Hausanschlußsicherung in Leipzig.

Bemerkenswert ist hierbei, daß Ausschalter für größere Leistungen als Hebelschalter ausgebildet sein müssen.

Bei der gruppenweisen Anordnung der Zähler ist noch erwähnenswert, daß hier die Umschaltuhr vollständig fehlt.   Es erfolgt in diesem Falle das Umschalten durch eine besondere Leitung im Kabel vom Kraftwerk aus, wie insbesondere die Fig. 393 erkennen läßt.

Enger gefaßte Konstruktionsanormalien für obige Ausführungen wurden bisher für Anlagen im Anschluß an das E. W. Leipzig noch nicht vorgesehen.

Vorgeschrieben sind Vereinigungs-D-Stöpsel.

6. Die Zählertafeln für das Überlandnetz des Elektrizitätsverbandes Stade (Überlandwerk Nord-Hannover-Bremen). Der einheitlichen Ausführung wegen werden den Installateuren des Überlandwerkes mit Genehmigung des Elektrizitätsverbandes von ersterem normale Zählerverteilungstafeln geliefert, und zwar in sieben Ausführungen, mit und ohne Hauptsicherungen.   Sämtliche Tafeln sowohl für Licht als auch

Für Licht.

Nr.	Zulässige Lampenzahl	Haupt-Anschluß	Stromkr.-Sich. max.	Anzahl der Stromkr.-Sich.	Erweiterungs-fähig auf	Haupt-Schalter max.	Haupt-Sich. max.
1	bis 15 Lampen	1 + 0	25 Amp.	1	—	6 Amp. 1 polig	—
1a	„ 15 „	1 + 0	25 „	1	—	6 „ 1 „	25 Amp. 1 + 0
2	bis 30 Lampen	1 + 0	25 Amp.	2	—	6 Amp. 1 polig	—
2a	„ 30 „	1 + 0	25 „	2	—	6 „ 1 „ .	25 Amp. 1 + 0
3	bis 60 Lampen	3 + 0	25 Amp.	4	—	25 Amp. 3 polig	—
3a	„ 60 „	3 + 0	25 „	4	—	25 „ 3 „	25 Amp. 3 + 0
4	bis 135 Lampen	3 + 0	25 Amp.	6	9	25 Amp. 3 polig	—
4a	„ 135 „	3 + 0	25 „	6	9	25 „ 3 „	25 Amp. 3 + 0

Für Kraft.

Nr.	Zulässige Motoren	Haupt-Anschluß	Stromkr.-Sich. max.	Anzahl der Stromkr.-Sich.	Erweiterungs-fähig auf	Haupt-Schalter max.	Haupt-Sich. max.
5	für 1 Motor bis 7,5 PS.	3 + 0	25 Amp.	1	—	25 Amp. 3 polig	25 Amp. 3 + 0
5a	„ 1 „ „ 7,5 „	3 + 0	25 „	1	—	25 „ 3 „	25 „ 3 + 0
6	für 1 Motor bis 12 PS.	3 + 0	25 Amp.	1	—	35 Amp. 3 polig	60 Amp. 3 + 0
6a	„ 1 „ „ 12 „	3 + 0	25 „	1	—	35 „ 3 „	60 „ 3 + 0
7	Für 2 und einem Reserve-motor zusammen bis 25 PS.	3 + 0	25 Amp.	2	3	60 Amp. 3 polig	60 Amp. 3 + 0
7a	Für 2 und einem Reserve-motor zusammen bis 25 PS.	3 + 0	25	2	3	60 „ 3 „	60 „ 3 + 0

für Kraft tragen einen Hauptausschalter.   Unterschieden werden die
Licht- und Krafttafeln nach folgender Aufstellung:

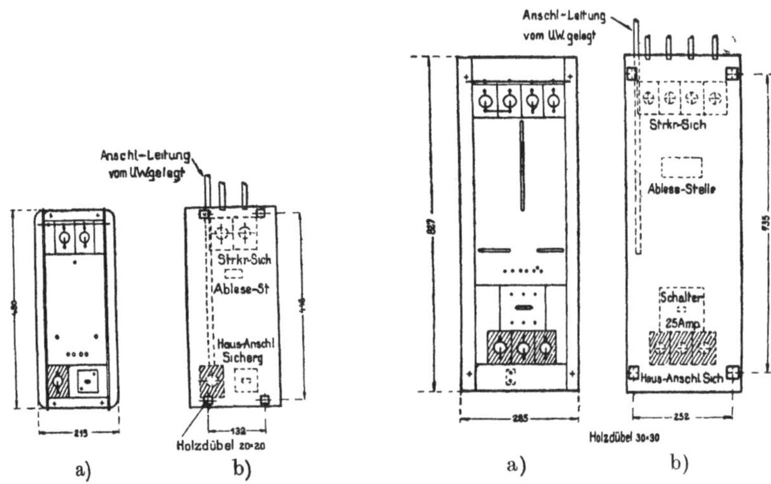

Fig. 394 a. Lichtzählertafel für Anlagen
bis zu 15 Lampen.

Fig. 394 b.   Schablonen zu Fig. 394 a.

Fig. 395 a.   Lichtzählertafel für Anlagen
bis zu 30 Lampen.

Fig. 395 b.   Schablone zu Fig. 395 a.

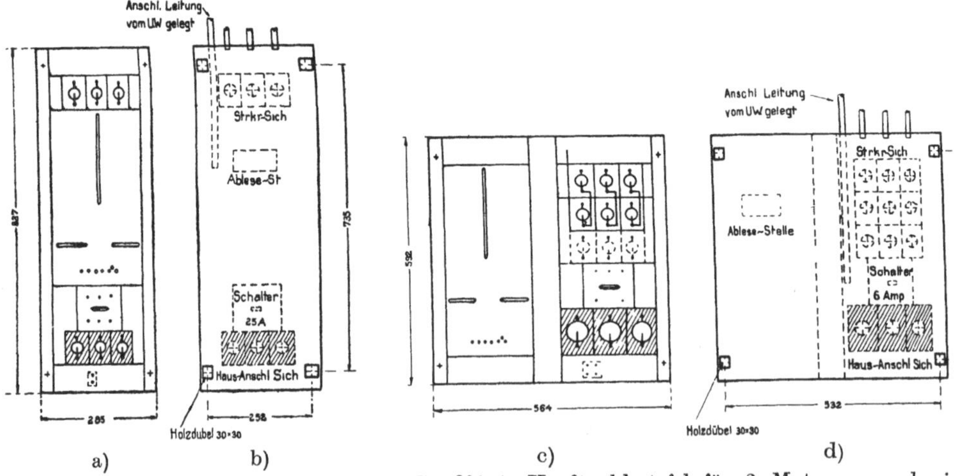

Fig. 396 a.   Kraftzählertafel für zwei
Motoren und einen Reserveanschluß.

Fig. 396 b.   Schablone zu Fig. 396 a.

Fig. 396 c)   Kraftzählertafel für 2 Motoren   und ein
Reservemotor.

Fig. 396 d)   Schablone dazu.

Einige der hierin enthaltenen Tafeln werden in den folgenden
Fig. 394—396 zur Darstellung gebracht, und zwar zugleich mit einer

für jede Tafel vorgesehenen Befestigungsschablone aus Papier. Diese enthält in natürlicher Größe sowohl die Hauptabmessungen der jeweiligen Tafel, als auch die Umrisse der Sicherungen, Schalter, Klemmen und Rohre, außerdem Markierungen für die Holzdübel. Sie wird zur Festlegung der Dübellöcher und der Bemessung der Rohre und Leitungsenden vor der Montage gegen die Wandfläche geheftet. Derartige Schablonen erscheinen ganz besonders nachahmenswert.

Für den Verkauf und die Verwendung der Tafeln gibt das Werk eine sehr übersichtliche Preisliste für Installateure aus. Verwendet werden Vereinigungs-D-Stöpsel.

7. Einheitliche Haus- und Wohnungsanschlüsse für Beisteuer-Anlagen im Anschluß an die St. E. W. Nürnberg. Im Gegensatz zu der bisher in Nürnberg üblichen gruppenweisen Zähleranordnung wird für Beisteueranlagen die Einzelanordnung vorgeschrieben, da angeblich mit dieser eine Vereinfachung und Verbilligung erreicht wird.

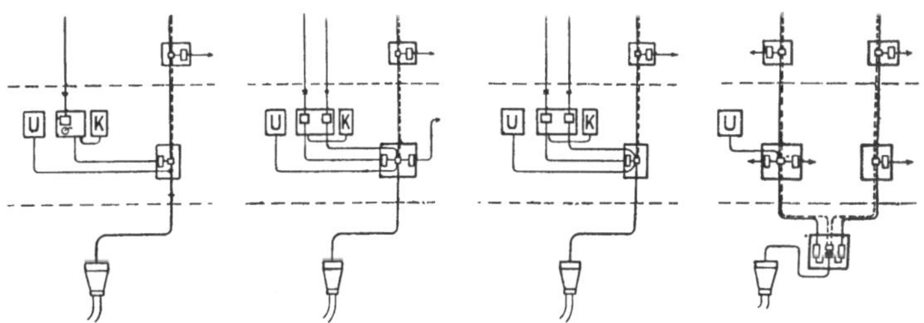

Fig. 397. Nürnberger Normalien für Anordnungen von Zählern nebst Umschaltuhr und Klingeltransformator.

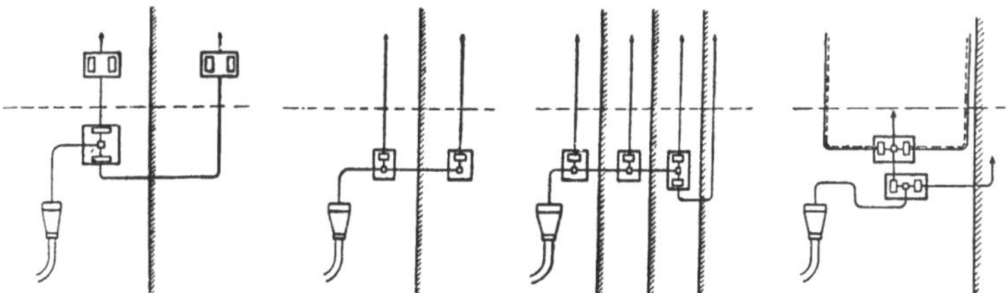

Fig. 398. Nürnberger Normalien für die Anordnung der Hausanschlußsicherungen und Abzweigkästen.

Für die gesamte Anordnung von der Hausanschlußsicherung bis zur Zählertafel gibt das Werk eine Anzahl von Schaltungsskizzen heraus, aus denen nicht nur die Führung der Leitungen, sondern auch deren Querschnitte ersichtlich sind und ebenso die jeweils für die einzelnen typischen Fälle notwendigen Apparate. Die verschiedenen in Wohnhäusern vorkommenden Fälle werden durch die Umrißdarstellungen der Fig. 397 und 398 erläutert, wobei auch die Treppenhausbeleuchtungsanlage und die für alle Zähler eines Hauses gemeinschaftliche Zählerumschaltuhr und der Klingeltransformator berücksichtigt werden. Der

jeweilige Zweck der Schaltanlage ist den Figurunterschriften zu entnehmen.

Die Schaltungen an sich sind einschließlich derjenigen für die
Treppenbeleuchtungs- und der Umschaltuhr für alle Zähler und eines
Klingeltransformators in der Fig. 399 wiedergegeben.

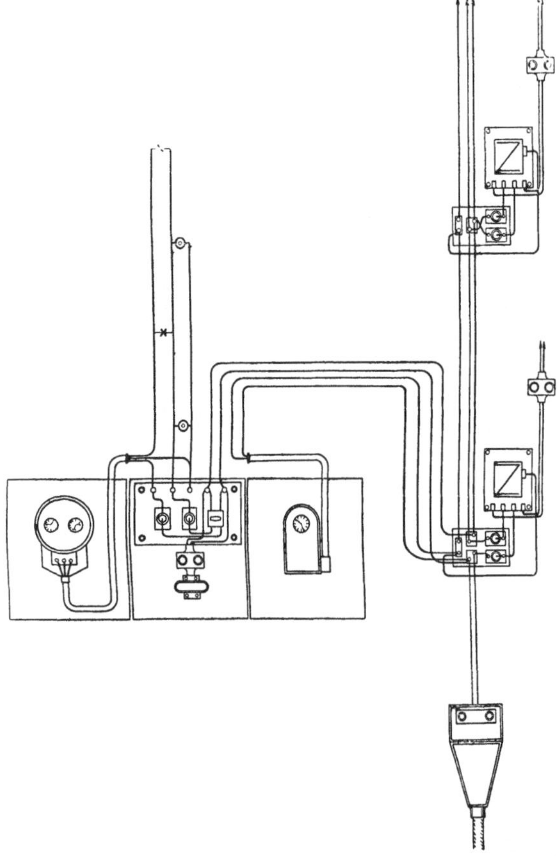

Fig. 399. Schaltbild für die gesamten Haus- und Wohnungsanschlüsse der Nürnberger Beisteueranlagen.

Für die auf der linken Seite dieser Figur dargestellten Tafeln
für die genannten Apparate sind bestimmte Anordnungen und Abmessungen samt Schutzkasten vom E. W. vorgeschrieben.

Die durch das Schema für die Stockwerkszählertafeln gestellte Aufgabe ließ zwei Konstruktionslösungen zu, die in Fig. 400 und 401 wiedergegeben werden. — Abgesehen von den baulichen Unterschieden weisen
diese Tafeln voneinander wesentlich unterscheidende Merkmale auf,
die darin bestehen, daß bei der Tafel nach Fig. 400 die Hauptsicherungen

mit dem Abzweigsockel vereint sind, während sie bei derjenigen nach Fig. 401 unabhängig von dem Abzweigsockel gehalten sind. — Bei der erstgenannten Ausführung muß beim Entfernen der Tafel von der Wand die Hauptsicherung in der Wohnung belassen werden, während sie bei der Ausführung nach Fig. 486 mitsamt der Zählertafel abgenommen werden kann. — Die Zugehörigkeit der Hauptsicherung zur Tafel oder richtiger die Unabhängigkeit des Abzweigsockels von der gesamten Anordnung ergibt den großen Vorteil, in einem Hause die

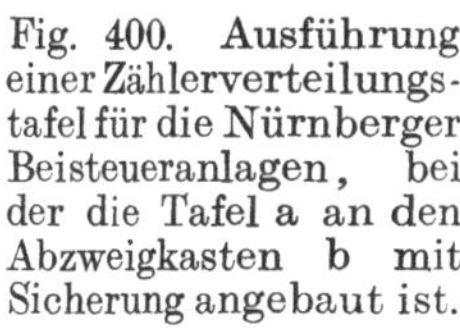
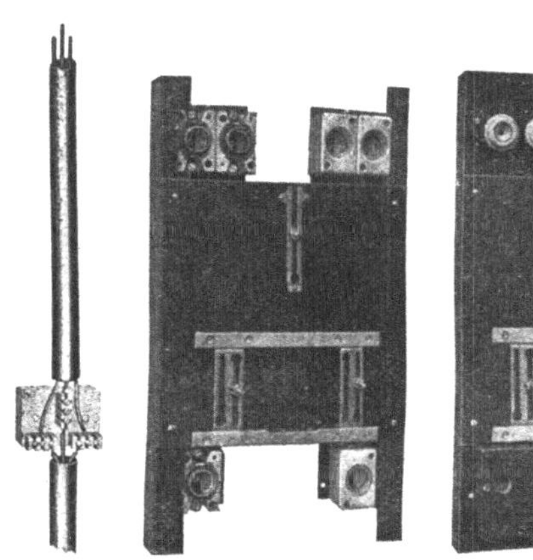

Fig. 400. Ausführung einer Zählerverteilungstafel für die Nürnberger Beisteueranlagen, bei der die Tafel a an den Abzweigkasten b mit Sicherung angebaut ist.

Fig. 401. Ausführung einer Zählerverteilungstafel, bei der die Tafel zugleich die Hauptsicherung enthält und vor die für sich montierbare Abzweigklemmen ʹgesetzt wird.

Steigleitung gleich durch alle Stockwerke führen zu können und nach Bedarf Zählertafeln samt Hauptsicherungen, an die bis dahin plombierten Klemmsockel anzufügen. — In den Umrißdarstellungen der Fig. 397 sind bei Verwendung der Zählertafeln nach Fig. 400 nur die besonders zu dieser Tafel gehörigen Abzweigsockel zu montieren, während die Tafel nach Fig. 401 die in der genannten Umrißdarstellung aufgeführten Klemmenkästen mit Sicherungen enthält. Als Zählertafelplatte kommt Eisenblech zur Verwendung, die Zählergehäuse werden nicht geerdet. Die Tafeln sind für Wechselstrom-Doppeltarifzähler ohne verlängerten Polkasten bestimmt. Demzufolge müssen die Zähler in der Senkrechten verstellbar sein, um einen guten Abschluß zwischen Polkasten und Hauptsicherungskasten zu ermöglichen. Haupt- und Abzweigsicherungen sind doppelpolig sichernd. Vorgeschrieben sind Vereinigungs-D-Stöpsel.

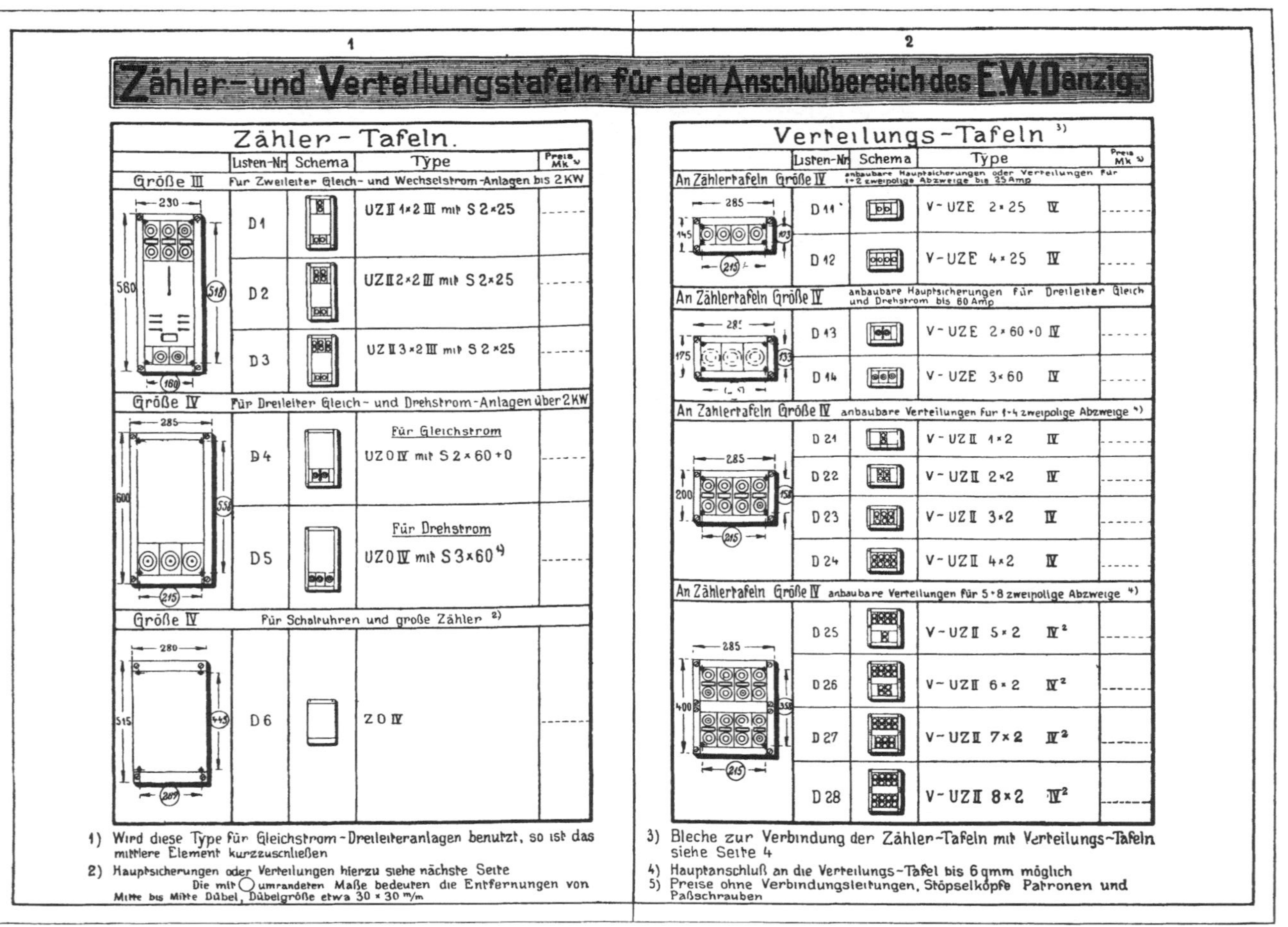

Fig. 402. Darstellung des gesamten Systems der Normalzählertafeln für Anlagen im Anschluß an das E. W. Danzig.

Vorbildlich erscheinen die neben den obengenannten Vorschriften für Zähler- und Verteilungstafeln usw. auch noch die von dem E. W. erlassenen Normalvorschriften für die Hausanschlußsicherungen und die hierzu nötigen Abzweigkästen. Insbesondere Anordnungen, die zur Verwendung kommen bei einer Hausanschlußsicherung für mehrere Abzweige u. a. solche in benachbarten Häusern Fig. 398.

8. **Normalzählertafeln für die Anschlußanlagen des E. W. Danzig.** Das E. W. Danzig führt Zähler- und Verteilungstafeln in Ausführung gemäß der Zusammenstellung der Fig. 402 und dazu notwendiges Zubehör, wie Sicherungselemente und Sicherungsstöpsel. — Unterschieden wird zwischen Zählertafeln mit und ohne Hauptsicherung einerseits und Zähler-Verteilungstafeln andererseits. Die letzteren werden nur für Wechselstrom und Amperestundenzähler bis zu 2 KW verwendet. Für

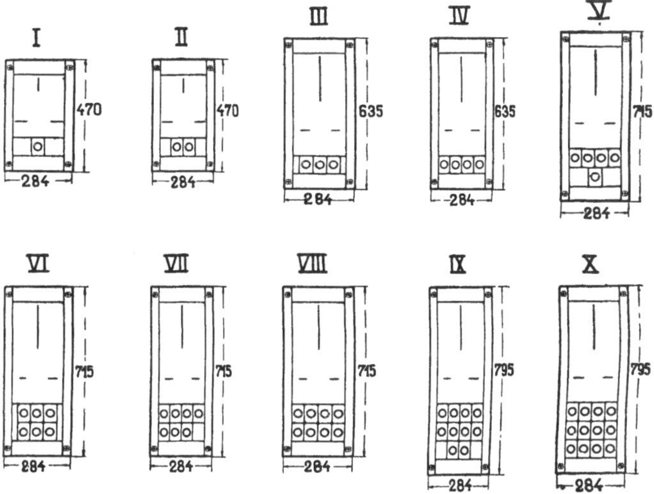

Fig. 403. Zählerverteilungstafeln für Anlagen der Überlandzentrale Weißenfels-Zeitz. (Zuführung von oben.)

Gleichstrom- und Drehstromzählertafeln für Zähler über 2 KW werden Tafeln für Licht und Kraft ohne Verteilungssicherungen vorgesehen. Je nach Anzahl der Stromkreise können an diese Tafeln besondere zu dem System der Zählertafeln passende Verteilungstafeln angebaut werden (siehe Hamburg). Für Schaltuhren und große Zähler ist außerdem noch eine ganz einfach gehaltene Zählertafel ohne Apparate vorgesehen.

Es sind Hauptsicherungen in jedem Falle, aber keine Hauptschalter vorgeschrieben.

An die Installateure werden Zählertafeln, Verteilungstafeln und Zubehör ohne Leitungen durch das Werk verkauft. Hierzu wurde ein einfaches und recht übersichtliches kleines Preisblatt vorgesehen, das für viele Werke vorbildlich wurde. — In diesem sind auch zugleich die vorgeschriebenen D-Stöpsel enthalten.

Für die kleinen Wechselstromtafeln (Größe entsprechend der Fig. 266 b S. 113) werden Eisenplatten verwendet, für die übrigen Isolierstoffplatten (der Größe der Fig. 266 a auf S. 113 entsprechend).

Erdung der Wechselstromzählergehäuse wird nicht gefordert. Auch für die Auswahl der Zählertafeln des E. W. Danzig ist ein Vergleich mit der Systemtabelle der S. 114 empfehlenswert.

9. Normal - Zählertafeln der Überlandzentrale Weißenfels - Zeitz. Obiges Werk hat ein Normalsystem von Zählertafeln mit Verteilungssicherungen für Licht und Kraft eingeführt, das aus etwa 30 Typen besteht, von denen einige in den Fig. 403 und 404 dargestellt werden.

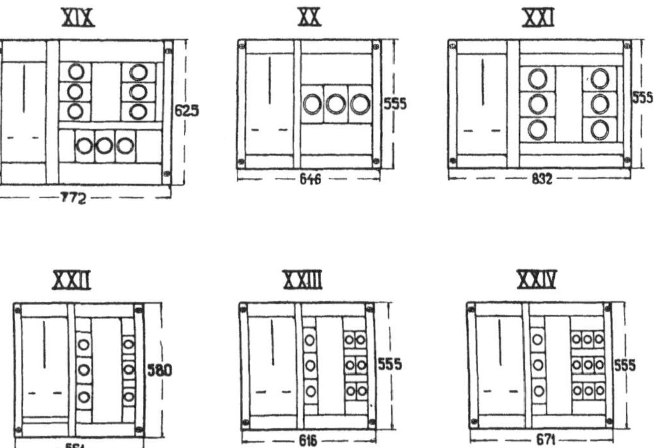

Fig. 404.   Krafttafeln für die vorgenannten Anlagen.

Interessant ist bei diesen die Anordnung der Verteilungssicherungen unterhalb des Zählers. Diese Ausführung wurde vorgesehen, um die Verteilungssicherungen in handlicher Höhe der Bedienung bequem zugänglich zu machen. — Da die Platte der Tafeln in den Rahmen besonders befestigt wird, war diese Ausführung ohne weiteres möglich, da es nur nötig war, die Platte um 180° zu verdrehen (vgl. S. 138).

Für kleine Zähler werden die Platten der Größe nach Fig. 266 a, für kleine und große Zähler diejenigen der Größe nach Fig. 266 b auf S. 113 verwendet.

Für das ganze System werden den Installateuren als Ersatz einer Liste Zeichnungen ausgegeben, die ungefähr den genannten Figuren entsprechen.

Hauptsicherungen und Hauptschalter werden nicht vorgesehen. Verwendet werden Vereinigungs-D-Stöpsel.

Die mit vorstehendem wiedergegebenen, aus vielen anderen herausgegriffenen Ortsnormalien beziehen sich im wesentlichen auf Ausführung und Anordnung der Zählertafeln nebst Verteilungssicherungen, also auf Wohnungsanschlüsse an sich.

Von derartigen Ortsnormalien für Zählertafeln ließen sich noch sehr viele aufführen. Da sie sich aber im wesentlichen untereinander ähneln, konnte an dieser Stelle von weiteren Darstellungen abgesehen werden.

Entsprechende Vorschriften und Normalien für die Anordnung der Hausanschlußapparate sind in bestimmten Zusammenstellungen seltener anzutreffen. Selbstverständlich sind die aufgezählten Ortsnormalien hier nicht annähernd vollständig wiedergegeben, sondern, wie gesagt, nur als Beispiele angeführt. Es wäre eine verdienstliche Aufgabe, die hier nur angedeutete kurze Sammlung solcher Normalkonstruktionen für die verschiedenen Werke zu vervollständigen. Zur Vereinheitlichung würden die alsdann möglichen Vergleichsbetrachtungen recht wichtige Beiträge liefern, freilich auch erneut die Tatsache vor Augen führen, daß Vereinheitlichungen auf dem Gebiete der Haus- und Wohnungsanschlüsse doch sehr viel schwieriger sind, als es denjenigen erscheinen mag, die ohne tieferes Eindringen zur Zeit noch nicht verstehen können, daß die angestrebte Vereinheitlichung nicht schon längst und zwar ganz allgemein auf dem gesamten Gebiete der elektrotechnischen Installationspraxis verwirklicht wurde.

XIV. Zusammenfassung der wichtigsten Aufgaben zur Vereinheitlichung der Haus- und Wohnungsanschlüsse.

Zur Aufstellung von Richtlinien zu Vereinheitlichungen und Normalien ist es nötig, aus dem gesamten Gebiete der elektrotechnischen Installationen vorerst einen Teil herauszugreifen, d. h. das Gebiet der Haus- und Wohnungsanschlüsse.

Es umfaßt dieses:

1. Die Abzweigstelle an der Freileitung bzw. dem Kabel,
2. die Freileitungssicherung,
3. die Zuleitung von der Abzweigstelle zur Hausanschlußsicherung,
4. die Einführungen in das Haus,
5. die Hausanschlußsicherung,
6. die Leitung von der Hausanschlußsicherung bis zur Steigleitungs-Anschlußklemme.
7. die Steigleitung,
8. die Steigleitungs-Abzweig- bzw. Flurdosen,
9. die Verteilungstafeln,
10. die Zähleraufhängevorrichtungen samt Nebenapparaten.

Zu diesen Unterteilungen ist folgendes insbesondere beachtenswert:

Zu 1. Die zu der Abzweigstelle gehörigen Klemmen könnten etwa in der Art vereinheitlicht werden, daß eine oder mehrere besonders bewährte Ausführungen als Einheitsklemmen gekennzeichnet und normiert werden. . Jedenfalls wären Normen hinsichtlich der Verwendungsbereiche zu schaffen, also Unterteilungen des gesamten Klemmensystems in Gruppen für bestimmte (Nenn-) Querschnitte, ähnlich der Unterteilung der Apparate nach Nennstromstärken und Nennspannungen.

Zu 2. Die an der Abzweigstelle zuweilen für nötig erachtete Freileitungssicherung ist in so verschiedenen Ausführungen in Verwendung, daß auch hier für Einheitlichkeit gesorgt werden sollte. — Gewisse Festlegung von Grundsätzen in Bezug auf Befestigungsweise, Anordnung der Sicherungsstöpsel, Bauart der Anschlußklemmen (Nennquerschnitte), Zugentlastung der Leitungsanschlüsse und Abspannung der Hauptleitungen würden zur Vereinheitlichung beitragen.

Zu klären ist die Frage der Zulässigkeit von Streifensicherungen bis einschließlich 60 Amp. sowohl bei Freileitungssicherungen, als auch bei Kabelabzweigmuffen bzw. Kästen und deren Verhältnis zu den Stöpselsicherungen der Hausanschlüsse.

Zu 3. Über die Zuleitung vom Netzabzweig bis zur Hausanschlußsicherung sind Zweifel zu beheben in Bezug auf die Bemessung des Querschnittes im Verhältnis zu demjenigen der Hauptleitung.

Zu 4. Für Dachständer und Ausleger könnten einige Normalmaße festgelegt werden, jedenfalls aber solche für Dachständer-Einführungen und Wandeinführungen, und zwar für diese zum mindesten in Bezug auf Normalmaße für die Durchmesser der Hälse und diejenigen der zugehörigen Trag- und Durchführungsrohre.

Für Kabelabzweigkästen und Muffen wäre (wie allgemein bei Abzweigklemmen) festzusetzen, für welche normalen Nennquerschnitte die Einführungen und Klemmen bemessen sein müssen. Aufzustellen wäre demnach eine Gruppierung nach Nennquerschnitten.

Zu 5. Für Hausanschlußsicherungen wären ebenfalls Konstruktions- und Maßangaben über Klemmen und deren Nennquerschnitte erforderlich. Unterscheidungen wären außerdem namentlich einzuführen für Hausanschluß-Außensicherungen (in Form von Freileitungssicherungen) und Hausanschluß-Innensicherungen.

Die letzteren könnten unterteilt werden

in solche für Leitungsanschluß und
in solche für Kabelanschluß.

Die Hausanschlußinnensicherungen für Leitungsanschluß wären vorteilhaft ihrer mechanischen Beanspruchung gemäß zu unterteilen in Ausführungen

1. ohne Gehäuse für plombierte Stöpsel,
2. mit Gehäuse mit Stöpselschutzkappe,
3. mit über Sicherungselement und Stöpsel zugleich gestülpter Haube,
4. mit über Sicherungselement gestülpter Haube und besonderer Stöpselschutzhaube,
5. mit kastenförmigem Gehäuse und Klappdeckel.

Die Öffnungen für die Einführungen müßten in ihren Durchmessern sowohl, als auch in ihren Abständen voneinander festgelegt werden, wenn möglich unter Berücksichtigung der vorgeschlagenen Normalverengungsschieber der S. 59.

Wie die Kabelmuffen und Kästen erfordern auch in der Rohrtabelle auf S. 49 die Hausanschlußsicherungen eine systematische Unterteilung nach Maßgabe der Nennstromstärke für Sicherungen und den noch festzulegenden Nennquerschnitten (vgl. hierzu Tabelle auf S. 27 für Hausanschluß-Kabelsicherungen).

Richtlinien könnten geschaffen werden für Bau und Verwendung von Hausanschlußsicherungen in Bezug auf Anschluß des Kabels und Anschluß der Leitungen, insbesondere hinsichtlich der Arbeiten der E. W. unabhängig von denen des Installateurs (siehe S. 42).

Die Sicherungsfrage erstreckt sich bei Hausanschlußsicherungen vornehmlich auf die Grenzen der Zulässigkeit von nackten und umhüllten Streifen gegenüber Patronen, die Strom- und Spannungsunverwechselbarkeit und die verbandsnormale Mindestspannung für Sicherungen, daneben auch die Frage der Spannungsunverwechselbarkeit.

Zu klären sind die Ansichten über Verwendung mehrerer Hausanschlußsicherungen für eine Anlage und die Verwendung einer Hausanschlußsicherung für mehrere Anlagen.

Zu erwägen sind Regeln für Erdung des Hausanschlußkastens und bestimmte Anordnungen der Nulleiterklemmen. Nicht ohne Belang erscheinen schließlich gewisse Normalkonstruktionen für Verschluß- und Plombiereinrichtungen und Normen für die Grundrißabmessungen der nackten Hauptsicherungen.

Zu 6. Zum Übergang der Leitung ab Hausanschlußsicherung zur Steigleitung sind Verbindungsdosen erforderlich, für deren Einführungen und Klemmen Maßnormalien festgelegt werden müßten.

Zu 7. Für Steigeleitungen fehlen Anweisungen für Mindestquerschnitte, auch ist die offene Frage über Verwendung von Manteldraht als Ein- und Mehrleiter für Steigleitungen zu klären, desgleichen die Verwendung eines oder mehrerer Rohre für mehrere Drähte (siehe Rohrtabelle auf S. 49).

Über die Verlegung der Steigleitung im Treppenhaus oder Wohnungsflur wären Richtlinien erwünscht, wenn angängig auch einschließlich der Leitungen für die Treppenbeleuchtung.

Zu 8. Die zur Zeit bestehende große Anzahl verschiedener Konstruktionen von Flurdosen führt zu der Forderung, normale Flurdosen zu schaffen, und zwar zweckmäßig eine Reihe solcher Normalflurdosen für alle Fälle und eine besondere Type als Abzweigflurdose für schwache Zwei- und Dreileiter-Abzweige.

Für Rohreinführungen sollten Normalverengungsschieber und Rohrstutzen geschaffen werden.

Zu 9. Für die Verteilungsstelle wäre eine stärkere Betonung der Verbandsvorschriften dienlich, insbesondere hinsichtlich der Forderung, alle Apparate der Verteilungsstelle tunlichst auf einer gemeinsamen Unterlage zu vereinigen bzw. zu umrahmen, um der unsachgemäßen Einzelanordnung der verschiedenen Apparate zu begegnen.

Für die Verteilungstafeln wäre ebenfalls stärker auf die vorhandenen Verbandsvorschriften hinzuweisen und besonders die Forderung zu betonen, daß der Anschluß der Zu- und Ableitungen nach Befestigung der Tafel an der Wand erfolgen und jederzeitige bequeme Kontrolle zulassen muß. Die Kontrollierbarkeit der übrigen Verbindungsstellen sollte man ebenfalls fordern, am besten durch Verlegung aller Verbindungsstellen nach vorn.

In Bezug auf die Hauptleitung wird zur Zeit sowohl seitliche Zuführung rechts oder links, als auch solche von oben oder unten gefordert, diese Tatsache erschwert sehr die Fabrikation normaler Tafeln. Man sollte sich deswegen auf einige wichtigste Ausführungen einigen um die Fabrikation von typischen Verteilungstafeln in größerem Umfange aufnehmen zu können.

Die Ergänzungsfähigkeit der Verteilungstafeln wurde bisher nicht gefordert. Man sollte hierin weitergehen, um das übliche nachträgliche Anflicken zu unterbinden. Die Normierung der Schalttafelsicherungselemente wäre zu überlegen.

Über Abstand und Querschnitt der Sammelschienen könnten besondere Angaben fallen gelassen werden, insbesondere wenn es möglich wäre, normale Verteilungstafeln festzulegen; jedenfalls müßten solche Angaben übereinstimmen. Dasselbe gilt für den Wandabstand der Tafeln.

Zu 10. Für Zähleraufhängevorrichtungen wären Richtlinien notwendig, die, wenn möglich, dieser den Charakter der Verteilungstafeln verschaffen. Die hiermit gegebene Richtung führt dann unmittelbar zur Zählertafel, insbesondere zur Zählerverteilungstafel. Für diese könnten alsdann ohne weiteres die Vorschriften für Verteilungstafeln geltend gemacht werden.

Um ein leichteres Auswechseln der Zähler zu ermöglichen, wäre es erwünscht, die notwendigsten Abmessungen für die Aufhänge-Stellvorrichtungen zu schaffen und normale Plattengrößen einzuführen. Neben der geplanten Normalisierung der Zählergrundrisse erscheinen genannte Forderungen unerläßlich.

Wichtig erscheint die weitere Forderung, den verlängerten Polabdeckkasten für Zähler als Normalausführung hinzustellen, um das Abdecken der Leitungsenden am Zähler in einwandfreier Weise zu ermöglichen.

Normen für Zähleranschlußklemmen zu schaffen wäre der Erwägung wert und hierbei zugleich die Frage der Notwendigkeit von Zählerprüfklemmen zu klären.

Für den Konstrukteur sowohl als auch für den projektierenden Ingenieur und den Besteller von Zählertafeln ist von zweifellosem Wert eine systematische Unterteilung des gesamten Gebietes der Zählertafeln (etwa gemäß Fig. 267, S. 114).

Die aufgeführten offenen Fragen in Bezug auf Zähler und Zählertafeln sollten geklärt werden.

Sicherungen.

Wie aus dem XIII. Abschnitt ersichtlich, ist auf dem Gebiete der Installationssicherungen (kurz Stöpselsicherungen genannt) noch vieles neben dem Erreichten zu normieren. — So die Normung der Stöpselsicherungen mit geschnittenem feingängigem Gewinde.

Ortsnormalien.

Recht notwendig erscheint es, sich der Vereinheitlichung der Ortsnormalien anzunehmen. Es sind diese neben den normalen Anlagevorschriften und den V. D. E.-Normalien durchaus für die einzelnen Werke berechtigt, sie sind z. T. sehr verschieden in Umfang und Auffassung. Insgesamt erstrecken sie sich auf das gesamte Gebiet der Haus- und Wohnungsanschlüsse. — In kurzen einheitlichen Darstellungen ließen sie sich leicht zusammenfassen.

Allgemein zu bedenken ist, daß Vereinheitlichungen auf dem vielverzweigten Gebiet der Elektro-Installationstechnik nicht allein durch Normierung typischer Teile möglich sind, wie dies zur Zeit auf anderen industriellen Gebieten, insbesondere dem Maschinenbau mit Recht unternommen wird. Es sind vielmehr auf dem vorliegenden Gebiete neben diesen an sich sehr notwendigen und teilweise schon erledigten Arbeiten weitere Klarstellungen und Richtlinien erforderlich, die schließlich von selbst zu den erhofften Vereinheitlichungen der Apparate und auch der Anlagen führen können. — Nicht vernachlässigen sollte man hierbei übrigens, für gewisse typische Teile und Apparate auch normale Benennungen einzuführen. — Wirklich nutzbringend lassen sich Vereinheitlichungen auf dem vorliegenden Gebiete aber nur durch fortwährende zielbewußte und sachliche Arbeiten ganz allmählich verwirklichen.

Die vorstehend wiedergegebenen Anregungen, mit denen ein gangbarer Weg gewiesen werden möchte zu dem allgemein gehegten Wunsche, auf dem Gebiete der Haus- und Wohnungsanschlüsse Ordnung und Vereinfachung herbeizuführen, stellen natürlich nur das Wesentlichste dessen dar, was zu eingehender Bearbeitung von seiten Berufener vorderhand am greifbarsten erscheint.

Schlußbetrachtung.

Wie einleitend dargelegt wurde, bringt die vorliegende Arbeit eine vergleichende Darstellung der wichtigsten Ausführungen von Installationsapparaten für Haus- und Wohnungsanschlüsse, und zwar vornehmlich in der Absicht, diejenigen Bestrebungen zu fördern, die sich zur Aufgabe machen, Vereinheitlichungen auf dem Gebiete der Installationsmaterialien durchzuführen. — Die vollzogene Vereinheitlichung der Sicherungsstöpsel und sonstige Normalien lassen weitere Vereinheitlichungen wohl erreichbar erscheinen, wenn hierzu alle beteiligten Kreise tatkräftige Unterstützungen zuteil werden lassen. — Die zu bewältigende Arbeit ist freilich so umfangreich, daß nur durch zweckmäßige Einteilungen und wohlweisliche Beschränkung nennenswerte Erfolge erwartet werden können. Deswegen die vorläufige Beschränkung auf Haus- und Wohnungsanschlüsse. Eine Vereinheitlichung dieses großen, schwer faßbaren Gebietes kann natürlich nicht sofort und auch nicht von einem bestimmten Zeitpunkte vor sich gehen, sondern muß sich Schritt für Schritt unter verständiger Mitwirkung aller allmählich durchsetzen. — Zur Förderung der Sache ist unbedingt notwendig, daß sowohl die Ersteller der Anlagen, das sind die Elektrizitätswerke und die Installateure, als auch die Erzeuger der Fabrikate, also die Konstrukteure und Fabrikanten an der geplanten Vereinheitlichung mitwirken, zum mindesten ihr nicht entgegenarbeiten.

Die ersten handgreiflichen Unterlagen, die mit vorliegender Abhandlung niedergelegt wurden, möchten denjenigen bestens zum Studium empfohlen sein, die obigen Bestrebungen Wert beilegen und sie gern unterstützen und fördern möchten.

Die ausführliche Behandlung des Stoffes schien unumgänglich nötig, ebenso die Darstellung der verschiedenen Konstruktionsrichtungen. Beides geschah in der Absicht, der schwierigen Aufgabe von vornherein gründliche Wege zu weisen und zugleich einen Leitfaden zu schaffen für die etwa in ähnlichem Sinne zu bearbeitenden übrigen Kapitel der elektrotechnischen Starkstrominstallationen.

Druck der Univ.-Druckerei H. Stürtz A. G., Würzburg.